Thanh Hoi Nguyen

Vieillissement de matériaux composite modèles époxy/verre

AF209787

Thanh Hoi Nguyen

Vieillissement de matériaux composite modèles époxy/verre

Vieillissement artificiel et vieillissement naturel en ambiance tropicale de composites modèles époxy/verre

Presses Académiques Francophones

Impressum / Mentions légales
Bibliografische Information der Deutschen Nationalbibliothek: Die Deutsche Nationalbibliothek verzeichnet diese Publikation in der Deutschen Nationalbibliografie; detaillierte bibliografische Daten sind im Internet über http://dnb.d-nb.de abrufbar.
Alle in diesem Buch genannten Marken und Produktnamen unterliegen warenzeichen-, marken- oder patentrechtlichem Schutz bzw. sind Warenzeichen oder eingetragene Warenzeichen der jeweiligen Inhaber. Die Wiedergabe von Marken, Produktnamen, Gebrauchsnamen, Handelsnamen, Warenbezeichnungen u.s.w. in diesem Werk berechtigt auch ohne besondere Kennzeichnung nicht zu der Annahme, dass solche Namen im Sinne der Warenzeichen- und Markenschutzgesetzgebung als frei zu betrachten wären und daher von jedermann benutzt werden dürften.

Information bibliographique publiée par la Deutsche Nationalbibliothek: La Deutsche Nationalbibliothek inscrit cette publication à la Deutsche Nationalbibliografie; des données bibliographiques détaillées sont disponibles sur internet à l'adresse http://dnb.d-nb.de.
Toutes marques et noms de produits mentionnés dans ce livre demeurent sous la protection des marques, des marques déposées et des brevets, et sont des marques ou des marques déposées de leurs détenteurs respectifs. L'utilisation des marques, noms de produits, noms communs, noms commerciaux, descriptions de produits, etc, même sans qu'ils soient mentionnés de façon particulière dans ce livre ne signifie en aucune façon que ces noms peuvent être utilisés sans restriction à l'égard de la législation pour la protection des marques et des marques déposées et pourraient donc être utilisés par quiconque.

Coverbild / Photo de couverture: www.ingimage.com

Verlag / Editeur:
Presses Académiques Francophones
ist ein Imprint der / est une marque déposée de
OmniScriptum GmbH & Co. KG
Bahnhofstraße 28, 66111 Saarbrücken, Deutschland / Allemagne
Email: info@omniscriptum.com

Herstellung: siehe letzte Seite /
Impression: voir la dernière page
ISBN: 978-3-8381-4943-1

Zugl. / Agréé par: Toulon, Université de Toulon, Diss., 2013

Remerciements

Ce travail a été réalisé dans le cadre d'une thèse en collaboration entre deux établissements : Université du Sud Toulon Var - Université de Danang à Vietnam avec l'aide financière de l'Agence Universitaire de la Francophonie (AUF).

Je tiens dans un premier temps à exprimer ma profonde gratitude à Monsieur le Professeur **Jean Louis VERNET** et Monsieur le Professeur **André MARGAILLAN** de m'avoir accueillie au Laboratoire « Matériaux Polymères - Interfaces - Environnement Marin » (MAPIEM).

J'exprime me reconnaissance à Monsieur le Professeur **BUI Van Ga**, précédent Président de l'Université de Da-Nang et à Monsieur le Professeur **TRAN Van Nam** Président de l'Université de Da-Nang qui ont signé les décisions de me permis de venir en France pour réaliser ce travail.

Je remercie sincèrement Monsieur **NGUYEN Dinh Lam** pour avoir accepté d'être mon co-directeur de thèse. Je lui suis très reconnaissante pour ses conseils et ses encouragements lors de la réalisation de ce travail.

Je tiens tout particulièrement à exprimer ma gratitude à Monsieur le Professeur **Jean François CHAILAN** pour avoir accepté de diriger mes recherches, de ses précieux conseils et de son soutien.

Je voudrais également exprimer ma reconnaissance à Madame **Lénaïk BELEC** qui m'a suivi tout au long de cette thèse. Je n'oublierai jamais son aide efficace tant scientifique qu'expérimentale. Nos échanges réguliers, ses connaissances et compétences ainsi que sa disponibilité m'ont permis de guider ce travail et de découvrir un nouveau domaine qui ne m'était pas familier. Elle m'a témoigné son soutien et son aide surtout la correction de français durant ces trois années et en particulier au cours de ces derniers mois.

J'exprime toute ma reconnaissance à Mr. le Professeur **Nicolas SBIRRAZZUOLI** d'avoir bien voulu participer à mon jury de thèse.

Je remercie vivement Monsieur **Laurent FERRY** Maître Assistant - HDR et Monsieur **Pierre-Olivier BUSSIERES** Maître de Conférences HDR pour avoir accepté de rapporter ce travail. Qu'ils trouvent ici l'expression de ma sincère reconnaissance et de mes salutations respectueuses.

J'exprime également mes sincères remerciements à tous les membres du MAPIEM, qu'ils soient assurés que j'ai trouvé au milieu d'eux une ambiance amicale et chaleureuse dont je garderai un excellent souvenir. Un grand merci à mes amis vietnamiens qui m'ont aidé beaucoup dans la vie quotidienne et m'ont donné des moments amicaux et agréables pendant tout le temps où j'ai été séparé de ma famille.

J'adresse enfin mes plus profonds sentiments à mes parents, à ma femme, et à toute ma famille qui, grâce à leur patience et leur encouragement m'ont permis d'affronter l'éloignement avec sérénité et de rester enthousiaste durant ces années de travail.

Avant-propos

Ce manuscrit est divisé en six chapitres possédant chacun leur numérotation de tableaux et de figures propre. Les références bibliographiques sont disposées en fin de chaque chapitre.

Bonne lecture !

Table des matières

INTRODUCTION GENERALE

INTRODUCTION GENERALE

Les bio-composites, les composites bio-sourcés ainsi que les autres matériaux biodégradables ou à base de produits naturels sont aujourd'hui en pleine expansion ce qui se ressent largement dans la littérature scientifique. Pour autant, les composites à matrices polymères et renforts fibreux « traditionnels » ont encore un certain avenir devant eux dans la mesure où leurs propriétés sont encore largement supérieures à celles des matériaux cités plus haut. Ils sont donc toujours abondamment utilisés dans de nombreuses applications, et en particulier en extérieur où l'agressivité de l'environnement peut être assez sévère (UV, température, humidité, pollution...). Ceci est particulièrement le cas dans les régions tropicales comme en Asie du Sud Est où certaines applications de matériaux en extérieur peuvent faire appel aux composites. Au Vietnam par exemple, les secteurs du bâtiment ou des travaux publics en pleine expansion, utilisent ces matériaux composites pour des applications extérieures.

La question de la durabilité des composites à matrice polymère et renforts fibreux se pose donc toujours et, force est de constater que ce sujet reste un sujet majeur. D'abord parce que d'un point de vue applicatif et macroscopique, le dimensionnement des structures ou des fonctions, quelles qu'elles soient, doit prendre en considération l'évolution des propriétés avec le temps et l'environnement. Ensuite, parce que malgré de très nombreuses études sur le vieillissement artificiel et/ou accéléré des matériaux composites, les corrélations avec le comportement en ambiance naturelle sont toujours difficiles et les prédictions de durée de vie restent très aléatoires. Enfin, d'un point de vue plus micro(nano)scopique on sait que les faiblesses majeures des composites se situent dans leurs interphases. En effet, les zones à la périphérie des fibres (monofilaments) constituent des régions où le réseau macromoléculaire présente une microstructure et des propriétés différentes de celles de la masse du fait de la proximité des fibres, mais aussi du fait du traitement de surface de celles-ci. Dans le cas particulier du vieillissement en ambiance humide, l'accumulation des molécules d'eau dans ces zones est très souvent à l'origine des défaillances.

Pour autant, les actions successives et simultanées des différents facteurs du vieillissement naturel chaud et humide ont rarement été étudiées sur des matériaux composites jusqu'aux corrélations vieillissement artificiel/vieillissement naturel. Par ailleurs, si les mécanismes de dégradations chimiques et physico-chimiques des matrices thermodurcissables sont souvent abordés, la particularité du réseau aux abords des fibres est rarement prise en compte.

L'objectif principal de ce travail de thèse est d'étudier les mécanismes de dégradation d'un système époxy-fibres de verre en vieillissements artificiels UV et hygrothermique, en essayant de les rapprocher de ceux obtenus en vieillissement naturel en ambiance tropicale. Dans le même temps, en plus d'étudier le comportement de la matrice seule, nous nous focaliserons également sur ce qui se passe dans les zones aux interfaces fibres/matrice. Pour cela, nous avons couplé une série de techniques de caractérisation qui nous permettent d'obtenir des informations d'ordre chimique (IRTF), thermiques et thermo-mécaniques (DSC, DMA) et mécaniques (Traction).

Nous avons choisi d'étudier un système relativement commun, dans la mesure où il est assez représentatif de ceux qui présentent des enjeux industriels et économiques d'une part, et parce qu'il est connu pour une certaine sensibilité au vieillissement humide d'autre part. Pour s'affranchir de perturbations inhérentes aux additifs présents dans les formulations industrielles, nous sommes partis d'une base époxy-amine simple et de fibres de verre comportant un ensimage simplifié et connu. Deux types de matériaux ont été élaborés, des plaques de matrice seule et des plaques de composite contenant une faible teneur en fibres.

Le présent manuscrit est structuré en six chapitres, dont quatre sont exclusivement réservés aux résultats expérimentaux.

Le premier chapitre est une revue bibliographique assez large qui va de la description fine des systèmes époxy-amine aux effets des vieillissements photo-chimique et hygro-thermique sur ces mêmes systèmes. Dans les deux cas, une attention particulière est portée sur l'évolution des propriétés qui seront suivis dans l'étude expérimentale.

Le chapitre deux détaille les propriétés des produits de base de cette étude (résine époxy, durcisseur amine et fibres de verre), ainsi que leur mise en œuvre pour obtenir les matériaux qui font l'objet de cette étude. Les principaux protocoles des techniques expérimentales et des vieillissements sont également décrits dans ce chapitre.

Le chapitre trois est consacré aux études approfondies des propriétés respectives de la matrice époxy-amine seule et du composite. L'objectif est ici de parfaitement définir l'état initial des matériaux, la matrice époxy-amine et les interphases fibres matrice dans le composite.

Les chapitres quatre et cinq sont respectivement consacrés aux suivis des évolutions des propriétés des plaques à la suite des vieillissements accélérés photochimique (QUV) et hygro-thermique (70°C, 85% HR). Dans les deux cas, la dégradation de la matrice seule est d'abord étudiée avant de s'intéresser à l'évolution du composite et de ses interphases.

Enfin, le chapitre six se focalise sur les résultats de vieillissement naturels obtenus en exposition extérieures au Vietnam. Ceux-ci sont interprétés à la lumière de ceux obtenus en vieillissements artificiels, et les mécanismes de dégradations des deux types de vieillissements sont comparés.

CHAPITRE 1

CHAPITRE 1. ÉTUDE BIBLIOGRAPHIE

1.1.   Composites époxy – fibres de verre

Un matériau composite peut être défini d'une manière générale comme l'assemblage de deux ou plusieurs matériaux, l'assemblage final ayant des propriétés supérieures aux propriétés de chacun des matériaux constitutifs [1]. La plupart du temps, les composites sont constitués de deux matériaux principaux, une **matrice** qui présente des propriétés intéressantes mais dont certaines ont besoin d'être améliorées par un **renfort**. De nos jours, les matériaux composites sont présents dans tous les secteurs de technologie avancée tels que la construction navale [2, 3], l'automobile ou encore l'aéronautique [4, 5]. Dans la structure d'un composite chacun des constituants a une fonction bien spécifique :

- La matrice lie les fibres aux renforts, répartit les efforts (résistance à la compression ou à la flexion), assure la protection chimique des renforts. Bien que les propriétés mécaniques de la matrice soient très faibles devant celles des renforts, les performances générales du composite (matrice/renfort) sont très dépendantes du choix de la matrice. Le rôle de la matrice devient très important pour la tenue mécanique à long terme (fatigue, fluage) [6]. Deux grandes familles de matrices en résines polymère sont déjà largement connues: les résines thermoplastiques (TP) et les résines thermodurcissables (TD).

- Le renfort est une armature, un squelette, qui assure la tenue mécanique (résistance à la traction et rigidité). Il est souvent de nature filamentaire (des fibres organiques ou inorganiques).

En plus de ces deux constituants de base, il faut rajouter une zone de contact qui est, suivant l'échelle considérée, interface (bidimensionnelle) ou interphase (tridimensionnelle). Cette zone qui assure la compatibilité renfort-matrice, transmet les contraintes de l'un à l'autre sans déplacement relatif.

Nous nous intéressons dans notre étude aux matériaux composites plus « modèles » à base de résine thermodurcissable de type époxyde/amine renforcée de fibres de verre. Nous détaillons dans cette partie les caractéristiques des différents constituants: matrice époxy-amine, fibres de verre renforcées et interphase entre matrice et fibres.

1.1.1.   Formation du réseau époxy-amine

Les résines époxy-amine sont les résines thermodurcissables qui résultent d'une réaction de polyaddition entre un monomère époxydique (possèdant des groupes terminaux époxydes ou oxiranes) et un durcisseur ou agent de réticulation de type amine. Le prépolymère époxyde le plus courant est le DiGlycidylÉther de Bisphénol A (DGEBA). Il résulte de la condensation en milieu alcalin d'épichlorhydrine (chloro-1-époxyde-2,3-propane) et du bisphénol A (diphénylopropane) d'après la réaction globale suivante : *(Figure 1.1)*

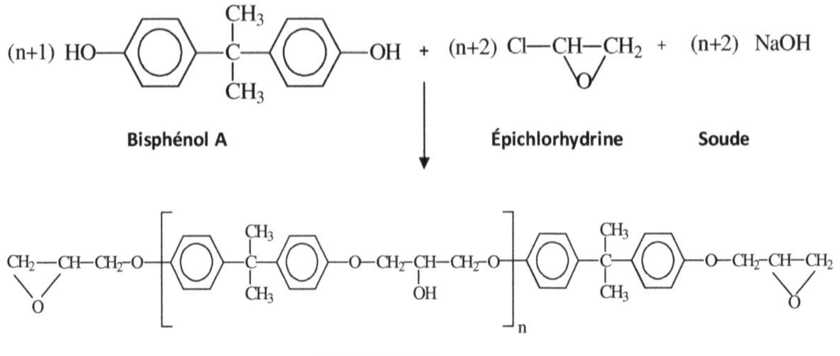

Résine DGEBA

Figure 1.1.   Synthèse des résines à base de bisphénol A [7].

La valeur de l'indice de polymérisation n est fonction du rapport d'épichlorhydrine sur le bisphénol A. Suivant sa valeur, la molécule de prépolymère DGEBA est plus ou moins longue et sa viscosité en est modifiée. Ainsi à température ambiante, pour $0<n<1$ le prépolymère est liquide, pour $1<n<1,5$, très visqueux et pour $n>1,5$ sous forme solide [7]. La structure moléculaire de prépolymère DGEBA contribue à sa bonne résistance chimique et à ses propriétés mécaniques (*Figure 1.2*): la résistance thermique ainsi que la résistance à la corrosion et la rigidité sont apportées par les noyaux aromatiques; le pouvoir adhésif est apporté par les fonctions hydroxyles et la tenue à l'hydrolyse par les ponts éthers [8], [9].

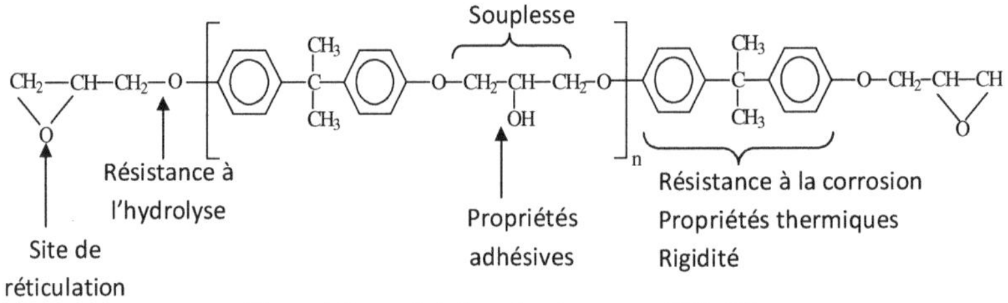

Figure 1.2.   Relation structure-propriétés [8].

Le prépolymère comporte donc deux types de sites réactifs : les groupements oxiranes et les fonctions hydroxyles. Les deux grandes classes de composés organiques (durcisseurs) qui peuvent ouvrir le cycle oxirane sont les produits aminés à hydrogènes labiles et les anhydrides de diacides qui donnent respectivement lieu à des réactions de polycondensation et de polymérisation en chaîne. Nous nous limitons dans cette étude aux durcisseurs aminés de type amine aliphatique. Les avantages de ce type de durcisseur sont leur faible coût, leur faible viscosité, leur facilité de mélangeage, leur capacité à réagir à température ambiante et leur réactivité. Ces composés sont par contre très volatils [10], relativement toxiques, et présentent des faibles durées de vie en pot.

La réactivité des fonctions amines vis-à-vis des groupes oxiranes dépend des facteurs stériques et de la structure chimique du monomère [8], [11], [12], [13]. Dans une même famille d'amine, le nombre d'atomes d'azote influence la capacité ainsi que la vitesse de réticulation. Selon Ingberman [14] les réactivités diminuent avec l'augmentation de la taille des groupes alkyles des amines. Kamon et al. [15] ont déterminé les constantes de vitesse des réactions et ont comparé les réactivités des amines aliphatiques, aromatiques et cycle-aliphatiques en présence de DGEBA:

$$DETA \geq MXDA > HM \geq IPD > LARO > MPDA \geq DDM >> DDS$$

Amine aliphatique   amine cyclo aliphatique   amine aromatique

Cette réactivité dépend principalement de la basicité de l'amine qui traduit le degré de disponibilité du doublet libre de l'azote. Le paramètre encombrement stérique peut également affecter cette réactivité en limitant l'accessibilité des amine-hydrogènes.

Pour mieux comprendre et expliquer les propriétés des réseaux époxyde-amine réticulés, il est nécessaire d'étudier les mécanismes réactionnels époxy/amine.

1.1.1.1. *Mécanismes de réticulation*

Plusieurs auteurs ont décrit le mécanisme des réactions de réticulation entre une résine époxy et un durcisseur de type amine [8], [7, 11], [16-24] : la polymérisation engendrée est une polyaddition, exothermique et irréversible. Ces réactions correspondent à la transformation d'un liquide visqueux de faible masse molaire en un solide amorphe viscoélastique de masse molaire quasi infinie. Le matériau résultant est un réseau tridimensionnel. Les mécanismes de cette réaction sont complexes et conduisent à plusieurs possibilités. La structure du réseau formé lors de la réticulation est influencée par la vitesse relative des différentes réactions [8, 11, 12, 16-18]. De plus, le nombre important de constituants présents dans les formulations commerciales engendre d'autres mécanismes de réticulation [16, 25, 26]. Trois réactions sont principalement considérées :

❖ La première correspond à l'attaque du carbone le moins encombré de l'époxyde par le doublet de l'azote de l'amine primaire pour donner une amine secondaire et un alcool secondaire :

❖ La seconde correspond à la réaction entre l'amine secondaire ainsi obtenue dans la réaction 1 avec un autre groupe époxy à son tour pour conduire à une amine tertiaire et deux alcools secondaires.

Ces deux réactions se font suivant le même mécanisme et sont en compétition [8], [17]. Ces réactions sont accélérées par la présence de donneurs de protons tels que les groupements hydroxyles provenant de la résine, du durcisseur ou des impuretés présentes dans le mélange réactionnel (eau...)[27]. Comme cette réaction génère un groupement hydroxyle, on observe souvent une augmentation de la vitesse de la réaction dans les premiers instants de la réticulation, la réaction époxy-amine est dite auto-catalytique. Par ailleurs, les groupements amines secondaires étant plus encombrés stériquement que les groupements amines primaires, les constantes de vitesse des réactions 1 et 2 peuvent donc être différentes. Les valeurs du rapport k1/k2 données dans la littérature sont comprises entre 0,2 et 0,4 pour les amines aromatiques, entre 0,5 et 0,8 pour les amines cycloaliphatiques et entre 0,8 et 1,2 pour les amines aliphatiques [17, 24, 28, 29]. Ainsi dans le cas des amines aliphatiques (notre cas), les réactivités des deux hydrogènes se trouvant sur l'azote sont équivalentes.

❖ La troisième réaction correspond à l'éthérification, sous certaines conditions, entre un groupement oxirane et un groupement hydroxyle initialement présent dans le prépolymère époxyde ou généré au cours des réactions 1 et 2:

$$\underset{\substack{\text{Alcool}\\\text{secondaire}}}{-\overset{|}{\underset{\overset{|}{O}H}{C}}H-} \quad + \quad \underset{\text{Époxy}}{CH_2-\overset{|}{\underset{\diagdown O\diagup}{C}}H-} \quad \overset{k_3}{\longrightarrow} \quad \underset{\text{Éther}}{-\overset{|}{\underset{O}{C}}H-}\overset{}{\underset{\substack{\text{Alcool}\\\text{secondaire}}}{-CH_2-\overset{|}{\underset{\overset{|}{O}H}{C}}H-}} \quad (3)$$

Cette réaction correspond à l'homopolymérisation des groupes époxy. Elle n'a lieu qu'en cas d'excès d'époxy à haute température et est catalysée par des amines tertiaires [30] qui résultent de la réaction des amines secondaires (réaction 2). Comme ces amines sont encombrées stériquement, la réaction (3) est donc peu probable. Pour des systèmes contenant un excès de fonctions époxy, cette réaction d'éthérification peut se produire une fois que tous les hydrogènes d'amines sont consommés. Pour des systèmes stœchiométriques ou contenant un excès de fonctions amines, l'importance de la réaction (3) par rapport aux réactions (1) et (2) dépend de la nature de l'amine et de la température de réticulation, mais elle est le plus souvent négligeable [8]. Pour des amines aromatiques, à cause de la faible réactivité des amines secondaires par rapport aux amines primaires et des hautes températures nécessaires pour réticuler, la réaction (3) n'a lieu qu'à température supérieure à 150°C [24].

1.1.1.2. *Cycle de cuisson*

Comme nous l'avons vu au paragraphe ci-dessus les réactions de réticulation sont exothermiques, la quantité de chaleur doit être dégagée sur un temps suffisamment long [7]. Plusieurs études [8], [31-35] ont montré qu'il est important d'adapter les temps et les températures du cycle de cuisson pour éviter les contraintes thermiques internes.

En fonction de l'exothermie de cuisson mesurée par DSC, on peut déterminer les deux températures correspondant aux deux paliers de cuisson pour les réactions des amines primaires puis secondaires. Si les pics des deux réactions apparaissent au même endroit, il est alors nécessaire de choisir des températures très dissociées pour que la première réaction se fasse complètement à température relativement basse et ne soit par perturbée par la compétition avec la seconde. Une méthode empirique a été mise au point en laboratoire par Tcharkhtchi et al. [35] pour déterminer les températures de cuisson des systèmes thermodurcissables. D'après eux, la température de premier palier correspond à la température à 15% de la hauteur du pic avant l'exotherme et la température du second palier correspond à la température à 50% de la hauteur du pic après l'exotherme (*Figure 1.3*) [35].

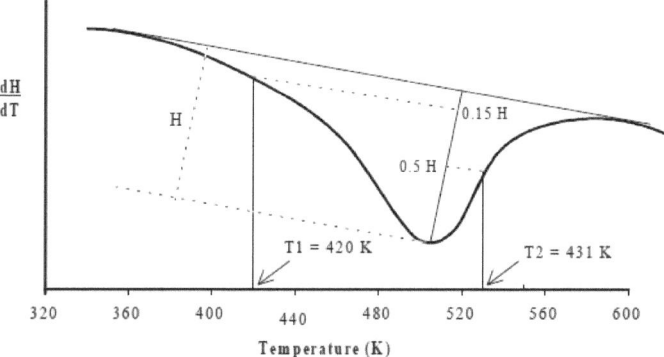

Figure 1.3.   *Détermination des températures de cuisson à partir du thermogramme pour un mélange stœchiométrique époxy-amine [35].*

Une post-cuisson à température supérieure est souvent encore nécessaire pour terminer les réactions, et obtenir une température de transition vitreuse maximale. Cependant, leur probabilité d'occurrence diminue à mesure que la viscosité du système augmente du fait de l'avancement de la réticulation. Par contre, en présence d'oxygène à haute température, le matériau peut s'oxyder en surface et se dégrader (coupures de chaînes), amenant à une coloration brune de la résine. Si la température est trop élevée (supérieure à 230°C), des réactions secondaires peuvent conduire à une sur-réticulation (sur les fonctions CH_2-) ou à des coupures de chaînes, y compris au cœur du matériau.

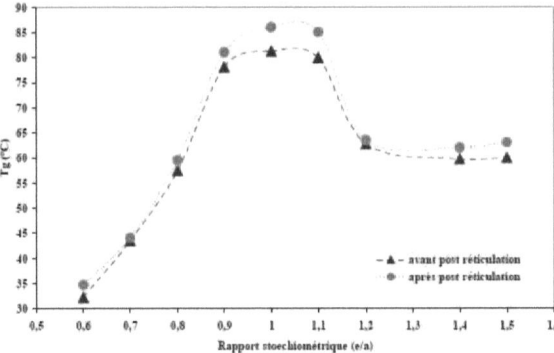

Figure 1.4.   *Évolution de Tg en fonction du rapport époxy/amine avant et après post-cuisson pour un système DGEBA/Jeffamine T403 [33].*

En dehors du cycle de cuisson, dans le cas d'un système époxy/amine, pour obtenir une réticulation complète, le rapport stœchiométrique r = 1 joue aussi un rôle important [12, 32, 36]. La température de transition vitreuse du système époxyde/amine varie avec le rapport stœchiométrique amine/époxy [32]. Sur le graphe ci-dessus, on peut constater que le réseau époxy/amine est réticulé totalement (la température de transition maximale) lorsque le rapport stœchiométrique est égal à un. De nombreux auteurs ont étudié les propriétés du réseau formé [32, 34] ainsi que les changements de ces propriétés au cours du vieillissement pour des systèmes totalement réticulés [37, 38]. Cependant, lors de l'élaboration des composites, du fait de la présence des renforts [39-41], de la vaporisation du durcisseur [42] et des interactions entre le durcisseur amine et le CO_2 de l'environnement [43, 44], la matrice peut être localement sous-réticulée. Les propriétés physico-chimiques de la résine ainsi que son comportement au cours du vieillissement sont alors différents par rapport à un système parfaitement réticulé. Afin de simplifier, la plupart des études sont réalisées sur les systèmes parfaitement réticulés, et donc peu d'études concernent les effets du vieillissement sur les systèmes sous-réticulés. En général, pour un système époxy/amine l'hydrolyse n'aurait pas lieu d'être considérée, mais lorsque des groupements époxydes sont en excès, ils peuvent réagir avec les molécules d'eau pour former des diols [35] qui favorisent alors la plastification ainsi que l'établissement des liaisons hydrogènes multiples avec d'autres molécules d'eau pour créer un réseau secondaire [45-47]. De plus, pour le système DGEBA/TETA un grand excès d'époxy peut entraîner une fragilisation du matériau lors du vieillissement hygrothermique [48]. Ce comportement est principalement attribuable à une recristallisation des monomères époxydes n'ayant pas réagi, même si l'homopolymérisation à travers l'ouverture de cycle époxy par des groupes OH pourrait également jouer un rôle mineur. À l'inverse, un système riche en amine est beaucoup plus stable en ce qui concerne les propriétés de traction et leur déformabilité est considérablement amélioré [48]. L'influence du rapport stœchiométrique sur l'absorption de l'eau dans les résines époxy DGEBA /TETA [49] montre que l'augmentation du rapport d'amine a pour effet d'augmenter la cinétique d'absorption de l'eau ainsi que la teneur en eau à l'équilibre.

1.1.1.3. *Taux de conversion*

L'un des paramètres les plus utilisés pour étudier la cinétique de réaction d'une résine thermodurcissable est le taux de conversion (ou taux de réticulation) noté α. L'objectif est d'atteindre en fin de cuisson un taux de conversion le plus proche possible de 1, c'est à dire tel que tous les monomères présents initialement dans la résine aient tous réagi. De nombreuses études [12, 18, 24, 50-52] à la fois théoriques et expérimentales ont été réalisées dans le but de déterminer la variation de taux conversion pour des systèmes différents. En principe, toutes les méthodes d'analyse quantitative telles que le dosage chimique, les méthodes chromatographiques, la spectroscopie RMN, la spectroscopie infrarouge, etc... peuvent être utilisées pour quantifier l'évolution de la concentration en groupements époxy et amine au cours de la réticulation. On distingue trois approches expérimentales différentes pour suivre le taux de conversion d'une résine thermodurcissable :

- La détermination directe de la concentration des groupes réactifs présents dans le milieu par voie chimique (dosage chimique) ou par des techniques chromatographies, ou spectroscopiques.

- L'estimation indirecte de l'avancement de la réaction chimique par mesures thermiques (DSC...).

- La mesure des évolutions des propriétés physiques, mécaniques, électriques... du polymère (Tg, E, G...).

Dans l'étude du système DGEBA réticulé par DDS (dicyandiamide), Bellenger et al. [50] ont constaté que le taux de conversion α change en fonction du temps de réticulation (*Figure 1.5* et *Figure 1.6*), et la Tg évolue de manière différente avec α. Ainsi, pour 0 < α < 0,55 : Tg = 257,2 exp (0,197α) et pour 0,55 < α < 1 : Tg = 192,5 exp (0,762α).

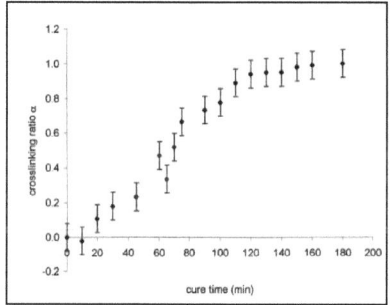

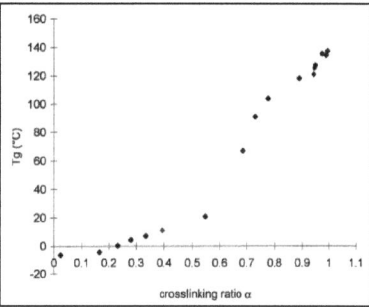

Figure 1.5.   Valeur expérimentale du taux de conversion α en fonction du temps de réticulation [50].

Figure 1.6.   Valeur expérimentale de la Tg en fonction du taux de conversion α [50].

D'après Nguyen [18], on constate que le taux de conversion α change également en fonction de la température aux différentes vitesses de chauffage pour le système époxy (65%DGEBF + 35%DGEBA) avec un durcisseur D (93,4%Jeffamine D230 + 3,5%DETA + 3,1%bisphénol A). Un déplacement vers les températures élevées est ainsi observé lorsque la vitesse de rampe augmente.

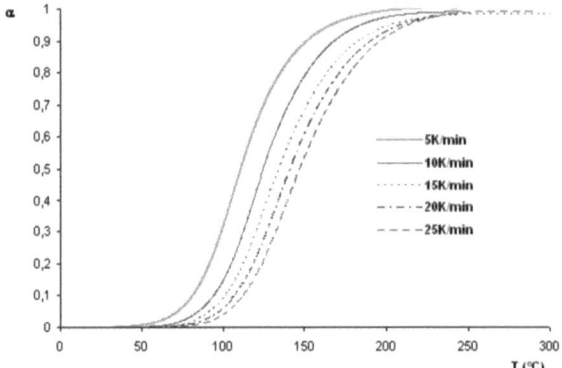

Figure 1.7.   Variation du taux de conversion en fonction de la vitesse de chauffage [18].

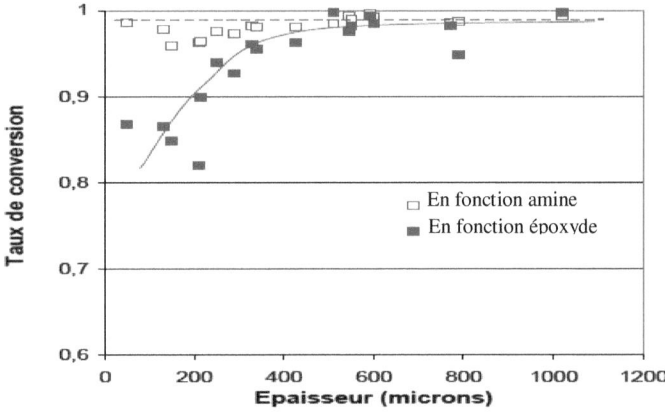

Figure 1.8.   Variation des taux de conversion en fonctions amine et époxyde en fonction de l'épaisseur des revêtements [12].

En théorie, on peut déterminer directement le taux de conversion en fonction de l'époxyde ou en fonction de l'amine. Avec r = 1, la valeur de taux de conversion calculée en fonction de l'époxyde est égale à celle calculée en fonction de l'amine. Par contre, les taux de conversion calculés en fonction de l'époxyde varient également en fonction de l'épaisseur des revêtements de DGEBA/DETA sur aluminium [12] (*Figure 1.8*), alors que les taux de conversion calculés en fonction de l'amine restent constants et égaux à 1 quelle que soit l'épaisseur du revêtement.

La diminution des taux de conversion calculés en fonction l'époxyde au voisinage de la surface métallique (pour des épaisseurs de films inférieures à 400µm environ), a été expliquée par la réaction entre l'amine et les ions aluminium [11, 12, 53]. La baisse de fonctionnalité des amines au voisinage de la surface métallique fausse donc le calcul de la stœchiométrie.

Ici, nous notons que la volatilité de durcisseur de type amine aliphatique en général et DETA en particulier est très forte [10, 54]. Il est donc possible que, pendant l'élaboration des plaques à moule ouvert, une partie de durcisseur à la surface du côté air s'évapore [32], [42] ou réagisse avec le CO_2 ambiant [43, 44] ce qui fausserait le calcul stœchiométrique (r < 1). Ceci entraîne un excès de groupements époxydes et donc une diminution du taux de conversion en fonction époxyde.

1.1.2. Renforcement par les fibres de verre

1.1.2.1. Présentation générale

Il existe différents types de fibres de verre, de propriétés différentes (E, C, D, R ou S...) selon la composition du mélange de préparation. En raison de leur relative facilité de fibrage, de leurs propriétés mécaniques intéressantes et de leur coût modéré, les fibres de verre E sont les plus diffusées.

La composition chimique du verre E est celle d'un borosilicate d'alumine à faible taux d'alcalins avec différents additifs permettant d'abaisser la température de fusion (B_2O_3, CaO,...), d'améliorer les propriétés mécaniques (Al_2O_3) ou de lui conférer des propriétés particulières (diélectriques par exemple avec B_2O_3) (*Tableau 1.1*).

Tableau 1.1.   Composition des verres de types E [55].

SiO_2	52-62%
Oxydes alcalins (Na_2O, K_2O	< 2%
Oxydes alcalino-terreux (CaO, MgO)	16-30%
B_2O_3	0-10%
Al_2O_3	11-16%
TiO_2	0-3%
Fe_2O_3	0-1%
HF	0-2%

Les propriétés mécaniques du verre E sont communément mesurées sur monofilaments prélevés en sortie de filière (fibres vierges : pas encore ensimées) et sont présentées dans le *Tableau 1.2*. Il est intéressant de noter également que les fibres de verre conservent leurs caractéristiques mécaniques jusqu'à des températures assez élevées de l'ordre de 200°C pour le verre E ; ainsi ces fibres sont bien adaptées pour le renforcement des résines à tenue thermique élevée.

Tableau 1.2.   Caractéristiques mécaniques du verre E sur monofilaments [56].

Masse volumique ρ_f	2,60 g/cm^3
Module de Young E_f	73000 MPa
Contrainte à rupture σ_f	3400 MPa
Allongement à rupture ε_f	4,5%
Coefficient de poisson ν_f	0,22

L'ensemble des filaments de verre nus n'est pas utilisable directement pour de nombreuses raisons : absence de cohésion, sensibilité du verre à l'abrasion et à l'attaque de l'eau ainsi que création de charges électrostatiques. Afin de remédier à ces défauts et de donner certaines propriétés, un ensimage est déposé à la surface des filaments de verre directement après leur sortie de filière.

1.1.2.2. *Ensimage*

L'ensimage a différents rôles comme d'empêcher la rupture et l'abrasion du filament de verre pendant son élaboration, ainsi que d'assurer la cohésion des filaments. Il permet d'améliorer l'imprégnation des filaments par la résine lors de la mise en œuvre de matériaux composites et assure la compatibilité entre le verre et la matrice pour obtenir les meilleures performances du composite (tenue mécanique, à l'eau, en température...).

L'ensimage est une mixture complexe et sa composition chimique est propre à chaque fabricant et maintenue secrète. En général, elle est constituée de trois composants principaux suivants [57-59]: les agents filmogènes, les agents couplants et les agents auxiliaires. De nombreuses études ont été réalisées [60-65] pour déterminer les agents employés et leurs proportions dans un ensimage. Gorrowa et al. [66] ont donné les proportions relatives de chaque constituant d'un ensimage type pour des fibres de verre utilisées avec des résines thermodurcissables (*Figure 1.9*). On note que l'agent filmogène et l'agent couplant sont les deux constituants principaux de l'ensimage.

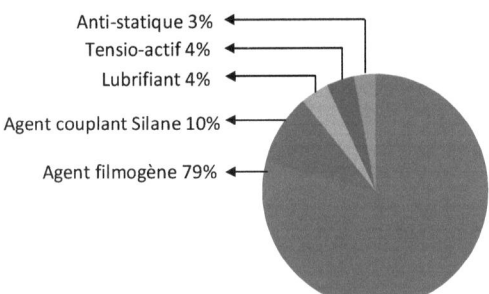

Anti-statique 3%
Tensio-actif 4%
Lubrifiant 4%
Agent couplant Silane 10%
Agent filmogène 79%

Figure 1.9.   Composition typique de l'ensimage de fibre de verre.

Dans un ensimage chacun des constituants a une fonction bien spécifique :

- Les agents filmogènes : les principales fonctions de ces agents filmogènes sont d'assurer la cohésion des filaments, de favoriser l'imprégnation par la matrice et de protéger des fibres contre l'abrasion. Ce sont généralement des prépolymères tels que le polyacétate de vinyle, des polyesters, des prépolymères époxyde. Ils sont choisis pour être compatibles avec la matrice polymère prévue.

- Des agents couplants: le rôle de ces agents consiste à établir des liaisons fortes entre la matrice organique et le verre. Il s'agit donc de molécules « hybrides » dont les plus utilisés sont les organosilanes. L'organosilane le plus commercialisé aujourd'hui est un alkoxysilane avec une amine primaire, le γ-AminoPropyltriéthoxySilane (γ-APS).

- En dehors des deux composants principaux ci-dessus, on a également ajouté des agents auxiliaires comme les agents lubrifiants pour protéger et lubrifier la surface des fibres ; les agents antistatiques afin d'éliminer les charges électrostatiques ; des antimoussants...[67-70].

De nombreuses études [66, 71, 72] rapportent que la distribution de l'ensimage n'est pas uniforme dans les trois dimensions et que son épaisseur dépend du diamètre des fibres. L'épaisseur de l'ensimage des fibres de 16,9 µm de diamètre serait ainsi de l'ordre 50 à 80 nm [66]. Ces études ont également montré que la quantité de l'ensimage déposée sur les fibres de verre est relativement faible, de l'ordre de 0,2 à 2% de la masse du renfort dans les composites. Dans l'étude menée par Onard [73] sur l'influence du mode de séchage de l'ensimage de fibres de verre-E dans des composites unidirectionnels époxy/amine, une répartition hétérogène de l'ensimage a été montrée, ce qui influe sur l'épaisseur de l'interphase. Dans notre étude, nous utilisons les fibres de verre E dont la quantité totale d'ensimage appliqué sur les filaments de verre est généralement de l'ordre de 0,5% en masse des fibres.

1.1.3. *Les interphases matrice époxy/fibres de verre*

L'interphase est une région tridimensionnelle complexe créée entre la fibre et la matrice lors de la mise en œuvre des composites. Elle est constituée de la matrice et de l'ensimage, et peut posséder des caractéristiques chimiques, physiques et mécaniques différentes de celles des fibres ou de la matrice en masse [74]. Plusieurs propriétés du matériau composite lui sont attribuées. C'est pourquoi, il est important de connaître cette région et d'appréhender les liens formés entre les constituants.

1.1.3.1. *Formation des interphases*

La structure des interphases peut être influencée par la composition et la distribution des différents constituants de l'ensimage à la surface de la fibre et dans la matrice [75, 76], mais également du mode de mise en œuvre [73, 77]. Le mouillage est un des phénomènes important intervenant lors de la première étape de mise en œuvre du composite. La diffusion et la miscibilité jouent ensuite un rôle prépondérant dans la formation des interphases. Les paramètres gouvernant la diffusion des monomères dans le réseau organo-silane d'une part, et la miscibilité du silane dans les co-monomères d'autre part (dissolution des couches physi-sorbées) sont la viscosité du mélange réactif et le degré de condensation du réseau organo-silane [78-80].

Les interphases sont engendrées lors du mouillage du renfort par la matrice. Ce type d'adhésion varie d'un système à l'autre et est souvent la synthèse de plusieurs mécanismes opérant en même temps : adhésion thermodynamique, liaisons chimiques, ancrage mécanique, diffusion ou inter-diffusion et interactions électrostatiques. En général, elle se résume en trois catégories : chimique, physique et mécanique [81]. La formation ainsi que la structure de l'interphase sont liées au mode d'action de l'agent de pontage organosilicié, de formule générale R-Si(X)$_3$, utilisé dans les ensimages. Ces molécules d'organosilanes peuvent réagir chimiquement et physiquement avec la surface de la fibre et avec la matrice, du fait de leur nature à la fois minérale et organique. Le groupement alkoxy hydrolysable X est capable de réagir avec la surface minérale et ainsi lors de l'hydrolyse, former des silanols qui peuvent créer des liaisons siloxanes Si-O-Si (liaisons covalentes) ou hydrogène avec les silanols de la surface du verre (*Figure 1.10*) [82].

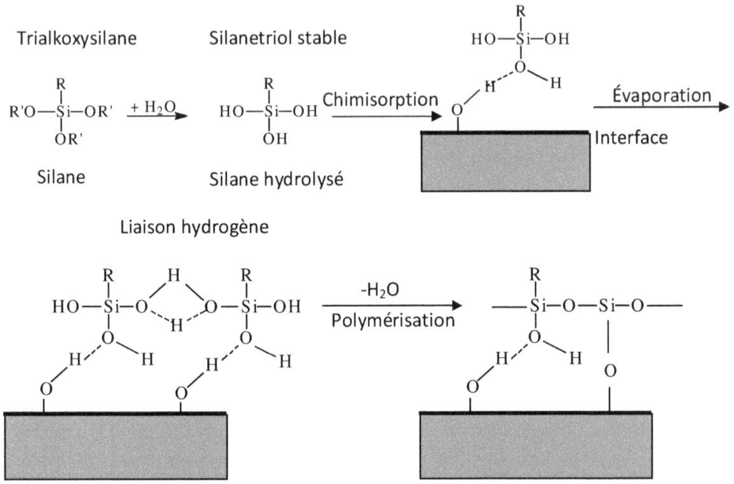

Figure 1.10.   *Mécanisme réactionnel du silane à la surface du verre [82].*

Par ailleurs, le groupement fonctionnel organique R, qui a été choisi selon la nature de la matrice, peut réagir avec la matrice par réactions chimiques ou par la formation d'un réseau interpénétré. En fonction des matrices, il est soit méthacryl ou vinyl avec une matrice vinyl, soit amine ou époxy avec une matrice époxy. En combinant avec une procédure d'extraction, les études XPS et SIMS [83], [84] des auteurs ont mis en évidence la formation de la liaison chimique entre l'aminosilane, les fibres de verre et l'époxy simultanément. Les organosilanes sont capables de créer des interactions stables aussi bien avec la matrice polymère qu'avec la surface du verre. Pour le γ-APS, dans la *Figure 1.10*, R correspond à $NH_2 - (CH_2)_3 -$ et X à $- (OC_2H_5)$.

Bien que la théorie de la liaison chimique domine, il est évident qu'elle n'est pas suffisante pour expliquer la formation des interphases et les propriétés du composite (haut module et meilleur résistance à la traction) [85]. La théorie d'un réseau interpénétré initialement proposée par Plueddemann [86] en plus de la théorie de la liaison chimique semble être une meilleure approche pour décrire l'adhésion. Une synergie de ces deux mécanismes est probable dans les composites à matrice thermodurcissable. D'après cet auteur, il existe une zone diffuse constituée par l'ensimage et le polymère, sous forme de réseau interpénétré : il y a pénétration (diffusion) de la résine dans les couches chimisorbées du silane, et migration (miscibilité) des molécules de silanes chimisorbées dans la matrice. Cela a été également confirmé par spectroscopie de masse à ionisation secondaire (SIMS) [83]. La richesse en polymère de la matrice croît à mesure qu'on s'éloigne du verre (*Figure 1.11*).

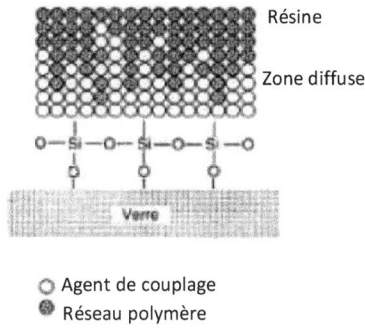

Figure 1.11.   Représentation de l'interphase [86].

1.1.3.2. *Rôles des interphases*

➢ Transfert de charge : Comme nous l'avons abordé ci-dessus, le rôle des fibres est de supporter la majeure partie de la contrainte, la matrice étant là pour répartir les efforts. Ainsi, l'interphase joue un rôle capital lorsque le matériau est soumis à une contrainte mécanique puisqu'elle a pour principale fonction de transférer la charge de la matrice vers le renfort. Les qualités d'un matériau composite, et notamment ses performances mécaniques, sont par conséquent liées à la qualité de l'interphase entre la fibre et la résine [74, 81, 87, 88]. Néanmoins, il faut retenir qu'une amélioration de l'interphase ne suffit pas à optimiser le transfert de charge. Les liaisons fortes engendrent certes des composites de grande rigidité et à haute résistance statique mais contribuent également à une faible ténacité et une faible tenue en fatigue. Par contre, les liaisons faibles peuvent permettre d'accroître l'absorption d'énergie par l'interphase. C'est pourquoi un compromis entre ces deux aspects doit être trouvé par le choix d'un agent couplant approprié [89].

➢ Rôle protecteur contre le vieillissement humide : Les propriétés des interphases dépendent essentiellement de la nature chimique de chacun des constituants, dont les agents filmogènes et couplants. Selon la théorique du couplage, si l'interphase a une bonne résistance au milieu humide, c'est parce que les silanes dans l'agent couplant forment des liaisons chimiques stables (-Si-O-Si-) avec le verre, évitant ainsi l'infiltration de l'eau entre fibre et matrice [90]. La stabilité hydrothermale d'interphases modèles formées par une couche de γ-APS pur et une couche de copolymère γ-APS/DGEBA a été étudiée par Salmon

[80]. La couche DGEBA/γ-APS présente une quantité d'eau absorbée à l'équilibre plus faible que celle du γ-APS pur. La stabilité hydrothermique de l'interphase au sein du composite dépendra donc de la présence ou non d'une couche d'agent couplant au sein de l'interphase.

En comparant des systèmes vieillis d'une part en atmosphère humide et en température, et d'autre part en température uniquement, Schutte et al. [91] a montré que la dégradation de l'interphase est principalement due à l'effet de l'humidité. Les fibres n'absorbent pas d'eau cependant, un gonflement différentiel se produit lorsque la matrice en absorbe. Si l'adhésion entre la fibre et la matrice est insuffisante, une décohésion par rupture des liaisons chimiques dans l'interphase du matériau se produit, augmentant la vitesse de pénétration de l'eau dans le matériau par les vides crées, ce qui accélère le mécanisme de dégradation. Thomason [81] et Pawson [92], en utilisant différents types de fibres de verre ont mis en évidence l'influence de la nature des interphases sur l'évolution des propriétés mécaniques. D'après eux, la dégradation des propriétés interfaciales pour les composites polyépoxyde/fibres de verre est de l'ordre de 10% en moyenne après vieillissement. De même, P. Bonniau [93] constate une baisse important du module de cisaillement caractérisant la dégradation des liaisons à l'interphase fibre-matrice. La libération des contraintes résiduelles et la plastification du système sont caractéristiques des mécanismes survenant à court terme, alors que les dégradations de type chimique n'interviennent qu'à long terme [94].

1.1.3.3. *Mise en évidence de l'interphase*

Plusieurs techniques permettent de mettre en évidence l'interphase comme les microscopies électroniques (à balayage MEB, à transmission MET) ou les analyses spectroscopiques (IRTF, Tof- SIMS, AES et XPS) [71, 75]. Les techniques d'analyse spectroscopiques peuvent être applicables à l'analyse de la chimie de la surface de l'ensimage sur fibres nues de manière qualitative, dans certains cas quantitative, mais trouvent néanmoins leur limite dans l'analyse in situ des composites réels et dans tous les cas donne une information sur une profondeur très faible [95]. Pour cela, on peut tout d'abord observer les effets sur la mobilité des chaînes macromoléculaires du composite et suivre ensuite une réponse locale par des techniques spécifiques comme la microscopie à force atomique (AFM) par exemple.

Les techniques les plus utilisées pour suivre la mobilité des chaînes macromoléculaires dans la zone de l'interphase sont la calorimétrie différentielle (DSC) et l'analyse mécanique dynamique (DMA). Il s'agit de caractériser les phénomènes de relaxation qui reflètent la mobilité des segments de chaînes de la matrice polymère. Par analyse calorimétrique différentielle (DSC), Lipatov [96] a estimé l'épaisseur de l'interphase en se basant sur les variations de chaleur spécifique entre le composite et la résine en masse. Il indique aussi que la diminution de ΔCp (généralement observée à taux de renfort croissant) peut être reliée au fait qu'une certaine quantité de macromolécules de la matrice interagit avec la surface des renforts. Lagache [97] a également montré une augmentation de l'épaisseur de la zone d'interphase avec la fraction volumique de fibres dans la matrice époxy renforcée de fibres de verre E ensimées γ-APS. Théocaris et al. [98, 99] observent un décalage de Tg vers les hautes températures lorsque l'adhésion fibres de verre/polymère est forte et un décalage de Tg vers les basses températures dans le cas contraire. La température de transition vitreuse de la matrice de composites unidirectionnels est donc principalement gouvernée par la qualité de l'adhésion à l'interphase.

De nombreuses études utilisent l'analyse mécanique dynamique (DMA) pour la mise en évidence d'interphases [100-103]. Une relaxation additionnelle sous forme d'épaulement sur la relaxation principale de la matrice peut être observée [104] et attribuée au fait que la matrice polymère est formée de deux phases ayant chacune sa propre Tg : une matrice identique au réseau seul (Tg_0) et une interphase dont les propriétés diffèrent de celle de la matrice en masse (Tg_i). Si l'interphase a une Tg_i plus faible que celle de la matrice polymère seule Tg_0, on a une interphase « souple », et une interphase « rigide » dans le cas inverse. Les deux maxima peuvent apparaître s'il existe une différence suffisante entre les deux températures de transition vitreuse de 20 à 40°C. La présence de l'interphase affecte la température de transition vitreuse du composite pour des taux de renforts élevés. Quand l'épaisseur de l'interphase augmente, un décalage régulier apparaît, c'est-à-dire un élargissement puis un dédoublement de la région de transition. Thomason [100] a noté qu'il était possible de distinguer la relaxation de l'interphase dans le cas d'agents filmogènes collants différents de la matrice. Mais, aucune relaxation additionnelle n'est observée pour des composites polyépoxydes renforcés de fibres présentant un ensimage commercial compatible polyépoxydes. De plus, des pics additionnels peuvent être générés du fait de la post-cuisson ou du séchage des matériaux (évaporation d'eau ou de solvants résiduels). En effet, la nouvelle relaxation apparaît simplement parce que le système évolue au cours du traitement thermique qui lui est imposé lors de l'essai. Le pic additionnel disparaîtra bien évidemment au cours d'un second balayage en température. Thomason [100] a aussi mis en évidence que les épaulements additionnels étaient liés au gradient thermique présent au sein de l'échantillon, après s'être assuré de pouvoir exclure une post-cuisson ou un séchage des matériaux. De même, Chateauminois [105] a montré l'influence des conditions expérimentales en particulier de la vitesse de balayage en température sur les relaxations. En dépit de ces artefacts de mesures, la technique DMA est d'une très grande sensibilité pour détecter des hétérogénéités et l'interphase, avec quelques précautions dans l'interprétation des résultats. En gardant constants tous les autres paramètres, Keusch [103] a notamment montré que la diminution de l'amplitude de tan δ à la relaxation α est liée à une amélioration des liaisons interfaciales .

Les avancées technologiques de ces quinze dernières années permettent d'accéder directement à l'interphase avec le développement de techniques à l'échelle micro voire nanométrique. L'application de la microscopie à force atomique (AFM) à l'étude des interphases présente un champ d'investigation prometteur [106-108]. Pour les composites époxy/fibres de verre, Mai et al. [106] ont observé en mode de modulation de force qu'il est possible de distinguer un gradient de propriétés linéaire d'une fibre ensimée vers la matrice, alors que pour une fibre non ensimée les propriétés sont quasiment constantes. L'épaisseur de l'interphase est ainsi estimée pour un système époxy/fibres ensimées à 1-3µm. De même, Gao et al. [108] montrent un gradient de module décroissant depuis la fibre traitée, alors que pour la fibre de verre non ensimées ils ne montrent aucune différence de modules dans la matrice. Cette dernière observation souligne le fait que la matrice époxy ne forme pas d'interphase identifiable à proximité de fibres de verre non-ensimées. Les résultats de Griswold et al. [109] révèlent que l'interphase est moins dure que la matrice en masse donc probablement sous-réticulée. Récemment, les résultats de l'AFM couplée à une fibre optique introduite in-situ dans le composite pour de la spectroscopie infrarouge [40] ont montré une réticulation incomplète à proximité de la fibre, l'image de phase donnant une épaisseur d'interphase de 2,5µm dans le cadre du système étudié à matrice époxy/anhydride.

À l'aide de la microanalyse thermique (µTA) [110-112], un gradient de propriétés dans l'interphase a été récemment confirmé. Pour les composites à matrice cyanate renforcés de fibres de verre-D, Mallarino et al. [112, 113] ont mis en évidence un réseau de densité plus faible dans l'interphase. Avec l'étude de différents traitements des fibres de verre, Tillman [39] détermine l'étendue de l'interphase par la diminution de Tg à proximité des fibres. Il montre la présence d'une couche d'interphase souple et souligne l'importance des interactions fibre/matrice et de leur affinité. Au contraire, Mäder & al. ont montré les propriétés particulières de l'interphase avec l'augmentation significative de la température de transition vitreuse à proximité des monofilaments [111].

1.2. Effet du vieillissement hygrothermique sur les systèmes époxy-amine/fibre de verre

L'eau et la température sont deux facteurs environnementaux auxquels les matériaux époxy-amine sont sensibles. Les effets du vieillissement hygrothermique sur ce système sont largement étudiés [114-116].

1.2.1. *Généralités sur le vieillissement hygrothermique*

1.2.1.1. *Généralités*

Selon la définition de Jacques VERDU [117], le vieillissement consiste en « toute altération lente et irréversible des propriétés d'un matériau, résultant de son instabilité propre ou d'effets de l'environnement ». Cette altération peut concerner la structure chimique des macromolécules ou des adjuvants (vieillissement chimique), la composition du matériau (pénétration ou départ de petites molécules), ou son état physique (taux de cristallinité, fraction de volume libre, contraintes internes...). Ces deux types de vieillissement sont bien présents au sein des matrices époxyde exposées à l'humidité [118]. Le rôle de l'eau dans la dégradation de la résine époxyde [119] et le rôle des interfaces dans la dégradation des polymères composites [120] sont connues depuis plusieurs dizaines d'années. Les chercheurs tentent d'abord d'identifier les causes de ce vieillissement et parviennent à la conclusion que les facteurs les plus importants sont l'absorption d'eau et l'état de contrainte auquel est soumis le matériau.

Le vieillissement hygrothermique des composites en milieu aqueux/humide se traduit par deux modes différents : le vieillissement physique et le vieillissement chimique.

➢ Le vieillissement physique est un processus conduisant à une altération des propriétés d'utilisation du matériau sans qu'il y ait de modification de sa structure chimique à l'échelle moléculaire ou macromoléculaire [117]. Il peut résulter :

- de modifications de la configuration spatiale des macromolécules (relaxations d'enthalpie, relaxation de volume, cristallisation...).

- de phénomènes de transport (pénétration de liquides, migration d'adjuvants).

- de phénomène de surface (fissuration en milieu tensioactif).

Ces mécanismes influent sur la résistance mécanique du matériau. Généralement, lorsque le terme « vieillissement physique » est utilisé, il se réfère au vieillissement sans transfert de masse. Le vieillissement physique est en fait un phénomène lié à l'instabilité propre aux matériaux amorphes au-dessous de leur température de transition vitreuse (Tg). La cause principale de ce vieillissement est l'absorption de l'eau dans le matériau. On peut distinguer deux types d'absorption d'eau, dans le réseau macromoléculaire de la matrice et dans les hétérogénéités du matériau composite issues des microvides.

➢ Le vieillissement chimique englobe tout phénomène impliquant une modification chimique du matériau sous l'influence d'un environnement donné. Seul le vieillissement chimique en présence d'eau est abordé ici, et on parle alors de vieillissement hydrolytique. Les polymères adsorbent une certaine quantité d'eau en fonction de leur structure et en particulier de la polarité de leur motif monomère. Au cours de l'absorption, les molécules d'eau peuvent remplacer les liaisons hydrogène déjà existantes par des liaisons hydrogène entre l'eau et le polymère. Le résultat de ces interactions chimiques à long terme est la dégradation de la résine et de l'interface par hydrolyse. Ce phénomène conduit à la modification de certaines bandes d'absorption caractéristiques en spectrométrie infrarouge [121]. Ce vieillissement est irréversible et lié à des changements structuraux: coupure de chaîne, évolution des petites molécules issues de la dégradation. Il est souvent contrôlé par la diffusion de l'eau dans le matériau et est susceptible d'être catalysé par divers agents chimiques : ions OH^-, H^+, métaux de transition...d'où l'influence de la composition du milieu réactionnel sur le vieillissement. Le greffage de molécules d'eau sur les chaînes macromoléculaires se caractérise par une augmentation de la masse de l'échantillon après séchage par rapport à la masse initiale [122].

Les effets chimiques se superposent aux effets physiques. Dans le cas des effets physiques en l'absence d'endommagement, les propriétés se stabilisent après saturation du matériau. Cependant, les effets chimiques entraînent la disparition du palier de stabilisation dans les courbes d'évolution des propriétés physiques (*Figure 1.12*) [123].

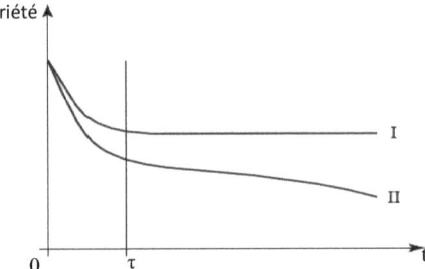

Pour t < τ (période initiale) : prédominance des les effets physiques (plastification)

Pour t > τ (long terme) : stabilité ou prédominance des les effets chimiques

Courbe I : interactions physiques polymère-eau seulement

Courbe II : interactions physiques et hydrolyse

Figure 1.12.   Évolution d'une propriété (par exemple mécanique) d'un polymère hydrophile
en fonction du temps d'exposition au milieu humide [123].

De façon générale, la réaction d'hydrolyse peut être écrite comme suit :

$$\sim X\text{-}Y\sim \ + \ H\text{-}OH \ \rightarrow \ \sim X\text{-}OH \ + HY\sim$$

D'après Verdu [123], cette réaction peut s'effectuer sur les branches latérales ou avec des coupures de chaînes entre nœuds de réticulation et ainsi création de fragments de chaînes macromoléculaires se retrouvant libres dans le réseau et pouvant diffuser vers le milieu extérieur. Les polyépoxydes réticulés par des amines ne devraient pas subir d'hydrolyse. Au cours de la réticulation, une fraction de ces durcisseurs peut néanmoins ne pas avoir réagi au sein du réseau tridimensionnel formé et reste piégée sous forme de grains solubles dans les solvants polaires. Ces fractions de durcisseur sont alors susceptibles de s'hydrolyser, favorisant alors le gonflement des polyépoxydes.

1.2.1.2. *Nature de l'eau dans les réseaux époxy au cours de vieillissement*

La matrice époxyde absorbe l'eau de l'atmosphère par sa couche superficielle jusqu'à atteindre rapidement l'équilibre avec l'environnement. Le phénomène est largement décrit dans la bibliographie, mais varie en fonction du système étudié. Dans la plupart des études pour le système époxyde, l'hypothèse retenue est celle d'un processus de diffusion Fickienne [32, 75, 122, 124] (*Figure 1.13: courbe 0*). Néanmoins, dans de nombreuses circonstances, les cinétiques d'absorption d'eau par les polymères ou les composites à matrice polymère présentent des écarts par rapport au comportement fickien [125-127]. Les courbes schématiques données sur la *Figure 1.13* sont représentatives des différents cas rencontrés dans la littérature.

La courbe (0) correspond au comportement fickien. La courbe (1), qui est caractérisée par une augmentation continue de la prise de masse, correspond au cas « pseudo-fickien » couramment rencontré [128], l'équilibre n'étant jamais atteint. La courbe (2) représente une cinétique de type Langmuir [38, 129]. Le cas (3) correspond à une accélération rapide de l'absorption d'eau, qui est généralement accompagnée de déformations importantes, d'endommagements au sein du matériau [37, 130]. Enfin, le cas (4) présente une perte de masse du matériau, après une certaine durée de vieillissement [38, 131]. On peut attribuer ce cas de figure à des dégradations physiques ou chimiques, à une hydrolyse du matériau. Des groupements chimiques peuvent être arrachés des chaînes polymères et être évacués dans le solvant, ce qui explique la perte de matière et la baisse de la masse globale, malgré l'absorption d'eau.

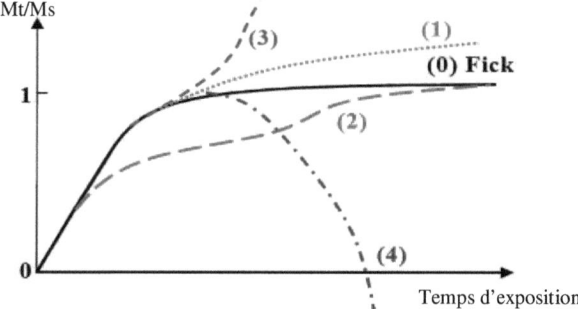

Figure 1.13.   *Courbes schématiques représentatives des quatre catégories de cinétique d'absorption d'eau fickienne et non fickienne [132].*

La diffusion de molécules d'eau peut être considérée selon plusieurs approches. Les plus couramment rencontrées sont l'approche « volumique » et l'approche mettant en jeu des interactions entre polymère et molécules d'eau grâce aux liaisons hydrogène.

➤ L'approche « volumique » est basée sur la théorie du volume libre. Selon cette théorique la concentration d'eau à l'équilibre est soit gouvernée par le volume libre, c'est-à-dire que l'eau absorbée occupe essentiellement les microvides ou les autres défauts morphologiques dans le réseau polymère qui créent des voies préférentielles de diffusion [122, 133, 134]. Le volume libre intermoléculaire assimilé à la place laissée entre les molécules et qui n'est pas occupée par les vibrations des atomes les constituants [135]. Cette approche évoque la présence possible de molécules d'eau dans le volume disponible entre les chaînes du réseau macromoléculaire 3D. Des microvides peuvent par ailleurs être présents dans le composite du fait d'une maîtrise imparfaite de la mise en œuvre comme un dégazage insuffisant (des bulles d'air se retrouvant prisonnières dans la résine visqueuse) [81]. De plus, la réticulation et la différence de coefficient de dilatation des deux composants peuvent entraîner un phénomène de retrait et créer ainsi des décollements entre la charge et la résine du fait des contraintes thermiques. Les cycles de cuisson et de post-cuisson influencent donc la prise d'eau à saturation [136]. La diffusion des molécules pénétrantes est déterminée par le nombre et la taille des microvides du réseau polymère d'une part, et par les forces d'attraction entre les molécules pénétrantes et le polymère d'autre part [137]. Thomson [87] a observé que la vitesse de sorption et la saturation en eau des composites fibres de verre-E/époxy dépendent principalement du taux de vide. Cette dépendance est si forte que la présence de 1% de microvides seulement suffit à plus que doubler la quantité d'eau absorbée. L'absorption d'eau à haute température peut provoquer l'extraction des espèces non polymérisées créant ainsi des vides. Les microvides peuvent aussi résulter de l'endommagement par gonflement différentiels. Avant saturation, il y a un gradient de concentration dans l'épaisseur du composite qui crée des contraintes liées aux gonflements différentiels. Podgaiz et al. [138] ont montré par des tests mécaniques que la résistance au cisaillement interlaminaire, et donc la durabilité des composites, dépendent principalement de la fraction volumique de pores incluant leur distribution en taille et leur localisation.

Au cours de la diffusion, les molécules d'eau se déplacent d'un site à l'autre avec une énergie d'activation (*Figure 1.14*). L'eau est alors considérée comme de l'eau liquide ou eau libre [122, 133].

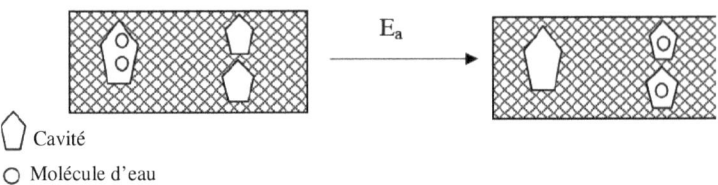

◇ Cavité

○ Molécule d'eau

Figure 1.14.   Théorie des volumes libres [122].

➢ L'approche moléculaire est basée sur l'interaction entre les molécules d'eau et les groupements polaires du polymère, elle apparaît donc comme un complément indispensable à l'approche volumique précédente [139-141]. Selon elle, les molécules d'eau ne sont pas concentrées dans les défauts morphologiques ni réparties au hasard mais fixées sur des sites hydrophiles (fonction hydroxyle, amine, ester...). En effet, la forte capacité d'absorption d'eau des résines époxydes résulte de la présence sur la chaîne époxyde de groupes OH attirant les molécules d'eau polaires. La diffusion de l'eau se fait le long des groupements polaires présents sur les chaînes du polymère. Les sites hydrophiles présents dans le matériau se lient doublement (et parfois triplement) avec les molécules ou les groupes de molécules d'eau au moyen de liaisons hydrogènes. La diffusion s'effectue alors par un processus de piégeage. La molécule d'eau liée à un site acquiert une énergie suffisante E_a pour se libérer et migrer vers un nouveau site. L'eau n'est alors plus considérée comme de l'eau liquide, c'est de l'eau dite liée [122, 133]. À partir d'essais de désorption, Zhou et Lucas [45] ont suggéré la présence de deux types d'eau liée :

- Type I : la molécule d'eau forme une liaison hydrogène avec le réseau de la résine et a une énergie d'activation faible (~ 40kJ/mol), elle est facilement désorbée et a plutôt un rôle plastifiant. (*Figure 1.15.a*)

- Type II : la molécule d'eau forme plus d'une liaison hydrogène et a une énergie plus élevée (~ 60kJ/mol), elle se désorbe difficilement et on peut parler d'un pont entre segment de chaînes ayant pour résultat une réticulation secondaire ou réticulation physique (*Figure 1.15.b*).

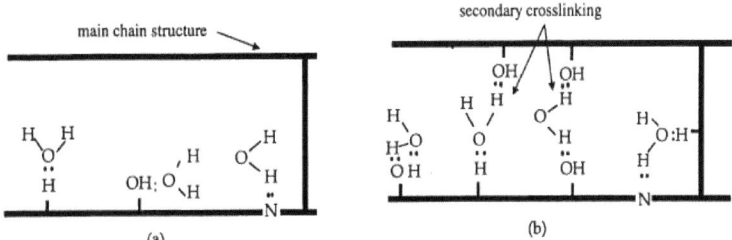

Figure 1.15.   *Deux types de liaison hydrogène entre l'eau et le réseau époxyde [45].*

La figure ci-dessus illustre ces deux types de liaisons. Les liaisons de type I sont les plus nombreuses. La quantité de liaisons de type II dépend fortement de la température et du temps d'immersion : des durées d'immersion plus longues et des températures plus élevées favorisent la formation de liaisons de type II.

Antoon et al. [142] ont également montré par analyse IRTF que l'eau absorbée dans les résines époxy interagit de manière réversible avec les groupes polaires en affectant les vibrations des espèces polaires dans la résine par l'intermédiaire de liaisons hydrogène. De plus, lors d'étude à base de spectroscopie infrarouge (MIR et NIRTF) sur les interactions physiques qui se produisent entre les molécules d'eau absorbées et le réseau d'une résine époxy. Musto et al. [143] ont montré l'existence de deux types de molécules d'eau absorbées, une variété mobile résidant dans les microvides et une autre fortement liée au réseau polymère par des interactions de liaisons hydrogène. Ils ont également estimé que la concentration de l'eau liée responsable de la plastification de la matrice.

Pour un système en excès d'époxy, plusieurs auteurs [144], [145], [35] ont constaté que les molécules d'eau peuvent ouvrir les cycles oxiranes au cours du vieillissement. Une étude par RMN a révélé une interaction spécifique entre la fibre de verre et la résine époxy, suggérant que les molécules d'eau absorbées physiquement ou chimiquement à la surface de la fibre de verre participent à l'ouverture du cycle oxirane par création de liaisons hydrogène [144] d'après le mécanisme décrit dans la *Figure 1.16.*

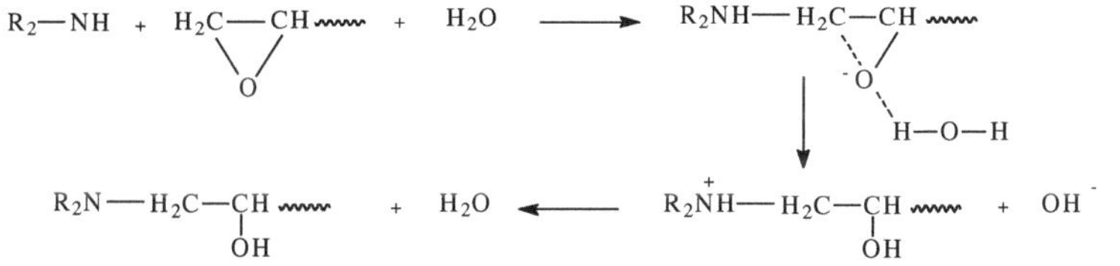

$$R_2\!-\!NH + H_2C\!-\!CH\text{~~~} + H_2O \longrightarrow R_2\overset{+}{N}H\!-\!H_2C\!-\!CH\text{~~~}$$

$$R_2N\!-\!H_2C\!-\!\underset{OH}{CH}\text{~~~} + H_2O \longleftarrow R_2\overset{+}{N}H\!-\!H_2C\!-\!\underset{OH}{CH}\text{~~~} + OH^-$$

Figure 1.16.   *Mécanisme d'ouverture du cycle oxirane en environnement humide [144].*

En utilisant la technique d'analyse de micro-spectroscopie infrarouge à transformée Fourier (IRTF), Noobut et al. [145] ont utilisé la bande du groupe OH absorbé à 3400cm^{-1} pour surveiller la concentration relative de l'eau absorbée, et la bande du groupe oxirane absorbée à 916cm^{-1} pour suivre la réaction d'ouverture du cycle oxirane. Ils ont également montré que la réaction d'ouverture des cycles oxirane est initiée par la formation de liaison hydrogène entre la molécule d'eau et le cycle oxirane [26]. Cependant, Tcharkhtchi et al. [35] indiquent que les molécules d'eau peuvent ouvrir les cycles oxiranes pour former des diols (*Figure 1.17*) :

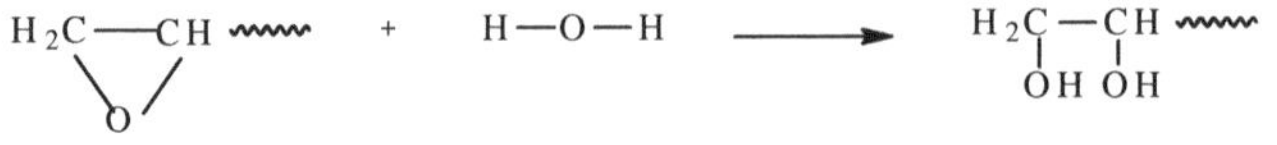

$$H_2C - CH \sim\sim\sim\quad + \quad H - O - H \longrightarrow \quad H_2C - CH \sim\sim\sim$$
$$\diagdown O \diagup \qquad\qquad\qquad\qquad\qquad\qquad\quad OH \;\; OH$$

Figure 1.17.   L'hydrolyse des cycles oxiranes pour former des diols [35].

1.2.2. Conséquence du vieillissement hygrothermique sur les propriétés des matériaux

En fonction des différents types de vieillissement hygrothermique, physique ou chimique, et de la nature des interactions entre l'eau et le réseau époxyde, des évolutions de propriétés des matériaux sont décrites dans la littérature.

1.2.2.1. Évolution de Tg

En général, le vieillissement hygrothermique a un effet de diminution de la température de transition vitreuse du matériau [131], [135], [146], pouvant donc influer sur son comportement en service. Néanmoins, un effet inverse de post-réticulation (ou réticulation secondaire) peut également se produire sous l'effet combiné de l'humidité et de la température [125], [147], [46].

➢ Une des conséquences de la diffusion de l'eau est la plastification, qui se traduit par la diminution de la température de transition vitreuse. En s'insérant entre deux chaînes macromoléculaires, les molécules d'eau entraîne une destruction partielle de la cohésion mécanique du réseau, augmentent la distance entre les chaînes et augmentent donc la mobilité moléculaire (*Figure 1.18*) [123]. Cette modification de Tg reflète le degré de plastification de la matrice et la nature des interactions eau/résine qui se produisent dans le matériau. Ces effets de plastification sont réversibles [148].

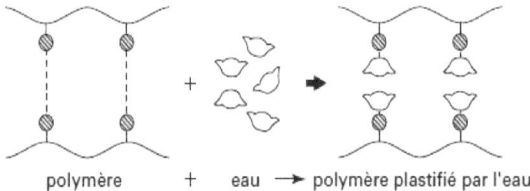

polymère   +   eau → polymère plastifié par l'eau

Zones hachurées : groupements polaires.

Figure 1.18.   Schéma de plastification d'une macromolécule [123].

De nombreux auteurs [136, 140, 148-150] ont étudié la diminution de la température de transition vitreuse en fonction de la quantité d'eau absorbée et de la nature du système résine/durcisseur. De Nève et al. [151] montrent que pour le système DGEBA/dicyandiamine, 1% d'eau absorbée entraîne approximativement une diminution de 8°C de Tg. Pour des époxydes réticulés par des amines [152, 153] la chute de Tg peut théoriquement atteindre 30 à 40°C pour des systèmes adsorbant 2 à 3% d'eau, et dépasser 80°C pour des systèmes absorbant plus de 6%. Un excès de durcisseur amine a un effet aggravant mais un excès de prépolymère époxyde n'a que peu d'influence [49]. En fonction du temps de vieillissement, pour une résine époxy pure et renforcée par des fibres de verres, Ghorbel [154] a constaté que la présence des fibres amplifie les phénomènes de plastification. La baisse de Tg est plus importante dans le cas du composite que dans le cas de la résine seule.

➢ Réticulation secondaire ou post-réticulation.

Dans certains cas, la plastification du réseau par l'eau à une température inférieure à 80°C permet au système de finir de réticuler. En fin de cuisson lors de la mise en œuvre, un certain nombre de pontages ne peuvent s'effectuer par manque de mobilité moléculaire. Le vieillissement humide peut entraîner alors une augmentation de mobilité moléculaire qui permet à une partie du prépolymère n'ayant pu réagir, de se combiner [105], [154], [155].

Une légère augmentation de Tg peut se produire, après une baisse importante dans les premiers temps de vieillissement, lorsque la résine est à saturation en eau. I. Ghorbel [154] observe ainsi ces deux phénomènes concurrentiels liés à la variation de la densité de réticulation dans un système résine époxy-fibres de verre. La *Figure 1.19* illustre l'évolution de Tg en fonction du temps de vieillissement lors d'une immersion à 60°C.

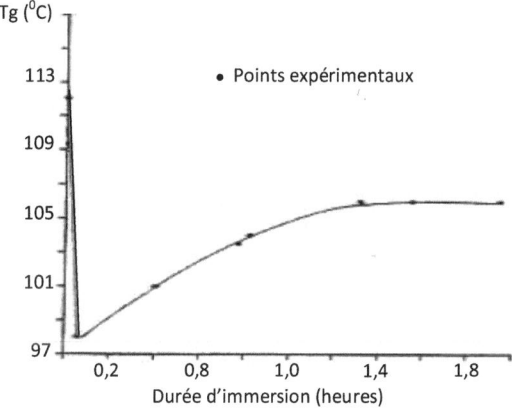

Figure 1.19.   Évolution de la Tg de composite époxy-verre en fonction de la durée d'immersion à 60⁰C [154].

Dans ce cas, le phénomène de post-réticulation est consécutif à la baisse de Tg due à l'absorption d'eau. Plus l'immersion se prolonge, plus l'augmentation de Tg est marquée, et ce, d'autant plus que la température du milieu est élevée. Ceci a été également expliqué par la formation des ponts entre les molécules d'eau et les chaînes macromoléculaires voisines par l'intermédiaire des liaisons hydrogène des sites hydrophiles (*Figure 1.15.b*) [45], [46].

Ces différentes observations montrent toute l'importance de bien connaître l'état initial des matériaux avant tout vieillissement. En particulier, le choix de la stœchiométrie et des conditions de cuisson optimisées sont primordiales étant donnée l'influence de ces derniers paramètres sur l'état de réticulation.

1.2.2.2. Gonflement

Le gonflement est le deuxième effet physique sur les propriétés du matériau, dans le cas des composites, il peut être responsable de décohésions fibre/matrice. Le gonflement est en général attribué à une rupture des liaisons hydrogène interchaînes par les molécules d'eau [122]. D'après Zhou et Lucas [45, 46] seules les molécules d'eau formant une seule liaison avec le réseau (type I) sont responsables du gonflement, alors que celles de type II renforcent la cohésion entre les chaînes et n'induisent pas de gonflement. Les molécules d'eau occupant le volume libre du polymère ne participent pas au gonflement. Les volumes du polymère et du liquide ne peuvent donc pas être considérés comme additifs, en particulier à des taux de gonflement inférieurs à 3% [122].

Certains auteurs supposent que la variation de volume est égale au volume d'eau absorbée selon une loi additive des volumes or, le volume d'eau absorbée est supérieur au gonflement mesuré généralement [122], [156], [157].

MCKague et al [153] déterminent une relation entre le volume d'eau absorbée et le volume de l'échantillon à partir de la prise de masse de l'échantillon. Ils observent que le volume théorique est supérieur au volume mesuré car l'équation ne tient pas compte de l'eau libre. Cependant, il est aussi possible dans certains cas d'observer une contraction de la résine du fait du retrait résultant du complément de réticulation, conduisant à une augmentation de la densité de la résine [158]. Cet effet est réversible lorsque l'eau absorbée par le matériau s'évapore au cours d'un cycle de désorption [122].

1.2.2.3. Évolution des propriétés mécaniques

Les différents effets de l'eau sur le matériau ont également des conséquences sur les propriétés mécaniques selon des mécanismes complexes. Pratiquement chaque propriété (module, contrainte ou allongement) du matériau est susceptible d'être affectée par un vieillissement humide. Plusieurs auteurs [159-161] ont constaté que la durée de vie en fatigue des matériaux composites est fortement abaissée suite au vieillissement hygrothermique.

Pour des propriétés en traction, il apparait communément une baisse de rigidité et de contrainte à rupture des polymères sollicités en traction lors du vieillissement. Sur les systèmes époxy [93, 154, 162], une baisse de la rigidité est observée dans le sens transversal et en cisaillement (sollicitation hors axes) des composites unidirectionnels. Dans certains cas, les modules de rigidité et la contrainte à rupture diminuent [93, 163], dans d'autres cas, les rigidités restent constantes et la contrainte à rupture diminue [162]. La variation de ces paramètres peut encore dépendre des conditions de vieillissement. La diminution du module de cisaillement est observée presque systématiquement.

Typiquement, on peut observer des dégradations de l'ordre de 25 à 80% pour les rigidités d'époxy, et des baisses de 50 à 80% pour la rigidité transversale de composites à matrice polymère. Ghorbel [154] constate également des chutes des modules transversal et de cisaillement de l'ordre de 20 à 30% pour des composites époxy unidirectionnel ou stratifié ±55°. Les résistances à la rupture sont les plus affectées par le vieillissement. Par rapport au matériau sec, ces propriétés sont quasiment divisées par deux à saturation. L'humidité et la température influent sur la contrainte à rupture de composites à matrice époxy/diamine renforcés par des tissus de verre-E [93]. En dessous d'une concentration limite, correspondant à des humidités relatives de 60-70%HR, aucun endommagement important du matériau n'est détecté et ce, quelle que soit la température. En milieu liquide, la concentration limite étant toujours dépassée, l'endommagement évolue selon une loi thermo-activée en fonction du temps. La quantité d'eau absorbée ne peut être directement liée au taux d'endommagement.

En général, la baisse du module transversal peut être attribuée au phénomène de plastification de la matrice par les molécules d'eau. De même, la chute du module de cisaillement caractérise la dégradation des liaisons fibres/matrice.

Pour des propriétés en flexion, Dewimille [38] a étudié l'évolution des propriétés en flexion sens longitudinal en fonction de la température et de la quantité d'eau absorbée dans des composites fibres de verre à matrice époxy. Dans tous les cas, ce module est insensible aux immersions ; la rigidité étant donnée par les fibres. Par contre, il est constaté une diminution de la résistance à peu près proportionnelle à la quantité d'eau et qui peut aller jusqu'à 25% pour des quantités d'eau de l'ordre de 2%. De plus, pour 0,5% d'eau absorbée, la baisse de la résistance est faible de l'ordre de 7% pour toutes températures inférieures à 80°C. Il explique en effet qu'il faut atteindre une concentration suffisante au cœur de l'échantillon.

1.2.2.4. *Réversibilité/irréversibilité des évolutions des propriétés après séchage*

Comme déjà évoqué ci-dessus, le phénomène de plastification, associé aux cinétiques d'absorption des cas (0), (1) ou (2) de la *Figure 1.13*, est réversible. Lorsque l'eau est éliminée par séchage, la mobilité moléculaire diminue, la cohésion interne augmente et les propriétés mécaniques sont en grande partie recouvrées. La chute de la Tg est alors totalement réversible [164-166].

A l'inverse, les réactions impliquées dans le vieillissement chimique (défauts crées, liaisons rompues) sont irréversibles. La chute de Tg et du module d'Young ne sont alors que partiellement réversible du fait de la dégradation du réseau réticulé [167, 168].

Après séchage, un matériau composite retrouve également, selon les cas, une partie seulement ou la totalité de ses propriétés initiales [38, 169]. Le taux de récupération dépend du type et de l'importance des endommagements irréversibles provoqués par le vieillissement. L'aspect irréversible des baisses de propriétés mécaniques est relié à la dégradation chimique (hydrolyse) de la résine ou a des endommagements au niveau des interfaces fibres-matrice par exemple pour le composite.

1.2.3. Conclusion

Dans cette partie, nous avons présenté de manière générale les mécanismes physico-chimiques à l'origine du vieillissement humide ainsi que leurs effets. Les molécules d'eau peuvent exister au sein d'un réseau époxyde sous forme d'eau libre et sous une forme liée. Les molécules d'eau dans le volume libre se déplaçant relativement facilement. Par contre, les molécules d'eau liée étant fixées sur des sites hydrophiles au moyen de liaisons hydrogènes se déplacent alors par un processus de piégeage. Les molécules d'eau liée de type I sont associées à la plastification alors que celles de type II conduisent à une réticulation secondaire (physique). Les pertes de propriétés réversibles du composite pendant l'exposition à l'environnement humide peuvent être attribuées à la plastification de la matrice, qui a généralement pour conséquence un abaissement de la température de transition vitreuse et une chute du module élastique. Les pertes de propriétés irréversibles peuvent être dues à la dégradation de la fibre, de la matrice et de l'interface fibre-matrice [170].

1.3. Vieillissement par photo-oxydation des résines époxy

L'objectif de cette partie est de donner une vision claire et précise de l'impact du rayonnement UV sur des matériaux polymère, et plus précisément des conséquences chimiques du photo-vieillissement sur les résines époxydes. Cette partie fait un rappel des notions fondamentales sur les rayonnements UV ainsi que leurs effets sur les propriétés des polymères, puis aborde les mécanismes de formation des produits chimiques.

1.3.1. Généralités sur la photochimie et sur la photo-oxydation

1.3.1.1. Généralités

❖ La photochimie étudie les transformations chimiques des molécules sous l'action de la lumière. Lorsque le matériau est irradié, les molécules absorbent une quantité d'énergie, chaque étape ou transition correspond à l'absorption d'un « quantum » d'énergie (photon). L'énergie de ce quantum, E, est donnée par l'équation de Planck :

$$E \ = \ h\nu \ = \frac{hc}{\lambda}$$

où h est la constante de Planck ; ν la fréquence de la radiation absorbée ; c la vitesse de la lumière et λ la longueur d'onde de la radiation absorbée. L'énergie potentielle de cet état excité peut atteindre une valeur très élevée de l'ordre de 400 kJ/mol (en comparaison, une élévation de température permet seulement d'atteindre une énergie potentielle inférieure à 100kJ/mol). L'énergie minimale requise pour une excitation électronique d'une molécule organique est environ de 126-167 kJ/mole et correspond ainsi à la « lumière rouge » (700-800 nm). L'énergie maximale communément employée par un photochimiste est environ égale à 586 kJ/mole et correspond à l'ultraviolet (~ 200 nm).

L'acte primaire de tout processus photochimique est l'absorption d'un photon par le milieu due à la présence de chromophores dans le matériau (impuretés, défauts, produits d'oxydation...) [171]. Cette absorption va porter l'espèce absorbante D à l'état excité D* dans un temps très court, c'est-à-dire ayant un niveau électronique d'énergie élevée, donc conférant à la molécule une certaine réactivité qu'elle n'a pas dans l'état fondamental. On peut écrire ce processus de la manière suivante:

$$D_0 + h\nu \longrightarrow D^*$$

La seule condition pour l'initiation du processus photochimique est que la radiation puisse promouvoir la molécule à l'état excité (*Figure 1.20*).

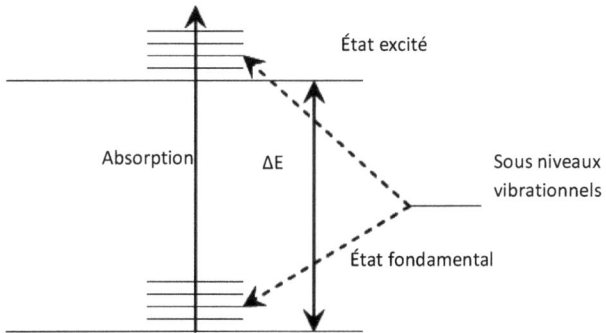

Figure 1.20. *Promotion d'une molécule à l'état excité par l'absorption d'un photon.*

Dans certain cas, une molécule absorbante peut transférer l'énergie à une molécule non absorbante et lui donner la possibilité de réagir à partir de son état excité, ce qui lui aurait été impossible si elle était isolée. Si D est la molécule donneuse et A la molécule accepteuse, la réaction peut être écrite comme ceci [172]:

$$D_0 + h\nu \rightarrow D^* \qquad \text{et} \qquad D^* + A_0 \rightarrow A^* + D_0.$$

❖ Le rayonnement ultraviolet (UV) est un rayonnement électromagnétique d'une longueur d'onde intermédiaire entre celle de la lumière visible et celle des rayons X. Le rayonnement UV est l'un des principaux facteurs à l'origine de la dégradation des polymères [173]. Lorsque les matériaux sont exposés au rayonnement ultraviolet sous atmosphère neutre, ils peuvent se dégrader en raison de l'absorption de l'énergie lumineuse par des groupes chimiques présents, soit dans le polymère même, soit dans ses additifs ou ses impuretés. Cette absorption peut provoquer une photolyse qui correspond à la rupture des liaisons chimiques et à la création de radicaux libres. C'est le vieillissement photochimique. Il existe assez peu de cas où des mécanismes photolytiques purs, en atmosphère neutre, altèrent de façon importante les propriétés de polymères.

❖ Ainsi, par définition le vieillissement se développe sous l'action conjointe des ultraviolets et de l'oxygène, c'est à dire le vieillissement photo-oxydatif, ce qui en fait une des principales causes du vieillissement des polymères. Il appartient à la classe des vieillissements chimiques associés aux phénomènes d'oxydation. Contrairement au vieillissement physique, il entraîne des modifications chimiques des chaînes macromoléculaires, de façon préférentielle en surface des échantillons [174, 175]. Les profils de photo-oxydation mesurés par micro-IRTF par exemple, ont montré une distribution hétérogène des photo-produits dans les 250 premiers μm de la surface exposée [176]. L'épaisseur dégradée étant fonction décroissante de la capacité d'absorption du matériau. Le facteur limitant de ce processus est donc la capacité de l'oxygène à diffuser dans le matériau [177, 178].

1.3.1.2. *Mécanisme du vieillissement par photo-oxydation*

Les processus de photo-oxydation sont des processus radicalaires, en chaînes. Pour décrire les réactions mises en jeu lors de la photo-oxydation, il est possible de se baser sur un schéma composé essentiellement de trois étapes : l'amorçage, la propagation et la terminaison [175, 179].

* **Amorçage** : polymère ou impureté $\rightarrow$ $R^\bullet$

Dans cette étape, des radicaux primaires $R^\bullet$ (R désignant un élément d'une chaîne de polymère, d'un additif ou d'une impureté) apparaissent par photolyse des espèces photoréactives.

* **Propagation :** $R^\bullet + O_2 \rightarrow RO_2^\bullet$

$RO_2^\bullet + RH \rightarrow ROOH + R^\bullet$

Lors de la propagation de la réaction en chaîne, les radicaux primaires $R^\bullet$ réagissent avec de l'oxygène pour donner des radicaux de forme $RO_2^\bullet$. Cette transformation est extrêmement rapide et ne va pas contrôler la cinétique globale sauf si l'oxygène fait défaut (cinétique contrôlée par la diffusion de O_2). Les radicaux peroxyle $RO_2^\bullet$ formés vont s'attaquer ensuite aux groupes chimiques contenant des atomes d'hydrogène pour former des composés tels que des hydroxyperoxydes ROOH. Ce sont des produits primaires de photo-oxydation qui sont très réactifs et instables vis à vis des UV:

$$ROOH \xrightarrow{h\nu} RO^\bullet + OH^\bullet$$

Le processus de photo-oxydation se poursuit grâce à la formation des radicaux primaires $R^\bullet$ lors de l'amorçage et au cours de la propagation, et à la décomposition des hydroxyperoxydes par photolyse en radicaux de forme $RO^\bullet$ et en radicaux hydroxyle $OH^\bullet$. D'où le caractère auto-entretenu de la cinétique de photo-oxydation, le processus pouvant démarrer grâce à la présence d'une quantité insignifiante de photosensibilisateurs.

* **Terminaison** : $RO_2^\bullet + RO_2^\bullet$ $\rightarrow$ produits inactifs

Divers mécanismes de terminaison peuvent être envisagés :

$$RO_2^\bullet + RO_2^\bullet \rightarrow ROOOOR \quad \text{(structure très instable)}$$
$$ROOOOR \rightarrow RO^\bullet + RO^\bullet + O_2$$
$$RO^\bullet + RO^\bullet \rightarrow ROOR \quad \text{(combinaison)}$$

Ou $R''HO^\bullet + R'O^\bullet \rightarrow R'' = O + R'-OH \quad \text{(dismutation)}$

La formation de produits tels que les hydroperoxydes (RO$_2$H), les peroxydes (RO$_2$R), les cétones ou les aldéhydes (R'=O) ou les alcools (R'–OH) est donc envisageable avec ce processus standard. On note en particulier sur les cétones, qu'elles sont également photoréactives d'après les mécanismes de Norrish I :

$$\sim\sim\sim\underset{\underset{O}{\|}}{C}-R\sim\sim\sim \xrightarrow{\;+\,h\nu\;} \sim\sim\sim\underset{\underset{O}{\|}}{C}^{\bullet}+{}^{\bullet}R\sim\sim\sim$$

Et donc ces produits contribuent aussi au caractère autoentretenu de la réaction [175]. De plus, les réactions de photo-oxydation, qui comportent des étapes radicalaires, sont activées par une élévation de température [180]. Les phénomènes de dégradation mis en jeux lors de la photo-dégradation sont communs à tous les autres vieillissements chimiques et regroupent principalement les mécanismes de coupures de chaînes et de réticulation [181]. Les coupures de chaînes sont des ruptures de liaisons primaires de la chaîne du polymère. Elles se traduisent par une diminution de la masse moléculaire moyenne et de la température de transition vitreuse. La réticulation, par contre, est la formation de ponts entre les segments voisins de macromolécules et elle se traduit par une augmentation de la masse moléculaire moyenne et de la température de transition vitreuse. En effet, ces deux mécanismes se produisent simultanément et en concurrence dans la plupart des cas, mais en général l'un ou l'autre prédominera et déterminera les altérations dans les propriétés du matériau [182]. Ainsi l'étude de la photo-dégradation des polymères devient complexe [178, 181, 183].

1.3.2. *Processus de photo-oxydation de la résine époxy*

1.3.2.1. *Mécanismes de formation des produits*

Les processus de photo-oxydation de résines époxy à base de DGEBA avec un durcisseur de type amine a été largement décrit dans la littérature [174, 184-189]. Les photo-produits essentiels sont les amides et les carbonyles [187]. Il est généralement admis que la photo-oxydation des polymères implique d'abord une photo-transformation des impuretés chromophores. Les espèces radicalaires ainsi obtenues engagent la photo-dégradation par élimination d'hydrogène à partir du squelette du polymère. Cette élimination conduit à la formation des macro-radicaux qui sont oxydés ensuite pour former des hydroperoxydes qui peuvent être considérés comme des photo-produits primaires. Il est couramment reconnu que les hydroperoxydes sont la clé du mécanisme de photo-oxydation, leur production est suivie de leur décomposition. Lors d'études sur la photo-oxydation de réseau époxyde/amine, V. Bellenger [190] a montré que les espèces de photo-amorçage étaient essentiellement dérivées de la partie phénoxy, tandis que la propagation dépend essentiellement de la concentration d'amine et de la densité d'électrons sur l'atome d'azote. Plusieurs travaux [184, 187-189, 191] ont remarqué 3 possibilités (1, 2 et 3) à l'origine de l'élimination d'hydrogène sur la structure de DGEBA. La probabilité de réaction de ces trois positions est la même.

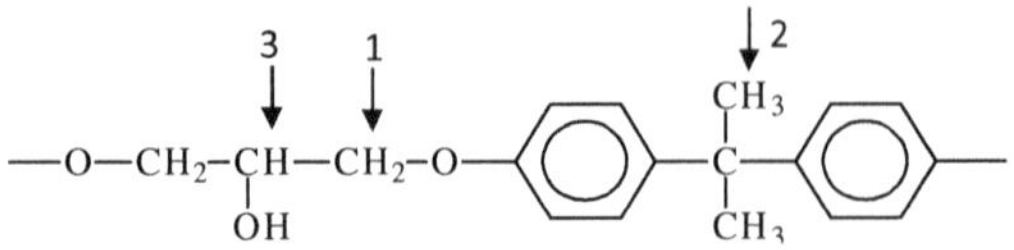

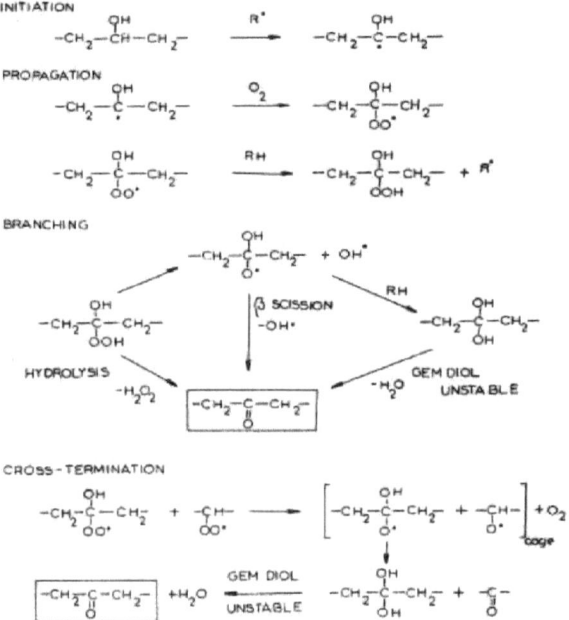

Figure 1.21.   Position des hydrogènes labiles dans la structure DGEBA.

Lors de l'étude de la photo-oxydation des systèmes époxy/amine, les travaux de Bellenger et al. [184, 190-192] montrent la formation essentielle de groupes carbonyles et d'amides qui absorbent en IRTF respectivement à 1735cm^{-1} et 1660cm^{-1}. La majorité des groupes carbonyles dérivent de groupes hydroxyles secondaires d'après le mécanisme d'oxydation radicalaire suivant (*Figure 1.22*).

Figure 1.22.   Schéma de formation les groupes carbonyles à partir de groupes hydroxyles secondaire [184].

Par ailleurs, les groupes amides (absorbant en IRTF à 1650-1660 cm^{-1}) sont issus d'une attaque oxydante des groupes méthylène d'après le mécanisme ci-dessous :

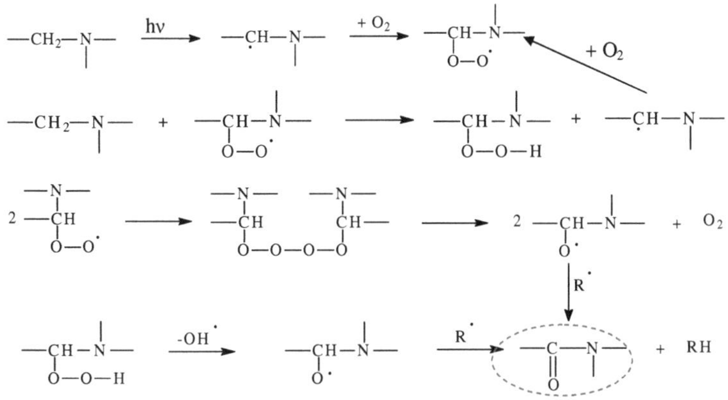

$$-CH_2-N- \xrightarrow{h\nu} -\overset{.}{C}H-N- \xrightarrow{+O_2} -\underset{\underset{\overset{.}{O}}{|}{O}}{\overset{|}{C}}H-N-$$

$$-CH_2-N- \;+\; -\underset{O-O^.}{C}H-N- \;\longrightarrow\; -\underset{O-O-H}{C}H-N- \;+\; -\overset{.}{C}H-N-$$

$$2\;-\underset{O-O^.}{\overset{-N-}{C}}H \;\longrightarrow\; -\underset{O-O-O-O}{\overset{-N-}{C}}H\;\;\overset{-N-}{C}H- \;\longrightarrow\; 2\;-\underset{\overset{.}{O}}{C}H-N- \;+\; O_2$$

$$-\underset{O-O-H}{C}H-N- \xrightarrow{-OH^.} -\underset{O^.}{C}H-N- \qquad \overset{R^.}{\longrightarrow}\; \overset{.}{R}\;\left(-\underset{\overset{||}{O}}{C}-N-\right) \;+\; RH$$

Figure 1.23.   Mécanisme de formation des amides [192].

Le taux d'amide est lié à la concentration initiale de α méthylène, et donc il augmente régulièrement avec la concentration d'amine. Par contre, le taux de groupements carbonyles diminue quand la concentration d'amine augmente. De plus, les auteurs constatent aussi une diminution de Tg et un jaunissement de tous les échantillons après photo-oxydation. La diminution de Tg pour le système époxy a aussi été observée après photo-oxydation dans le travail de George et al. [193]. Pour les amines de type aromatique (DDM par exemple), ils observent que la diminution de Tg est encore corrélée avec l'augmentation de la quantité de groupes amide formés. Ces auteurs ont aussi étudié l'influence de la stœchiométrie pour la photo-oxydation. Néanmoins, cette influence est complexe et ils observent que les échantillons sous-réticulés sont moins stables. Concernant le jaunissement de tous échantillons, ils proposent la formation de structures quinone qui dérivent d'attaques oxydatives des structures aromatiques [190, 191].

Pour simplifier l'interprétation des produits de la photo-oxydation des polymères époxy, Rivaton et al. ont étudié le processus de la photo-oxydation sur la résine phénoxy [188, 194]. Ils ont déterminé plusieurs des produits chimiques formées comme : le phényl formiate, l'acide formique, le phénol, des cétones, des acides carboxyliques... Les mécanismes de formation de ces produits sont aussi abordés. Les produits générés à partir de ce processus montrent que les groupes phényle formiates terminaux sont des produits principaux de la photo-oxydation. De plus, ils constatent que la principale voie de photo-oxydation implique l'élimination de l'atome d'hydrogène sur l'atome de carbone secondaire située dans la position α à la liaison éther (position 1 sur la *Figure 1.21*) pour former la plupart des phényl formiates ($1735cm^{-1}$).

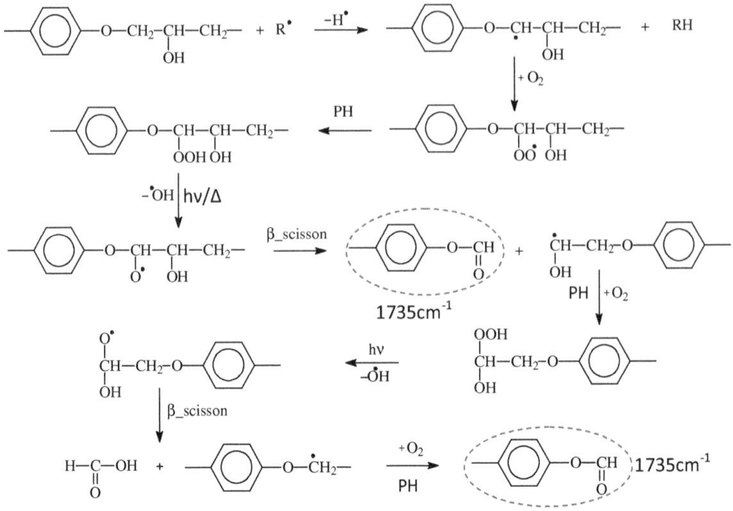

Figure 1.24.   Mécanisme de formation des groupes phényle formiate terminaux [188].

La formation de structures méthyl quinone (bande absorbant à 1658cm^{-1}) peut aussi être à l'origine du jaunissement des échantillons. D'après eux, ce mécanisme est initié par l'élimination d'un atome d'hydrogène primaire labile sur un atome de carbone situé dans le groupement isopropyle (position 2 dans la *Figure 1.21*). Le mécanisme est présenté dans la *Figure 1.25*. Ce mécanisme se manifeste donc, sur le spectrogramme IRTF de l'échantillon avant et après photo-oxydation par une augmentation d'absorption à 1658cm^{-1} et une diminution d'absorption à 1036cm^{-1}.

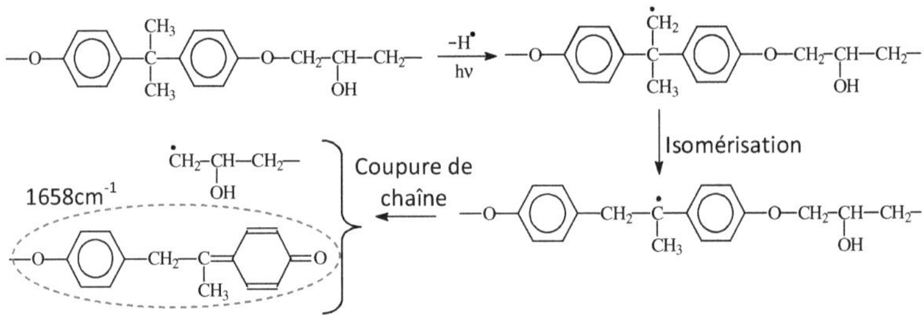

Figure 1.25.   Mécanismes de formation de la structure méthyl-quinone [188].

Les travaux de Zhang et al. [195] sur la résine époxy Epolite montrent que la photo-oxydation de ce système est caractérisée par la formation – décomposition des groupes carbonyles et l'ouverture des cycles oxirane. Les liaisons carbonyles sont apparemment formées dans la première étape de la photo-dégradation, elles sont ensuite décomposées lors du vieillissement continu. Simultanément avec la formation des groupes carbonyles, les cycles oxiranes qui n'ont pas réagi sont aussi détruits. Ils ont proposé le mécanisme d'ouverture du cycle oxirane sous l'effet des UV (*Figure 1.26*). D'après eux, les cinq atomes d'hydrogène autour du cycle oxirane sont suffisamment labiles et, parmi eux, celui du centre étant peut-être le plus réactif. Le mécanisme ci-dessous illustre une possibilité d'éliminer un atome d'hydrogène sur la position la plus labile. L'élimination de l'un des quatre autres atomes d'hydrogène subsistant aura lieu selon des voies réactionnelles similaires conduisant à la formation d'alcools ou d'aldéhydes.

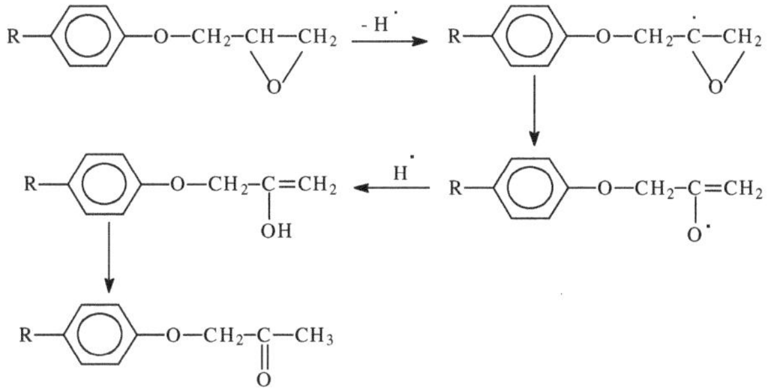

Figure 1.26.   Mécanisme d'ouvrir le cycle oxirane sous l'effet d'UV [195].

Mailhot et al. [176, 189], ont étudié la formation des produits issus de la photo-oxydation du système DGEBA/Jeffamine D2000 avant et après réticulation. Ils constatent également que le jaunissement des échantillons est dû à la formation des structures méthyl quinone d'après le mécanisme qui a été décrit ci-dessus. Ce produit est formé sans l'intervention de l'oxygène. La photo-oxydation des fonctions éther de DGEBA conduit à la formation des groupes phényl formiates terminaux (par le même mécanisme que celui proposé par Rivaton et al.) simultanément avec l'acide formique qui lui, est volatil. Ils notent sur les produits cétones, que le schéma de photo-oxydation (réaction de Norrish sur cétone) produit des molécules qui ont une faible masse moléculaire et sont donc volatiles. Ce qui pourrait expliquer la perte de cycles aromatiques à la surface.

La perte de la structure aromatique peut également être expliquée par une ouverture de cycle, ce qui conduit à des photo-produits conjugués, comme l'ont proposé certains auteurs pour le polycarbonate [196-198]. La nature des groupes liés avec le cycle aromatique est modifiée pendant l'irradiation en présence d'oxygène, les bandes d'absorbance (1581 et 1606cm^{-1}) caractéristiques sont donc aussi modifiées. L'analyse ATR-IRTF montre que la photo-oxydation des parties DGEBA dans le 2-3 premiers μm de la surface exposée est presque totale. De plus, ces auteurs proposent le mécanisme de formation des amides par la photo-oxydation d'atomes de carbone en position α de la fonction amine comme présenté dans la *Figure 1.27*.

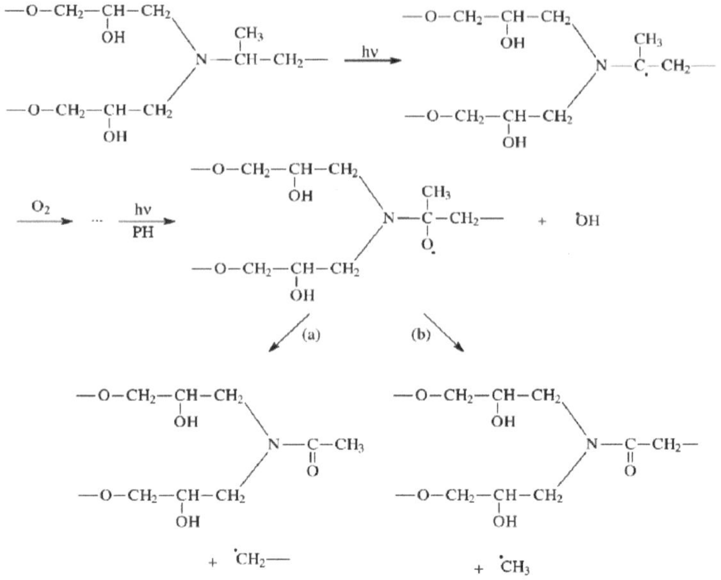

Figure 1.27.   Mécanisme de formation des groupes amides [189].

La formation de l'acide carboxylique insaturé (bande absorbant à 1675cm^{-1}) proviendrait de l'attaque de l'atome d'hydrogène labile situé sur le carbone en position α du cycle époxy [199], d'après le mécanisme décrit dans la *Figure 1.28*.

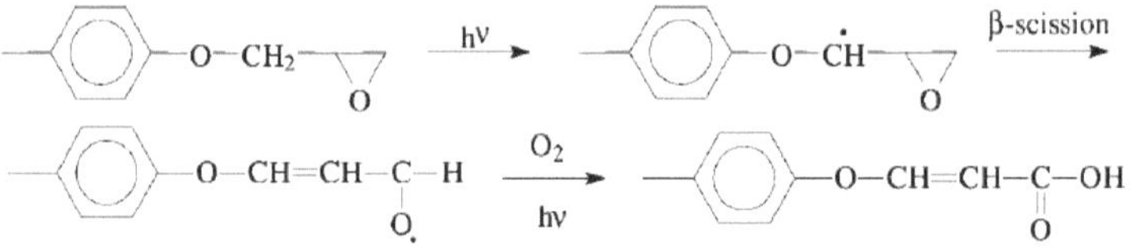

Figure 1.28.   Mécanisme possible de formation des acides carboxyliques insaturé [199].

Après comparaison entre les résultats de systèmes résine phénoxy (époxy non réticulé) [194], [188] et ceux d'autres systèmes DGEBA-amine [185], Delor-Jestin et al. [187] constatent que, sur le système DGEBA/DETA, la photo-oxydation de DGEBA-amine ressemble à celle des résines phénoxy. Le procédé de photo-oxydation de DGEBA (réticulé ou non réticulé) est donc le même. Après la photo-transformation des impuretés chromophores, les espèces radicalaires résultantes initient la photo-oxydation par élimination d'hydrogène à partir du squelette du polymère. Cette élimination conduit à la formation de macro-radicaux qui peuvent être oxydés en groupes hydroperoxydes. Ils observent que plusieurs types de groupes carbonyles apparaissent et absorbent dans la plage de 1670-1800cm^{-1}, et que les formiates sont les produits de décomposition les plus importants des hydroperoxydes formés par rupture de la chaîne principale. Ils notent que ces photo-produits sont peut être également instables sous irradiation UV. En résumé, le mécanisme de photo-oxydation implique principalement la réactivité de la fonction éther aromatique (bande IR absorbant à 1036cm^{-1}) et le clivage de la liaison CH_3-C du groupe isopropyle (bande IR absorbant à 1183cm^{-1}).

Les conséquences de la photo-dégradation sont les coupures de chaîne macromoléculaires, et la formation de produits chimiques. Des observations au MEB montrent la présences de fissures [195] (*Figure 1.29*) ainsi que des changements morphologiques de la surface exposée au cours de la photo-dégradation. Ces changements de la surface sont influencés par la longueur d'onde et l'intensité de la source de vieillissement UV.

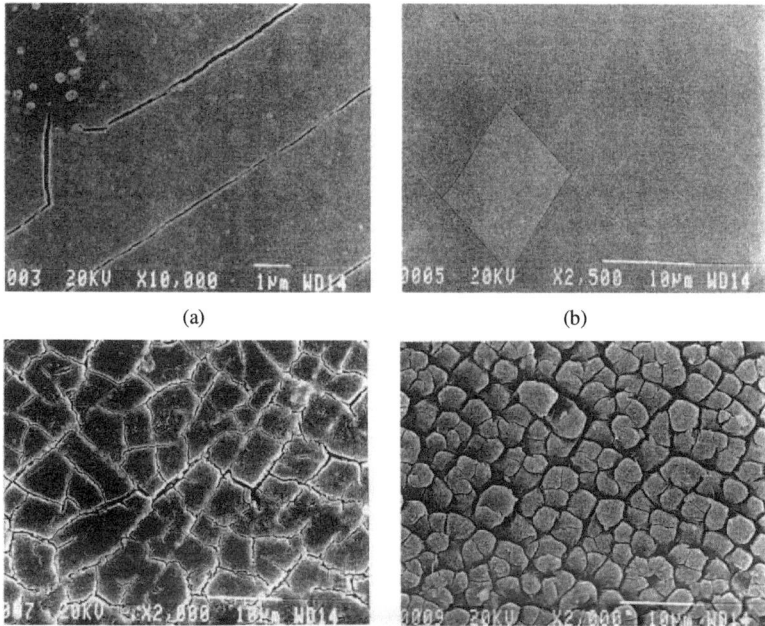

(a)   (b)

Figure 1.29.   Photos MEB de la surface époxy exposée sous UV (320-600nm) 2500W après un jour (a) ; 5 jours (b) ; 9 jours (c) et 16 jours (d) [195].

Lors de l'étude de la zone superficielle photo-oxydée pour un système de résine DGEBA/amine, sous-réticulé, Gay [174] montre que le matériau se dégrade beaucoup plus en surface qu'à cœur. Dans le cas de 1500 heures de vieillissement, la dégradation superficielle n'est pas suffisante pour modifier les propriétés en traction. Il propose aussi l'hypothèse selon laquelle la structure superficielle doit être suffisamment photo-oxydée pour faire chuter les caractéristiques mécaniques du matériau.

1.3.2.2. *Réticulation*

Simultanément au processus de dégradation par coupures des chaînes macromoléculaires, de nombreuses études [178], [182], [200], [201], [202], montrent que la réticulation est mise en jeu dans le processus de photo-dégradation du polymère. En cours de réaction, les radicaux formés peuvent se recombiner pour former un réseau tridimensionnel : c'est la réticulation. De plus, la plupart du temps les réseaux sont sous réticulés, il reste encore des fonctions chimiques qui n'ont pas réagis. Après absorption de l'énergie UV, elles deviennent plus actives et capables de reprendre le processus de réticulation, c'est la post-réticulation. Le schéma général de réticulation sous l'effet des UV est présenté sur la figure suivante :

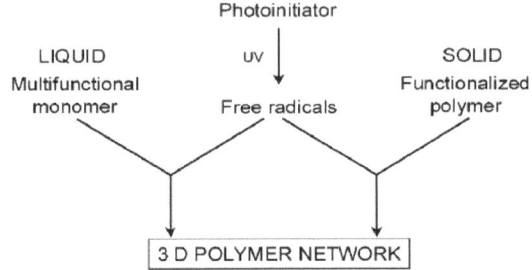

Figure 1.30.   Schéma général de réticulation sous l'effet d'UV [202].

Gay [174] a observé qu'au cours du photovieillissement, pour des échantillons massifs d'un système de résine DGEBA/amine sous-réticulé, trois phases peuvent être distinguées :

+ Une phase de réticulation secondaire (post-réticulation) où les caractéristiques s'améliorent ; le module augmente de 24%, la contrainte et l'allongement augmentent de 4%. Cette phase correspond aux 200 premières heures d'exposition. Le module d'élasticité augmente de façon importante car il est sensible aux modifications chimiques du matériau. Par contre, la contrainte et l'allongement à la rupture sont peu modifiés, car ces caractéristiques sont fonctions de la taille des défauts présents dans le matériau, et la réticulation secondaire ne peut réduire tous les sites d'initiation de la fracture.

+ Une phase de plateau où les caractéristiques évoluent peu. Cette période s'étend de 200 à 2000 heures d'exposition.

+ Une phase finale où le matériau se dégrade (au-delà de 2000 heures d'exposition). Cette étude souligne particulièrement l'importance de l'état initial du matériau sur le comportement à long terme. Pour des éprouvettes qui ont un taux de réticulation de 81% (le taux de réticulation maximal est de 90%), la tenue au vieillissement est mauvaise, il y a fragilisation et ruine rapide au-delà de 2000 heures d'exposition). Cependant, celles qui ont un taux de réticulation de 86% se comportent beaucoup mieux et leurs caractéristiques mécaniques varient peu au cours du vieillissement, la ruine se trouve ainsi retardée.

Les travaux de Bussiere [200] sur les trois systèmes PVK (Poly N-Vinyl Carbazole) ; DGEBA/Jeffamine et TMPC (tétraméthyl bisphénol A-polycarbonate) ont également montré les différences entre ces trois systèmes au cours de vieillissement photochimique en présence ou en absence d'oxygène. Pour le photovieillissement du système PVK, la réaction prédominante mise en jeu dans le processus de photo-dégradation est la réticulation, le profil de pénétration de la lumière gouverne la profondeur de dégradation dans l'épaisseur du film irradié. De plus, la formation d'un réseau tridimensionnel provoque une augmentation de la rigidité du polymère irradié, et l'oxygène atmosphérique va amplifier ce phénomène. À l'inverse, pour le système DGEBA/Jeffamine, la réaction de coupure de chaînes est prédominante dans le mécanisme de photo-dégradation du polymère. La perte de densité du réseau tridimensionnel provoque une diminution de la rigidité et une augmentation de l'adhésion du polymère irradié. Et enfin, pour le système TMPC la voie réactionnelle mise en jeu au cours du photovieillissement de ce matériau qui domine est celle qui implique les réactions de réticulation. Cependant, il existe une compétition entre les réactions de réticulation et les réactions de coupure de chaînes dans la profondeur du film irradié, la proportion entre ces deux types de réaction varie dans l'épaisseur du film irradié.

Plus récemment, lors d'une étude de la photo-oxydation de résine phénoxy PKHJ, Larché et al. [182] ont observé que les processus de coupures de chaîne ne sont pas nécessairement dominants comme cela est communément admis dans la littérature. Les réactions de réticulation se produisent en concurrence avec les coupures de la chaîne principale. Le mécanisme de photo-oxydation de cette résine est présenté sur la *Figure 1.31*.

Ainsi, les processus de photovieillissement des polymères sont liés à deux phénomènes concurrents entre la dégradation du matériau par ruptures de chaînes et la réticulation pour former un réseau tridimensionnel selon la nature chimique de matériau. Leurs effets sur les propriétés mécaniques sont donc différents. L'évolution des propriétés mécaniques (traction, flexion) est gouvernée par ces processus compétitifs : la photo-dégradation conduisant à une fragilisation et la photo-réticulation augmentant le module d'élasticité ainsi que la température de transition vitreuse, Tg.

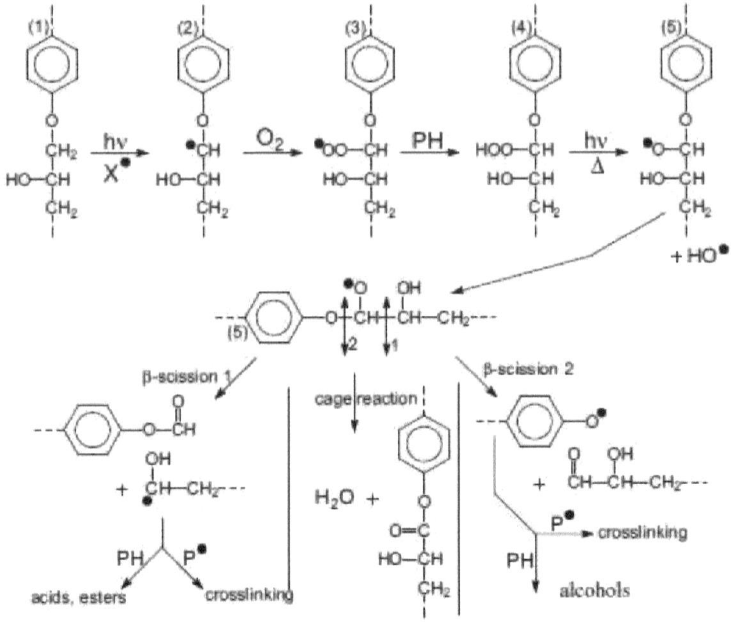

Figure 1.31.   Mécanisme de photo-oxydation phénoxy résine PKHJ [182].

Pour le système tétraglycidyl-4,4'-diaminodiphénylméthane (TGDDM) réticulé par le 4,4'-diaminodiphénylsulfone (DDS), Musto et al. [203] montrent une diminution de la Tg lors de l'augmentation du temps d'exposition. Une tendance analogue a été trouvée pour le module de conservation, E', à des températures supérieures à la transition vitreuse. La densité de réticulation diminue suite aux réactions de coupure de chaîne entraînant une réduction marquée des performances mécaniques du matériau aux temps d'exposition élevés. Au contraire, Monney et al. [204] constatent sur le système DGEBA/méthyltétrahydrophthalic anhydride (MTHPA) que la photo-oxydation n'entraîne aucune diminution des propriétés mécaniques dans le matériau après 1000 heures de photovieillissement artificiel ou 2 ans de vieillissement naturel.

L'ablation photochimique des matrices organiques après le photovieillissement a aussi été quantifiée en utilisant une technique à deux dimensions de profil de mesure (la technique de l'ablation). Les résultats ont permis de décrire et de comparer l'évolution de l'ablation dans des matrices organiques. Cette méthode présente l'avantage d'être très précise et rapide [186, 205]. Les phénomènes d'ablation s'avèrent être proportionnels au temps d'irradiation (*Figure 1.32*).

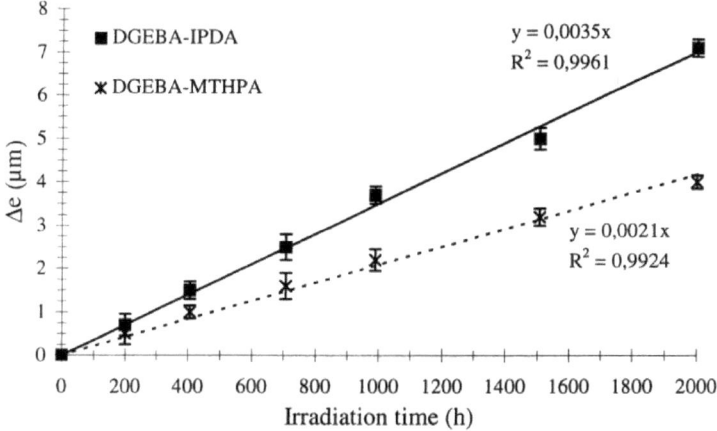

Figure 1.32.   Évolution de l'ablation en fonction du temps d'irradiation UV [186].

Aziz Rezig et al. [206] ont observé des pertes d'épaisseur et de morphologie après photo-vieillissements naturel et artificiel sur le système époxy/amine. Toutefois, les taux de coupures de chaîne et de perte de masse sont toujours plus grands que ceux de perte d'épaisseur. En outre, la photo-dégradation d'une époxy amine n'est pas un processus uniforme de réduction d'épaisseur. Dans les deux environnements de laboratoire, UV/humide et UV/ sec, peu de variations de l'épaisseur ont été détectées dans les 10 premiers jours d'exposition. Entre 10 et 130 jours, celle-ci diminue linéairement avec le temps d'exposition. Après 130 jours, elle diminue approximativement de 37% et 28% par rapport à l'épaisseur initiale pour, respectivement, le vieillissement UV/humide et UV/sec. Pour les échantillons exposés en extérieur, peu de changement d'épaisseur ont été observés pour les 25 premiers jours. Par la suite, la diminution d'épaisseur est quasi-proportionnelle au temps d'exposition, atteignant une perte d'épaisseur de près de 18% après 75 jours. À partir de ces résultats, on observe évidement que l'eau joue un rôle important dans l'accélération du vieillissement par photo-oxydation.

1.3.2.3. *L'effet de l'eau sur le photovieillissement*

Les résultats obtenus par Aziz Rezig et al. [206] montrent le rôle important de l'eau dans l'accélération du vieillissement par photo-oxydation. Plus récemment, Malajati et al. [207] montrent deux effets principaux provoqués par l'eau lors de la photo-oxydation d'une résine phénoxy (*Figure 1.33*):

+ Le premier effet est l'hydrolyse partielle des groupes phényl formiates terminaux, produits principaux formés pendant la photo-oxydation, qui produit des phénols macromoléculaires et de l'acide formique facilement extrait de la matrice polymère par l'eau.

+ Le second effet est une augmentation du taux de photo-oxydation du polymère par la formation des phénols qui sont les agents initiaux de réaction de la photo-oxydation.

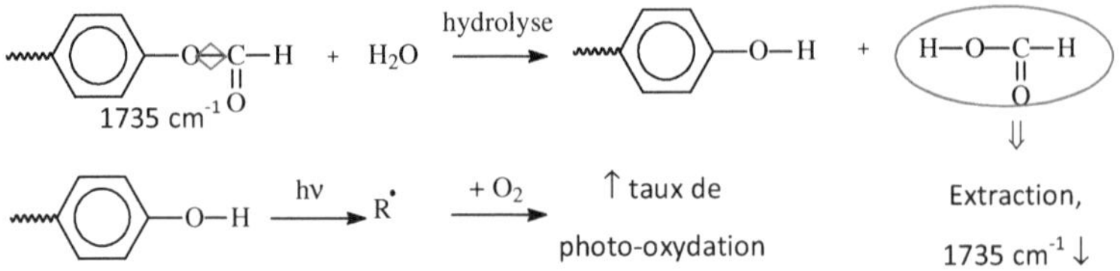

Figure 1.33.   Mécanisme de l'effet de l'eau sur photo-oxydation PKHJ phénoxy résine [207].

Dans le cas de composites, la comparaison entre vieillissement naturel et artificiel a également montré que la pluie était un paramètre majeur dans l'amplification de ce phénomène d'érosion. La couche d'oxydation et son ablation subséquente évoluent avec la durée de photovieillissement et entraîne en général une ablation de 15 à 30µm du nanocomposite, mais en contre partie, la photo-oxydation n'entraîne aucune diminution des propriétés mécaniques dans le matériau [204].

1.3.3. Conclusion

Dans cette troisième partie, nous avons décrit le processus de photovieillissement et, en particulier, le mécanisme de formation des photo-produits et leur influence. C'est un vieillissement chimique qui entraîne des modifications importantes des chaînes macromoléculaires. Il a lieu essentiellement sur la surface du matériau et se propage au cœur de l'échantillon en fonction de la capacité de l'oxygène à diffuser dans le matériau. Pour le système de résine époxy à base de DGEBA/amine, les photo-produits fondamentaux sont les amides (bande IR absorbant à 1650-1670cm^{-1}), les carbonyles (bande IR absorbant à 1730-1740cm^{-1}) et les structures méthylquinone (1658cm^{-1}). Le mécanisme de formation de ces photo-produits implique principalement la réactivité de la fonction éther aromatique (bande absorbant à 1036cm^{-1}) et le clivage de la liaison CH$_3$-C du groupe isopropyle (bande absorbant à 1183cm^{-1}). La principale voie de photo-oxydation de ce système implique l'élimination de l'atome d'hydrogène sur l'atome de carbone secondaire situé dans la position α de la liaison éther. Cela conduit à la formation de phényl formiate (bande absorbant à 1735cm^{-1}). Les groupes carbonyles et les espèces de photo-amorçage sont essentiellement dérivés de la partie phénoxy, tandis que les amides et la propagation dépendent essentiellement de la concentration d'amine et de la densité d'électrons sur l'atome d'azote. En parallèle avec le processus de dégradation (coupures de chaines) du matériau, les réactions de réticulation ont aussi lieu simultanément et en concurrence dans la plupart des cas. Selon la nature chimique du matériau, l'un des deux prédominera et déterminera les altérations dans les propriétés macroscopiques du matériau. Pour le système DGEBA/amine, la dégradation est dominante et se traduit par une diminution de Tg ainsi que des propriétés mécaniques. Néanmoins, ces études sont effectuées sur des systèmes parfaitement réticulés et n'exclut pas d'autres possibilités pour le système sous réticulé (en excès d'oxirane par exemple). Dans ce cas, la réticulation peut-être dominante dans la première étape du fait des atomes hydrogènes autour des cycles oxirane qui sont instables et qui peuvent être éliminés des chaînes macromolécules entraînant l'ouverture de cycle oxirane pour former des radicaux libres. Ces radicaux peuvent s'associer entre eux ou avec les autres radicaux libres pour former un réseau tridimensionnel.

Références bibliographiques du chapitre 1

1. *Glossaire des matériaux composites*. Centre d'Animation Régional en Matériaux Avavcés, 2004.

2. Patrick Parneix, Dominique Lucas, *Les matériaux composites en construction navale militaire*. Techniques de l'Ingénieur, traité Plastiques et Composites. **AM 5 660**: p. 1-16.

3. Pascal Casari, Dominique Choqueuse, Peter Davies et Hervé Devaux, *Applications marines des matériaux composites. Cas des voiliers de compétition*. Techniques de l'Ingénieur. **AM 5 655**: p. 1-16.

4. Jacques Cinquin, *Les composites en aérospatiale*. Techniques de l'Ingénieur, traité Plastiques et Composites. **AM 5 645**: p. 1-14.

5. Nadia Bahlouli, *Cours Matériaux Composites/DESS Mécanique avancée et Stratégie industrielle*. IPST-ULP.

6. Boukehili, Hychem et Zebdi, Oussama, *Cours Polymères et Composites de l'Ecole Polytechnique de Montréal*. 2005.

7. P. Bardonnet, *Résines époxydes: Composants et propriétés*. Sciences et Techniques de l'Ingénieur, traité Plastiques et Composites. **A 3 465**: p. p.1-18.

8. C. Barrère et F. DalMaso, *Résines époxy réticulées par des polyamines-structure et propriétés*. Revue de l'Institut Français du Pétrole, 1997. **52**: p. p.317-335.

9. Hychem, Boukehili et Zebdi, Oussama, *Polymères et Composites*. Cours de l'Ecole Polytechnique de Montréal.

10. Debdatta Ratna, *Handbook of Thermoset Resins. Chapitre3: Epoxy Resins*. Smithers Rapra Technology, 2009: p. 418.

11. S. Bentadjine, *Mécanismes de formation et propriétés physico-chimiques et mécaniques des interfaces époxy-diamine/métal*. Thèse de doctorat de l'INSA de Lyon, 2000.

12. M. Aufray, *Caractérisation physico-chimique des interphases époxy-amine/oxydes ou hydroxyde métallique, et de leurs constituants*. Thèse de doctorat de l'INSA de Lyon, 2005.

13. X. Buch, *Dégradation thermique et fluage d'un adhésif structural epoxyde*. Thèse de doctorat de l'Ecole Des Mines de Paris, 2000.

14. A. K. Ingberman, R. K. Walton, *Low toxicity aliphatic amines as αking agents for polyepoxy resins*. Journal of Polymer Science, 1958. **28**(117): p. 468-472.

15. T. Kamon and K. Saito, *Isothermal cure kinetics of epoxy resin with various polyamines by DSC*. Kobunshi Ronbunshu, 1984. **41**(5): p. 293-299.

16. Karel Dušek, *Network formation in curing of epoxy resins*. Advances in Polyme Science, 1986. **78**: p. 3-59.

17. Xiaorong Wang, John K. Gillham, *Competitive primary amine/epoxy and secondary amine/epoxy reactions: Effect on the isothermal time-to-vitrify*. Journal of Applied Polymer Science, 1991. **43**(12): p. 2267-2277.

18. NGUYEN Thi Minh Hanh, *Systèmes époxy-amine incluant un catalyseur externe phenolique: Cinétique de réticulation-vieillissement hydrolytique*. Thèse de doctorat de l'Université du Sud Toulon - Var, 2007.

19. T. Maity, B.C. Samanta, S. Dalai, A.K. Banthia, *Curing study of epoxy resin by new aromatic amine functional curing agents along with mechanical and thermal evaluation* Materials Science and Engineering: A, 2007. **464**(1-2): p. 38-46.

20. M. Legrand, V. Bellenger, *Estimation of the cross-linking ratio and glass transition temperature during curing of amine-cross-linked epoxies* Composites Science and Technology, 2001. **61**(10): p. 1485-1489.

21. H.J. Flammersheim, *Kinetics and mechanism of the epoxide-amine polyaddition.* Thermochimica Acta, 1998. **310**: p. 153-159.
22. C. C. Riccardi, H. E. Adabbo, R. J. J. Williams, *Curing reaction of epoxy resins with diamine* Journal of Applied Polymer Science, 1984. **29**(8): p. 2481-2492.
23. K. Horie, H. Hiura, M. Sawada, I. Mita, H. Kambe, *Calorimetric investigation of polymerisation reaction. III. Curing reaction of epoxides with amines.* Journal of Polymer Science, 1970. **8**(6): p. 1357-1372.
24. B. A. Rozenberg, *Kinetics, Thermodynamics and Mechanism of Reactions of Epoxy Oligomers with Amines.* Advances in Polymer Science: Epoxy Resins and Composites II, 1986. **75**: p. 113-165.
25. Elise Chipot, *Mécanismes d'adhésion et de vieillissement d'assemblages d'aluminium collés.* Thèse de doctorat de l'Université de Haute-Alsace, 2002.
26. Henry Lee, Kris Neville, *Handbook of epoxy resins.* McGraw-Hill, New-York, 1967.
27. Bryan Ellis, *Chemistry and Technology of Epoxy Resins.* Chapman & Hall, New York, 1993.
28. J-Pierre Pascault, ed. *Initiation à la Chimie et à la Physico-Chimie Macromoléculaires.* Commission Enseignement du GFP. Vol. 7. Matériaux Composites à base de Polumères. 1989. 14-41.
29. N.A.St John, G.A. George, *Diglycidyl amine-epoxy resin networks: kinetics and mechanisms or cure.* Progress in Polymer Science, 1994. **19**(5): p. 755-795.
30. Raffaele Mezzenga, Louis Boogh, and Jan-Anders E. Månson, *Effects of the Branching Architecture on the Reactivity of Epoxy-Amine Groups.* Macromolecules, 2000. **33**(12): p. 4373-4379.
31. Barrère-Trica, C., *Relation entre les propriétés de la résine et le phénomène de perlage de tubes composites verre - époxy.* Thèse de doctorat (Chimie et physico-chimie des polymères) de l'Université de Paris VI, 1998.
32. Philippe Zinck, *De la caractérisation micromécanique du vieillissement hydrothermique des interphases polyépoxydes-fibres de verre au comportement du composite unidirectionnel. Relations entre les échelles micro et macro.* Thèse de doctorat de l'INSA de Lyon, 1999.
33. Antonio García-Loera, *Mélanges réactifs Thermodurcissable / Additifs extractibles : Phénomènes de Séparation de Phase et Morphologies. Application aux matériaux poreux.* Thèse de doctorat de l'INSA de Lyon, 2002.
34. Filiberto González Garcia, Bluma G. Soares, Victor J. R. R. Pita, Rubén Sánchez, Jacques Rieumont, *Mechanical Properties of Epoxy Networks Based on DGEBA and Aliphatic Amines.* Journal of Applied Polymer Science, 2007. **106**(3): p. 2047–2055.
35. A. Tcharkhtchi, P. Y. Bronnec, J. Verdu, *Water absorption characteristics of diglycidylether of butanediol-3,5-diethyl-2,4-diaminotoluene networks.* Polymer, 2000. **41**: p. 5777-5785.
36. Quach Thi Hai Yen, *Etude de la durabilité d'un primaire epoxy enticorrosion: rôle de l'interphase polymère/métal et conséquence sur l'adhérence.* Thèse de doctorat de l'Université du Sud Toulon - Var, 2010.
37. A. Chateauminois, *Effects of hydrothermal aging on the durability of glass/epoxy composites.* Proceedings of the 9th International Conference on Composite Materials (ICCM9), Madrid, 1993.
38. B. Dewimille, *Vieillissement hygrothermique d'un matériau composites fibres de verre/résine époxyde.* Thèse de doctorat de l'ENSMP Paris, 1981.

39. Matthew S. Tillman, Brian S. Hayes, James C. Seferis, *Examination of interphase thermal property variance in glass fiber composites.* Thermochimica Acta, 2002. **392-393**: p. 299-302.

40. W. M. Cross et al. , *The effect of interphase curing on interphase properties and formation.* Journal of Adhesion, 2002. **78**(7): p. 571-590.

41. F. J. Johnson, W. M. Cross, D. A. Boyles, J. J. Kellar, *Complete system monitoring of polymer matrix composites.* Composites Part A: Applied Science and Manufacturing, 2000. **31**: p. 959-968.

42. V. Rao, P. Herrera-Franco, A. D. Ozzello & L. T. Drzal, *A direct comparison of the fragmentation test and the microbond pull-out test for determining the interfacial shear strength.* The Journal of Adhesion, 1991. **34**(1-4): p. 65-77.

43. M. Giraud, T. Nguyen, X. Gu and M. vanLandingham, *Effects of stoichiometry and epoxy molecular mass on wettability and interfacial microstructures of amine-cured epoxies.* dans 24th Annual meeting of the adhesion society, 2001.

44. J. P. Bell, J. A. Reffner, S. Petrie, *Amine-cured epoxy resins: Adhesion loss due to reaction with air.* Journal of Applied Polymer Science, 1977. **21**(4): p. 1095-1102.

45. Jiming Zhou, James P. Lucas, *Hygrothermal effects of epoxy resin. Part I: The nature of water in epoxy.* Polymer, 1999. **40**: p. 5505-5512.

46. Jiming Zhou, James P. Lucas, *Hydrothermal effects of epoxy resin. Part II: Variations of glass transition temperature.* Polymer, 1999. **40**: p. 5513-5522.

47. Marie-Barbara HEMAN, *Contribution à l'étude des interphases et de leur comportement au vieillissement hygrothermique dans les systèmes à matrice thermodurcissable renforcés de fibres de verre.* Thèse de doctorat de l'Université du Sud Toulon - Var, 2008.

48. José Roberto Moraes d'Almeida, Gustavo Wagner de Menezes, Sérgio Neves Monteiro, *Ageing of the DGEBA/TETA epoxy system with off-Stoichiometric compositions.* Materials Research, 2003. **6**: p. 415-420.

49. Christian Grave, Iain Mcwan, Richard A. Pethrick, *Influence of stoichiometric ratio on water absorption in epoxy resins.* Journal of Applied Polymer Science, 1998. **69**(12): p. 2369-2376.

50. M. Legrand, V. Bellenger, *Estimation of the cross-linking ratio and glass transition temperature during curing of amine-cross-linked epoxies.* Composites Science and Technology, 2001. **61**: p. 1485-1489.

51. Takashi Kamon, Hitoshi Furukawa, *Curing mechanisms and mechanical properties of cured epoxy resins.* Advances in Polymer Science, 1986. **80**: p. 174-202.

52. S. Sourour, M.R. Kamal, *Differential scanning calorimetry of epoxy cure: isothermal cure kinetics* Thermochimica Acta, 1976. **14**(1-2): p. 41-59.

53. F. Debontridder, *Influence de l'acidité de surface sur les mécanismes précurseurs de formation d'une interphase dans les assemblages epoxy-aluminium. Caractérisation des interactions avec une molécule modèle de durcisseur aminé.* Thèse de doctorat de l'Université Paris XI, 2001.

54. Huntsman, *Bulletin technique de Diethylenetriamine (DETA).* http://www.huntsman.com/performance_products1/Media//Diethylenetriamine_(DETA).pdf: p. 1-2.

55. Saint-Gobain Vetrotex, *Fiche de données de sécurité.* 2003: p. 1-13.

56. *Le plastique armé: application au matériel tubulaire. .* Technip ed. 1986: Chambre syndicale de la recherche et de la production du pétrole et du gaz naturel.

57. H. Frenzel, U. Bunzel, R. Häßler & G. Pompe, *Influence of glass fibre sizings on selected mechanical properties of PET/glass composites* Journal of Adhesion Science and Technology, 2000. **14**(5): p. 651-660.

58. H. Frenzel, E. Mäder, *Influence of different interphases on the mechanical properties of fiber-reinforced polymers.* Progress in Colloid & Polymer Science, 1996. **101**: p. 199-202.

59. W.A. Fraser, F. H. Ancker, A. T. Dibenedetto, B. Elbirli, *Evaluation of surface treatments for fibers in composite materials.* Polymer Composites, 1983. **4**(4): p. 238-248.

60. R.Wong, M.C. Flautt, R.M. Haines, *Size composition for glass fibers*, in *United States Patent 4,500,600*1985, Owens-Corning Fiberglas Corporation (Toledo, OH).

61. Balbhadra Das, Chester S.Temple, Carl A. Melle, *Sized glass fibers and reinforced polymers containing same*, in *United States Patent 4,637,956*1987, PPG Industries, Inc. (Pittsburgh, PA)

62. Kuang-Hong, H., *Glass fibers having a size composition containing the reaction product of an acid and/or alcohol with the terminal epoxy groups of a diglycidyl ether of a bisphenol*, in *United Stated Patent 4,981,754*1991, Owens-Corning Fiberglas Corporation (Toledo, OH).

63. Michael W. Klett, Kenneth D. Beer, *Chemical treating composition for glass fibers having emulsified epoxy with good stability and the treated glass fibers*, in *United States Patent 5,604,270*1997, PPG Industries, Inc. (Pittsburgh, PA).

64. George V. Sanzero, Howard J. Hudson, David T. Melle, *Chemically treated glass fibers for reinforcing polymeric materials processes*, in *United States Patent 4,752,527*1988, PPG Industries, Inc. (Pittsburgh, PA).

65. David E. Dana, Richard A. Davis, Howard J. Hudson, Steven J. Morris, *Chemically treated glass fibers for reinforcing thermosetting polymers*, in *United States Patent 4,808, 478*1989, PPG Industries, Inc. (Pittsburgh, PA)

66. R.L. Gorowara, W.E. Kosik, S.H. McKnight, R.L. McCullough, *Molecular characterization of glass fibre surface coatings for thermosetting polymer matrix/glass fibre composites.* Composites: Part A: applied science and manufacturing, 2001. **32**: p. 323-329.

67. V.A.Alvarez, M.E.Valdez, A.Vázquez, *Dynamic mechanical properties and interphase fibre/matrix evaluation of unidirectional glass fibre/epoxy composites.* Polymer Testing, 2003. **22**: p. p. 611-615.

68. B.K. Larson, L.T. Drzal, *Glass fibre sizing/matrix interphase information in liquid composite moulding: effects on fibre/matrix adhesion and mechanical properties.* Composites, 1994. **25**: p. p. 711-721.

69. V.M. Karbhari, G.R. Palmese, *Sizing related kinetic and flow consideration in the resin infusion of composites.* Journal of Materials Science, 1997. **32**: p. 5761-5774.

70. E. Mäder, K. Grundke, H-J. Jacobasch, G. Wachinger, *Surface, interphase and composite property relations in fibre-reinforced polymers.* Composites, 1994. **25**: p. 739-744.

71. J. L. Thomason, D.W. Dwight, *The use of XPS for characterisation of glass fibre coatings.* Composites Part A: Applied Science and Manufacturing, 1999. **30**: p. 1401-1413.

72. H. F. Wu, D. W. Dwight, N. T. Huff, *Effects of silane coupling agents on the interphase and performance of glass-fibre-reinforced polymer composites.* Composites Science and Technology, 1997. **57**: p. 975-983.

73. Sandra Onard, *Influence du mode de séchage de l'ensimage sur la nature de l'interphase dans des composites époxy/fibres de verre E.* Rapport de stage Master, 2005.

74. G. Wacker, A.K. Bledzki and A. Chate, *Effect of interphase on the transverse Young's modulus of glass/epoxy composites.* Composites Part A: Applied Science and Manufacturing, 1998. **29A**: p. 619-626.

75. J. L. Thomason, *The interface region in glass fibre-reinforced epoxy resin composites: 3. Characterization of fibre surface coatings and the interphase.* Composites, 1995. **26**: p. 487-498.

76. M.E. Connell, W.M. Cross, T.G. Snyder, R.M. Winter, J.J. Kellar, *Direct monitoring of silane/epoxy interphase chemistry.* Composites Part A: Applied Science and Manufacturing, 1998. **29**: p. 495-502.

77. Julien Mercier, *Prise en compte du vieillissement et de l'endommagement dans le dimensionnement de structures en matériaux composites* Thèse de doctorat de l'Ecole des mines Paris, 2006.

78. S. R. Culler, H. Ishida and J. L. Koenig, *FT-IR characterization of the reaction at the silane/matrix resin interphase of composite materials.* Journal of Colloid and Interface Science, 1986. **109**: p. 1-10.

79. K. P. Hoh, H. Ishida, and J. L. Koenig, *Spectroscopic studies of the gradient in the silane coupling agent/matrix interface in fibre glass-reinforced epoxy.* Polymer Composites, 1988. **9**: p. 151-157.

80. Salmon Laurent, *Etude de la dégradation hydrolytique de l'interface fibre-matrice dans les matériaux composites fibres de verre-résine époxyde.* Thèse de doctorat de l'ENSAM Paris, 1997.

81. J. L. Thomason, *The interface region in glass fibre-reinforced epoxy resin composites: 1. Sample preparation, void content and interfacial strength.* Composites, 1995. **26**: p. 467-475.

82. Gerald L. Witucki, *A silane primer: chemistry and applications of alkoxy silanes.* Journal of Coatings Technology, 1993. **65**: p. 57-60.

83. D. Wang, F. R. Jones, *Tof-SIMS and XPS studies of the interaction of silanes and matrix resins with glass surfaces.* Surface and Interface Analysis, 1993. **20**: p. 457-467.

84. D. Wang, F. R. Jones, *Tof-SIMS and XPS studies of the interaction of aminosilanised E-glass fibres with epoxy resins. Part I: Diglycidyl ether of bisphenol S.* Composites Science and Technology, 1994. **50**: p. 215 - 228.

85. E. K. Drown, H. Al-Moussawi, et L. T. Drzal, *Glass fibre sizings and their role in fibre-matrix composites.* Journal of Adhesion Science and Technology, 1991. **5**: p. 865-884.

86. E.P. Plueddemann, *Present status and research needs in silane coupling.* Interfaces in Polymer, Ceramic and Metal Matrix, Proc. of the 2nd Conf. on Composite Interfaces (ICCI-II), 1988: p. 17-33.

87. J. L. Thomasson, *The interface region in glass fibre-reinforced epoxy resin composites: 2. water absorption, void and interface.* Composites, 1995. **26**: p. 477-485.

88. M. Salvia, L. Fiore, P. Fournier and L. Vincent, *Flexural fatigue behaviour of UDGFRP experimental approach.* International Journal of Fatigue, 1997. **19**(3): p. 253-262.

89. P. Krawczak, *Etude de la contribution de l'interface à la cohésion de composites à matrice organique et fibres de verre.* Thèse de doctorat de l'Université de Lille 1, 1993.

90. David L. Angst, Gary W. Simmons, *Moisture absorption characteristics of organosiloxane self-assembled monolayers.* Langmuir, 1991. **7**: p. 2236-2242.

91. C.L. Schutte, W. McDonough, M. Shioya, M. McAuliffe, M. Greenwood, *The use of asingle-fibre fragmentation test to study environmental durability of interfaces/interphases between DGEBA/mPDA epoxy and glass fibre: the effect of moisture.* Composites, 1994. **25**(7): p. 617-624.

92. D. Pawson, F. R. Jones, *The effect of sodium ions on the stability of the interphase region of glass fibre reinforced composites.* The Journal of Adhesion, 1995. **52**(1-4): p. 187-207.

93. Philippe Bonniau, *Effets de l'absorption d'eau sur les propriétés électriques et mécaniques des matériaux composites à matrice organique.* Thèse de doctorat de l'ENSMP, 1983.

94. G. Marom, Environmental effects on fracture mechanical properties of polymer composites, *Chapitre 10. Application of facture mechanics to composite materials.* K. Friedrich, Ed. Elsevier, 1989: p. 397-424.

95. U. Bexell, *Surface characterization Tof-SIMIS , AES and XPS of silanes films and oganic coatings deposited on metal substrates.* Thesis at Uppsala University, 2003.

96. Yuri S. Lipatov, *Relaxation and viscoelastic properties of heterogeneous polymeric compositions.* Advances in Polymer Science, 1977. **22**: p. 1-59.

97. Lagache Manuel, *Étude du rôle de l'interphase sur le comportement mécanique des composites unidirectionnels.* Thèse de doctorat de l'Université Joseph Fourier-Grenoble 1, 1993.

98. Pericles S. Theocaris, *The mesophase and its influence on the mechanical behaviour of composites.* Advances in Polymer Science, 1985. **66**: p. 149-187.

99. P. S. Theocaris, E.P. Sideridis, et G.C. Papanicolaou, *The elastic longitudinal modulus and poisson's ratio of fiber composites.* Journal of Reinforced Plastics and Composites, 1987. **4**: p. 396-398.

100. J. L. Thomason, *Investigation of composite interphase using Dynamic Mechanical Analysis: Artifacts and Reality.* Polymer Composites, 1990. **11**: p. 105-113.

101. J. L. Thomason, *A note on the investigation of the composite interphase by means of thermal analysis.* Composites Science and Technology, 1992. **44**(1): p. 87-90.

102. Katherine E. Reed, *Dynamic mechanical analysis of fibre reinforced compposite.* Polymer Composites, 1980. **1**(1): p. 44-49.

103. S. Keusch, R. Haessler, *Influence of surface treatment of glass fibres on the dynamic mechanical properties of epoxy resin composites.* Composites: Part A, 1999. **30**: p. 997-1002.

104. Yuri S. Lipatov, et al., *On shift and resolution of relaxation maxima in two-phase polymeric systems.* Journal of Applied Polymer Science, 1980. **25**(6): p. 1029-1037.

105. A. Chateauminois, B.Chabert, J. P. Soulier et L. Vincent, *Dynamic mechanical analysis of epoxy composites plasticized by water: Artifact and reality.* Polymer Composites, 1995. **16**: p. 288-296.

106. K. Mai, E. Mäder, M. Mühle, *Interphase characterization in composites with new non-destructive methods.* Composites Part A: Applied Science and Manufacturing, 1998. **29**: p. 1111-1119.

107. Jang-Kyo Kim, Man-Lung Sham, Jingshen Wu, *Nanoscale characterisation of interphase in silane treated glass fibre composites.* Composites: Part A, 2001. **32**(5): p. 607-618.

108. Shang-Lin Gao, Edith Mäder, *Characterisation of interphase nanoscale property variations in glass fibre reinforced polypropylene and epoxy resin composites.* Composites: Part A. **33**: p. 559-576.

109. C. Griswold, et al., *Interphase variation in silane-treated glass-fiber-reinforced epoxy composites.* Journal of Adhesion Science and Technology, 2005. **19**: p. 279-290.

110. G. Van Assche, B. Van Mele, *Interphase formation in model composites studied by micro-themal analysis.* Polymer, 2002. **43**: p. 4605-4610.

111. Edith Mäder, Elena Pisanova, *Interfacial design in fibre reinforced polymers.* Macromolecular Symposia, 2001. **163**: p. 189-212.

112. S. Mallarino, J. F. Chailan, , J. L. Vernet, *Interphase investigation in glass fibre composites by micro-thermal analysis*. Composites: Part A, 2005. **36**: p. 1300-1306.
113. S. Mallarino, *Caractérisation physico-chimique des interfaces des composites cyanate/ fibre de verre-D*. Thèse de doctorat de l'Université du Sud Toulon Var, 2004.
114. Walid Trabelsi, *Vieillissement de matériaux composites carbone/époxy pour applications aéronautiques*. Thèse de doctorat de l'ENSAM Paris, 2006.
115. S. Marouani, L. Curtil, P. Hamelin, *Durabilité des matériaux composites mis en œuvre pour renforcer les ouvrages du génie civil*. Revue des Composites et des Matériaux Avancés, 2008. **18**: p. 103-129.
116. Emilie Brun, *Vieillissement hygrothermique d'un composite résine époxyde silice et impact sur sa rigidité diélectrique*. Thèse de doctorat de l'Université de Grenoble, 2009.
117. Jacques Verdu, *Vieillissement physique des plastiques*. Sciences et Techniques de l'ingénieur, traité Plastiques et Composites, 1990. **A 3 150**: p. 1-17.
118. B. De Neve, M.E.R.Shanahan, *Physical and chemical effects in an epoxy resin exposed to water vapour*. Journal of Adhesion, 1995. **49**: p. p. 165-176.
119. May, C.A., *Epoxy Resins: Chemistry and Technology*. Second Edition, 1988.
120. H. JANSSEN, J.M. SEIFERT, H.C. KARNER, *Interfacial phenomena in composite high voltage insulation*. IEEE Transaction on Dielectrics and Electrical Insulation, 1999. **6**: p. p. 651-659.
121. G. Z. Xiao, M. Delamar, M. E. R. Shanahan, *Irreversible interactions between water and DGEBA/DDA epoxy resin during hygrothermal aging*. Journal of Applied Polymer Science, 1998. **69**(2): p. 363-369.
122. Michael J. Adamson, *Thermal expansion and swelling of cured epoxy resin used in graphite/epoxy composites materials*. Journal of Materials Science, 1980. **15**: p. 1736-1745.
123. Jacques Verdu, *Action de l'eau sur les plastiques*. Sciences et Techniques de l'ingénieur, traité Plastiques et Composites, 2000. **AM 3 165**: p. 1-8.
124. M.S.W.Woo, et M.R.Pigott, *Water adsorption of resins and composites. II: Diffusion in carbon and glass reinforced epoxies*. Journal of Composites Technology and Research 1988. **9**: p. 162-166.
125. A. Chateauminois, *Comportement viscoélastique et tenue en fatigue statique de composites verre/époxy. Influence du vieillissement hydrothermique*. Thèse de Doctorat de l'Université de Lyon 1, 1991.
126. A. Chateauminois, L. Vincent, *Study of the interfacial degradation of a glass-epoxy composite during hygrothermal ageing using water diffusion measurements and dynamic mechanical thermal analysis*. Polymer, 1994. **35**(22): p. 4766-4774.
127. T. C. Wong, L. J. Broutman, *Moisture diffusion in epoxy resins Part I. Non-Fickian sorption processes*. Polymer Engineering & Science, 1985. **25**(9): p. 521-528.
128. M. R. Vanlandingham, R. F. Eduljee, J. W. Gillespie, JR, *Moisture diffusion in epoxy systems*. Journal of Applied Polymer Science, 1999. **71**: p. 787-798.
129. Harris G. Carter, Kenneth G. Kibler, *Langmuir-type model for anomolous moisture diffusion in composite resins*. Journal of Composite Materials, 1978. **12**: p. 118-131.
130. V. B. Gupta, L. T. Drzal, M. J. Rich, *The physical basis of moisture transport in a cured epoxy resin system*. Journal of Applied Polymer Science, 1985. **30**(11): p. 4467-4493.
131. Philippe Bonniau, A. R. Bunsell, *A comparative study of water absorption theories applied to glass epoxy composites*. Journal of Composite Materials, 1981. **15**: p. 272-293.

132. Y. Weitsman, *Moisture in Composites: Sorption and Damage.* Chapter 9 of "Fatigue of Composite Materials," (K.L. Reifsnider - Editor), Elsevier Science Pub., B.V, 1991: p. 385-429.

133. Y. Diamant, G. Marom, L. J. Broutman, *The effect of network structure on moisture absorption of epoxy resins.* Journal of Applied Polymer Science, 1981. **26**(9): p. 3015-3025.

134. John B. Enns, John K. Gillham, *Effect of the extent of cure on the modulus, glass transition, water absorption, and density of an amine-cured epoxy.* Journal of Applied Polymer Science, 1983. **28**(9): p. 2831-2846.

135. E. Morel, V. Bellenger and J. Verdu, *Relations Structure-Hydrophilie des Réticulats Epoxyde-Amine.* Edited by Pluralis, Paris, 1984: p. 598-614.

136. Antonio Apicella, Luigi Nicolais, Gianni Astarita, Enrico Drioli, *Effect of thermal history on water sorption, elastic properties and the glass transition of epoxy resins.* Polymer, 1979. **20**: p. 1143-1148.

137. P. Nogueira, C. Ramisírez, A. Torres, M. J. Abad, J. Cano, J. López, I. López-Bueno, L. Baral, *Effect of water sorption on the structure and mechanical properties of an epoxy resin system.* Journal of Applied Polymer Science, 2001. **80**(1): p. 71-80.

138. Ricardo H. Podgaiz, Roberto J. J. Williams, *Effects of fiber coatings on mechanical properties of unidirectional glass-reinforced composites.* Composites Science and Technology, 1997. **57**: p. 1071-1076.

139. W. J. Mikols, J. C. Seferis, A. Apicella, and L. Nicolais, *Evaluation of structural changes in epoxy systemes by moisture sorption-desorption and dynamic mechanical studies.* Polymer Composites, 1982. **3**(3): p. 118-124.

140. P. Moy, F. E. Karasz, *Epoxy-Water interactions.* Polymer Engineering & Science, 1980. **20**: p. 315-319.

141. Richard A. Pethrick, Elisabeth A. Hollins, Iain McEwan, Elizabeth A. Pollock, David Hayward, *Effect of cure temperature on the structure and water absorption of epoxy/amine thermosets.* Polymer International, 1996. **39**: p. 275-288.

142. M. K. Antoon, J. K. Koenig, T. Serafini, *Fourier-transform infrared study of the reversible interaction of water and a crosslinked epoxy matrix.* Journal of Polymer Science. Part B: Polymer Physics, 1981. **19**: p. 1567-1575.

143. Pellegrino Musto, Giuseppe Ragosta, and Leno Mascia, *Vibrational spectroscopy evidence for the dual nature of water sorbed into epoxy resins.* Chemistry of Materials, 2000. **12**: p. 1331-1341.

144. C. D. Arvanitopoulos, J. L. Koenig, *An NMR Imaging Study of the Interface of Epoxy Resin-Glass Fiber Reinforced Composites.* The Journal of Adhesion, 1995. **53**(1-2): p. 15-31.

145. W. Noobut, J. L. Koenig, *Interfacial behavior of epoxy/E-glass fiber composites under wet-dry cycles by Fourier transform infrared microspectroscopy.* Polymer Composites, 1999. **20**: p. 38-47.

146. R. T. Fuller, R. E. Fornes, J. D. Memory, *NMR study of water absorbed by epoxy resin.* Journal of Applied Polymer Science, 1979. **23**(6): p. 1871-1874.

147. David Lévêque, Anne Schieffer, Anne Mavel, Jean-François Maire, *Analysis of how thermal aging affects the long-term mechanical behavior and strength of polymer-matrix composites.* Composites Science and Technology, 2005. **65**: p. 395-401.

148. H. M. Le Huy, *Vieillissement d'un réseau epoxy-anhydride.* Thèse de doctorat de l'Ecole Normale Superieure des Arts et Metiers, 1990.

149. K. I. Ivanova, R. A. Pethrick, S. Affrossman, *Investigation of hydrothermal ageing of a filled rubber toughened epoxy resin using dynamic mechanical thermal analysis and dielectric spectroscopy.* Polymer, 2000. **41**: p. 6787-6796.

150. L. S. A. Smith, V. Schmitz, *The effect of water on the glass transition temperature of poly(methyl methacrylate).* Polymer, 1988. **29**: p. 1871-1878.

151. B. De Neve , M.E.R.S., *Water absorption by an epoxy resin and its effect on the mechanical properties and infra-red spectra.* Polymer, 1993. **34**: p. 5099-5105.

152. Charles E. Browning, *The mechanisms of elevated temperature property losses in high performance structural epoxy resin matrix materials after exposures to high humidity environments.* Polymer Engineering & Science, 1978. **18**: p. 16-24.

153. E. Lee McKague Jr., Jack D. Reynolds, John E. Halkias, *Swelling and glass transition relations for epoxy matrix materials in humid environments.* Journal of Applied Polymer Science, 1978. **22**(6): p. 1643-1654.

154. Ilhem Ghorbel, *Mécanismes d'endommagement des tubes verre-résine pour le transport d'eau chaude: influence de la ductilité de la matrice.* Thèse de doctorat de l'Ecole des Mines de Paris, 1990.

155. David Lévêque, Anne Schieffer, Anne Mavel, Jean-François Maire, *Analyse multiéchelle des effets du vieillissement sur la tenue mécanique des composites à matrice organique.* ONERA, Revue des composites et des matériaux avancés, 2002. **12**: p. 139-162.

156. G. Z. Xiao, M. E. R. Shanahan, *Swelling of DGEBA/DDA epoxy resin during hygrothermal ageing.* Polymer, 1988. **14**: p. 3253-3260.

157. M. Fernández-García, M. Y. M. Chiang, *Effect of hygrothemal aging history on sorption process, swelling, and glass transition temperature in a particle-filled epoxy-based adhesive,.* Journal of Applied Polymer Science, 2002. **84**: p. 1581-1591.

158. K. H. G. Ashbee, R. C. Wyatt, *Water damage in glass fibre/resin composites.* Pro. Roy. Soc. A, 1969. **312**: p. 553-564.

159. Akbar Afaghi-Khatibi, Yiu-Wing Mai, *Characterisation of fibre/matrix interfacial degradation under cyclic fatigue loading using dynamic mechanical analysis.* Composites: Part A, 2002. **33**: p. 1585-1592.

160. A. Chateauminois, B.Chabert, J. P. Soulier et L. Vincent, *Hydrothermal ageing effects on the static fatigue of glass/epoxy composites.* Composites, 1993. **24**: p. 547-555.

161. Vauthier Emmanuelle, *Durabilité et vieillissement hygrothermique de composites verre-époxy soumis à des sollicitations de fatigue.* Thèse de Doctorat-Ingénieur de ECL de l'Ecole Centrale de Lyon, 1996.

162. B. Dewimille et al. , *Hydrothermal aging of an unidirectional glass-fibre epoxy composite during water immersion.* Advances in composite materials; Proceedings of the Third International Conference on Composite Materials, 1980.

163. Roger J. Morgan, James E. O'neal, Dale L. Fanter, *The effect of moisture on the physical and mechanical integrity of epoxies.* Journal of Material Science, 1980. **15**: p. 751-764.

164. C. Maggana, P. Pissis, *TSDC studies of the effects of plasticizer and water on the sub-Tg relaxations of an epoxy resin system.* Journal of Macromolecular Science, Part B: Physics, 1997. **36**(6): p. 749-772.

165. F. R. Jones, M. A. Shah, M. G. Bader, and L. Boniface, *The Analysis of Residual Dicyandiamide (DICY) and Its Effects on the Performance of GRP in Water and Humid Environments.* London, 1987: p. 4443-4456.

166. Sylvain Popineau, *Durabilité en milieu humide d'assemblages structuraux collés type aluminium/composite.* Thèse de doctorat de l'École Nationale Supérieure des Mines de Paris, 2005.

167.   Li-Rong Bao, Albert F. Yee, Charles Y.-C. Lee, *Moisture absorption and hygrothermal aging in a bismaleimide resin*. Polymer, 2001. **42**: p. 7327-7333.

168.   Katya I. Ivanova, Richard A. Pethrick, Stanley Affrossman, *Hygrothermal aging of rubber-modified and mineral-filled dicyandiamide-cured DGEBA epoxy resin. II. Dynamic Mechanical Thermal Analysis*. Journal of Applied Polymer Science, 2001. **82**: p. 3477-3485.

169.   Lawrence T. Drzal, Michael J. Rich, Michael F. Koenig, *Adhesion of graphite fibers to epoxy matrices. III. The effect of hygrothermal exposure*. The Journal of Adhesion, 1985. **18**(1): p. 49-72.

170.   H. Ishida, J. L. Koenig, *The reinforcement mechanism of fiber-glass reinforced plastics under wet conditions: A review*. Polymer Engineering & Science, 1978. **18**: p. 128-145.

171.   F. Gugumus, *Thermooxidative degradation of polyolefins in the solide state: Part 5. Kinetic of functional group formation in PE-HD and PE-LLD*. Polymer degradation and stability, 1997. **55**(1): p. 21-43.

172.   Jan F. Rabek, *Polymer Photodegradation—Mechanisms and Experimental Methods*. Chapman & Hall, New York, 1995: p. 269-278.

173.   T. Çaykara, O. Güven, *UV degradation of poly(methyl methacrylate) and its vinyltriethoxysilane containing copolymers*. Polymer Degradation and Stability, 1999. **65**: p. 225-229.

174.   Lionel Gay, *Étude physico-chimique et caractérisation mécanique du vieillissement photochimique d'une résine époxy*. Thèse de doctorat de l'École Nationale Supérieure des Arts et Métiers, 1984.

175.   Jacques Verdu, *Différents types de vieillissement chimique des plastiques*. Techniques de l'Ingénieur, traité Plastiques et Composites. **AM 3 152**: p. 1-14.

176.   Bénédicte Mailhot, Sandrine Morlat-Thérias, Pierre-Olivier Bussière, Jean-Luc Gardette, *Study of the Degradation of an Epoxy/Amine Resin. 2. Kinetics and Depth-Profiles*. Macromolecular Chemistry and Physics, 2005. **206**: p. 585-591.

177.   A. V. Shyichuk, J. R. White, I. H. Craig, I. D. Syrotynska, *Comparison of UV-degradation depth-profiles in polyethylene, polypropylene and an ethylene-propylene copolymer*. Polymer degradation and stability, 2005. **88**(3): p. 415-419.

178.   J. R. White , A. V. Shyichuk, *Effect of stabilizer on scission and crosslinking rate changes during photo-oxidation of polypropylene*. Polymer Degradation and Stability, 2007. **92**(11): p. 2095-2101.

179.   Jacques Verdu, *Vieillissement chimique des plastiques: aspects généraux*. Techniques de l'Ingénieur, traité Plastiques et Composites. **AM 3151**: p. 1-14.

180.   A. Huvet, J. Philippe, J. Verdu, *Photooxydation du polyethylene. I. Cinetique de photooxydation du PEbd*. European Polymer Journal, 1978. **14**(9): p. 709-713.

181.   A. Rivaton, B. Mailhot, G. Derderian, P. O. Bussiere, and J.-L. Gardette, *Investigation of the photophysical processes and photochemical reactions involved in PVK films irradiated at l > 300 nm*. Macromolecules, 2003. **36**: p. 5815-5824.

182.   J. -F. Larché, P. -O. Bussière, S. Thérias, J. -L. Gardette, *Photooxidation of polymers: Relating material properties to chemical changes*. Polymer Degradation and Stability, 2012. **97**: p. 25-34.

183.   J.V. Gulmine, L. Akcelrud, *Correlations between structure and accelerated artificial ageing of XLPE*. European Polymer Journal, 2006. **42**(3): p. 553-562.

184.   V. Bellenger, C. Bouchard, P. Claveirolle and J. Verdu, *Photo-oxidation of epoxy resins cured by non-aromatic amines*. Polymer Photochemistry, 1981. **1**: p. 69-80.

185.   V. Bellenger, J. Verdu, *Photooxidation of amine crosslinked epoxies II. Influence of structure*. Journal of Applied Polymer Science, 1983. **28**(9): p. 2677-2688.

186. L. Guillot, L. Monney, C. Dubois, A. Chambaudet, *Testing of organic matrix durability in photochemical ageing using ablation measurements*. Polymer Degradation and Stability, 2001. **72**: p. 209-215.

187. F. Delor-Jestin, D. Drouin, P.-Y. Cheval, J. Lacoste, *Thermal and photochemical ageing of epoxy resin - Influence of curing agents*. Polymer degradation and stability, 2006. **91**: p. 1247-1255.

188. Agnès Rivaton, Laurent Moreau, Jean-Luc Gardette, *Photo-oxidation of phenoxy resins at long and short wavelengths- II. Mechanisms of formation of photoproducts*. Polymer Degradation and Stabiltiy, 1997. **58**: p. 333-339.

189. Bénédicte Mailhot, Sandrine Morlat-Thérias, Mélanie Ouahioune, Jean-Luc Gardette, *Study of the Degradation of an Epoxy/Amine Resin. 1. Photo- and Thermo-Chemical Mechanisms*. Macromolecular Chemistry and Physics, 2005. **206**: p. 575-584.

190. V. Bellenger, J. Verdu, *Photooxidation of amine crosslinked epoxies. II. Influence of structure*. Journal of Applied Polymer Science, 1983. **28**: p. 2677-2688.

191. V. Bellenger, J. Verdu, *Photo-oxidation of amine crosslinked epoxies. I. The DGEBA-DDM system*. Journal of Applied Polymer Science, 1983. **28**: p. 2599-2609.

192. V. Bellenger, J. Verdu, *Oxidative Skeleton Breaking in Epoxy-Amine Networks*. Journal of Applied Polymer Science, 1985. **30**: p. 363-374.

193. G. A. George, R. E. Sacher, J. F. Sprouse, *Photo-oxidation and photoprotection of the surface resin of a glass fiber–epoxy composite* Journal of Applied Polymer Science, 1977. **21**(8): p. 2241-2251.

194. Agnès Rivaton, Laurent Moreau, Jean-Luc Gardette, *Photo-oxidation of phenoxy resins at long and short wavelengths- I. Identification of the photoproducts*. Polymer Degradation and Stability, 1997. **58**: p. 321-332.

195. G. Zhang, W. G. Pitt, S. R. Goates, and N. L. Owen, *Studies on oxidative photodegradation of epoxy resins by IR-ATR spectroscopy*. Journal of Applied Polymer Science, 1994. **54**: p. 419-427.

196. Agnès Rivaton, *Recent advances in bisphenol-A polycarbonate photodegradation*. Polymer Degradation and Stability, 1995. **49**: p. 163-179.

197. D. T. Clark, H. S. Munro, *Surface aspects of the photodegradation of bisphenol a polycarbonate in oxygen and nitrogen atmospheres as revealed by ESCA*. Polymer Degradation and Stability, 1982. **4**(6): p. 441-457.

198. D. T. Clark, H.S.M., *Surface and bulk aspects of the natural and artificial photo-ageing of Bisphenol A polycarbonate as revealed by ESCA and difference UV spectroscopy*. Polymer Degradation and Stability, 1984. **8**(4): p. 195-211.

199. J. Fossey, D. Lefort, J. Sorba, *Les radicaux libres en chimie organique*. Masson, Paris, 1993: p. 173.

200. Pierre-Olivier BUSSIERE, *Étude des conséquences de l'évolution de la structure chimique sur la variation des propriétés physiques de polymères soumis à un vieillissement photochimique*. Thèse de doctorat de l'Université Blaise Pascal, 2005.

201. A. Rivaton, B.M., J. Soulestin, H. Varghese, J.-L. Gardette, *Influence of the chemical structure of polycarbonates on the contribution of crosslinking and chain scissions to the photothermal ageing*. European Polymer Journal, 2002. **38**: p. 1349-1363.

202. Christian Decker, *Kinetic study and new applications of UV radiation curing*. Macromolecular Rapid Communications, 2002. **23**: p. 1067-1093.

203. Pellegrino Musto, Giuseppe Ragosta, Mario Abbate, and Gennaro Scarinzi, *Photo-Oxidation of High Performance Epoxy Networks: Correlation between the Molecular Mechanisms of Degradation and the Viscoelastic and Mechanical Response*. Macromolecules, 2008. **41**: p. 5729-5743.

204. L. Monney, C. Dubois, D. Perreux , A. Burtheret , A. Chambaudet, *Mechanical behaviour of an epoxy-glass composite under photo-oxidation.* Polymer Degradation and Stability, 1999. **63**: p. 219-224.

205. L. Monney, C. Dubois, A. Chambaudet, *Ablation of the organic matrix: fundamental response of a photo-aged epoxy-glass fibre composite.* Polymer Degradation and Stability, 1997. **56**: p. 357-366.

206. Aziz Rezig, Tinh Nguyen, David Martin, Lipiin Sung, Xiaohong Gu, Joan Jasmin, and Jonathan W. Martin, *Relationship between chemical degradation and thickness loss of an amine-cured epoxy coating exposed to different UV environments.* JCT Research, 2006. **3**(3): p. 173-184.

207. Yassine Malajati, Sandrine Therias, Jean-Luc Gardette, *Influence of water on the photooxidation of KHJ phenoxy resins, 1. Mechanisms.* Polymer Degradation and Stability, 2011. **96**: p. 144-150.

CHAPITRE 2

CHAPITRE 2. MATÉRIAUX ET TECHNIQUES D'ANALYSE

Ce chapitre a pour objectif de présenter les matériaux de cette étude en détaillant la composition et les propriétés de chaque constituant ainsi que le protocole pour élaborer les plaques de composite et de résine. Les techniques d'analyses utilisées pour caractériser les matériaux au cours des vieillissements ainsi que les conditions de vieillissement naturel et de vieillissement artificiel seront également détaillées.

2.1. Présentation du matériau

La démarche de notre étude consiste à confronter les propriétés et comportements du composite et de la résine au cours de différents types de vieillissement afin de montrer l'influence du renfort sur les mécanismes de dégradation. La matrice du composite et la résine sont donc de même nature chimique.

2.1.1. Prépolymère époxy : la DGEBA

2.1.1.1. Formulation

Le prépolymère utilisé est une DGEBA liquide ou Diglycidyl Éther de Bisphénol A avec n=0,13 fournie par Sigma Aldrich sous la référence 405493. Le processus de formation ainsi que les propriétés générales de ce prépolymère sont décrits dans le chapitre 1 (*Cf. § 1.1.1. Mécanisme de réticulation*). Ses caractéristiques sont résumées dans le *Tableau 2.1*.

Tableau 2.1. Nomenclature et caractéristiques de la DGEBA

Nom usuel : Diglycidyl Éther de Bisphénol A

Nom chimique: Poly (Bisphenol A-co-epichlorohydrin), glycidyl end-capped

Abréviation: DGEBA

Formule chimique :

État à 25°C : liquide transparent

Masse molaire :   ~ 377 g.mol^{-1}.

Fonctionnalité :   2

2.1.1.2. Chimie

Le prépolymère a été caractérisé par spectrométrie Infra Rouge (IRTF) afin d'identifier les principaux pics caractéristiques du motif bisphénol A.

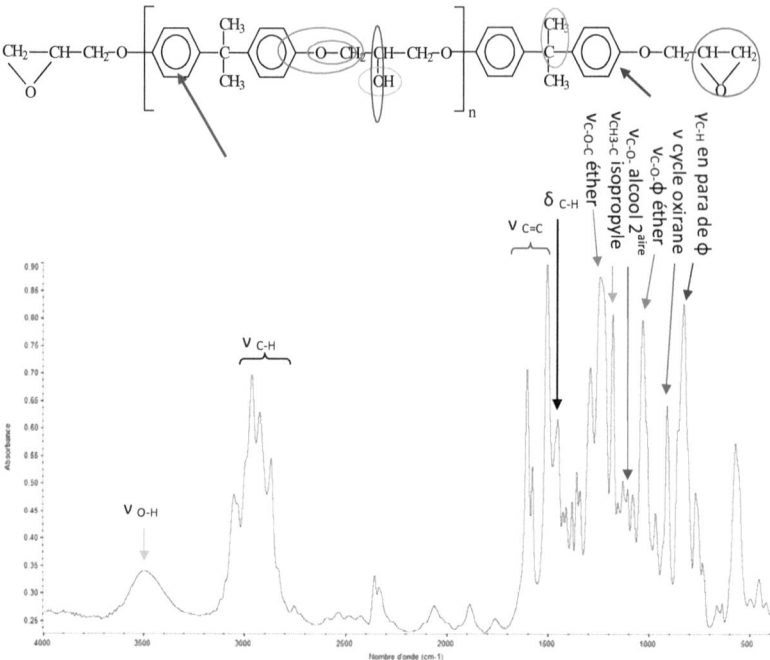

Figure 2.1.   Spectre IRTF du prépolymère DGEBA

Le tableau suivant regroupe les bandes des vibrations de valence (ν) ou de déformation dans (δ) et hors (γ) du plan des groupes caractéristiques de la DGEBA [1-6].

Tableau 2.2.   Attribution des principales bandes caractéristiques du prépolymère DGEBA

Nombre d'onde (cm^{-1})	Mode de vibration	Nombre d'onde (cm^{-1})	Mode de vibration
3500-3490	$\nu_{(OH)}$ hydroxyles	1245	$\nu_{(C-O-C)}$ éther
3050-3030	$\nu_{(\phi-H)}$ cycle aromatique	1183	$\nu_{(CH3-C)}$ groupe isopropyle
2960, 2930, 2868	$\nu_{(C-H)}$ aliphatique	1109	$\nu_{(C-O-)}$ alcool 2^{ndaire}
1888	$\nu_{(1,4\ disubstitution)}$ benzène	1036	$\upsilon_{(C-O-)}$ éther aromatique
1608, 1580, 1510	$\nu_{(C=C)}$ cycle aromatique	915*	δ cycle oxirane
1460	$\delta_{(C-H)}$ de –CH$_3$ et -CH$_2$-	830	$\gamma_{(C-H)}$ de φ substitué en para
1384, 1361	$\delta_{(CH3-C)}$ groupe isopropyle	* bande caractéristique du motif époxy	

2.1.2. Durcisseur : la DETA

2.1.2.1. *Formulation*

Le monomère époxyde est polymérisé avec un agent de réticulation qui peut être un anhydride d'acide, un phénol, ou le plus souvent une amine. Une amine aliphatique, la diéthylènetriamine (DETA), a été choisie pour notre étude. Le produit est fourni par Sigma Aldrich sous la référence D93856 avec une pureté à 99%. Ce durcisseur est couramment utilisé industriellement (durcisseur de colles Araldite® par exemple) et a été fréquemment étudié [7-9]. Ce type d'amine aliphatique de faible masse moléculaire présente plusieurs avantages : faible coût, faible viscosité, facilité de mélangeage, bonne réactivité à température ambiante. Les inconvénients sont leur toxicité, leur pression de vapeur élevée pouvant entraîner une évaporation partielle, leur réactivité élevée avec le CO_2 atmosphérique, leur faible durée de vie en pot, la résistance mécanique moyenne du matériau final... La formule chimique et les propriétés de la DETA sont présentées dans le *Tableau 2.3* ci-dessous.

Tableau 2.3. Nomenclature et caractéristiques de la DETA

Nom usuel : Diéthylènetriamine
Nom chimique :   Diéthylènetriamine
Abréviation: DETA
Formule chimique : NH_2-CH_2-CH_2-NH-CH_2-CH_2-NH_2.
État à 25°C : liquide transparent
Masse molaire : $\sim$ 103,17 g.mol^{-1}.
Fonctionnalité :   5
Densité :   0,995 g.cm^{-3}.
Température de fusion :   -35°C

2.1.2.2. *Chimie*

Le spectre IR de la DETA ainsi que l'attribution des principales bandes sont présentés dans la *Figure 2.2* et le *Tableau 2.4* [1, 4, 5].

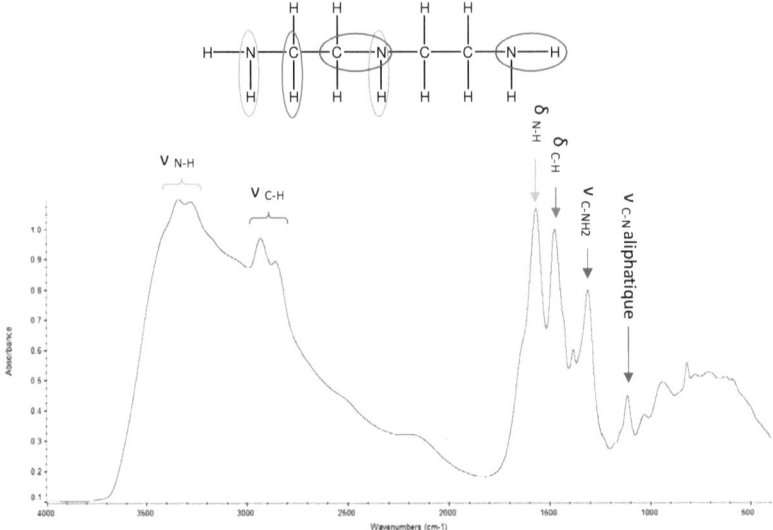

Figure 2.2.   Spectre IRTF du durcisseur DETA

Tableau 2.4.   Attribution des principales bandes caractéristiques du durcisseur DETA.

Nombre d'onde (cm^{-1})	Mode de vibration
3430 ; 3360	$\upsilon_{(N-H)}$ primaire et secondaire
2930, 2840	$\upsilon_{(C-H)}$ de -CH$_2$-
1570	$\delta_{(N-H)}$ primaire et secondaire
1480	$\delta_{(C-H)}$ de -CH$_2$-
1309	$\upsilon_{(C-N)}$ de C-NH$_2$.
1117	$\upsilon_{(C-N)}$ d'aliphatique amine

2.1.3. Fibres de verre

La composition et les propriétés ainsi que les rôles des fibres de verre E et de l'ensimage ont été présentés dans le chapitre 1 (*Cf. § 1.1.2*). Les renforts de fibres de verre E utilisés dans le cadre de cette étude sont fournis par la société Owens Corning Reinforcements (OCV^{TM} Reinforcements) sous forme de roving. Un ensimage optimisé a été choisi pour sa compatibilité avec les résines de type époxy. L'agent couplant utilisé dans cet ensimage est le γ-AminoPropyltriéthoxySilane (γ-APS) (*Figure 2.3*). Pour des raisons de confidentialité, la composition de cet ensimage ne peut être détaillée d'avantage.

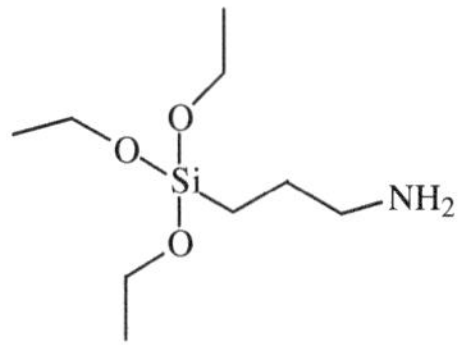

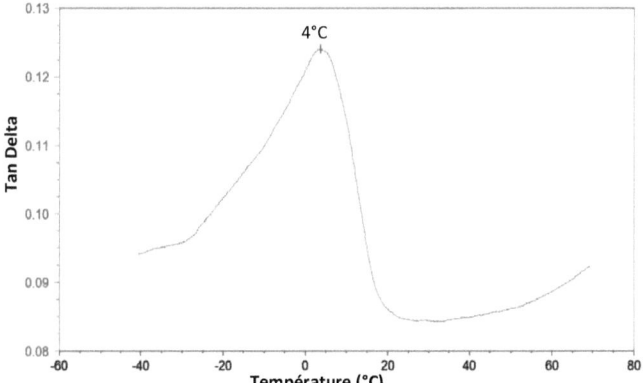

Figure 2.3.   Formule chimique du γ-APS

Les fibres ensimées sont étudiées par analyse mécanique dynamique (DMA) suivant une rampe en température de 2°C/min de -40°C à 70°C dans un montage particulier en sandwich entre clinquants d'acier inox (*Figure 2.9*). Les fibres ensimées et plus particulièrement leur ensimage, présentent un phénomène de relaxation vers 4°C pris au sommet du pic d'amortissement (tan δ) (*Figure 2.4*)

Figure 2.4.   Spectre tan delta des fibres ensimées (DMA, 1Hz, 140µm, 2°C/min)

2.1.4. Protocole d'élaboration des plaques de composite et de résine

Les plaques de composite et de résine ont été réalisées au laboratoire selon des méthodes identiques pour tous les cas.

2.1.4.1. *Préparation de la matière*

Plusieurs études [10-13] ont confirmé que le choix d'un rapport stœchiométrique (r) égal à un permettait d'obtenir un taux de réticulation maximal (température de transition vitreuse maximale), après un cycle de polymérisation judicieusement choisi. Ce rapport est défini par l'*Équation 2-1*:

$$\text{Équation 2-1} \quad : \quad r = \frac{a}{e} = \frac{f_{amine} \cdot n_{amine}}{f_{époxyde} \cdot n_{époxyde}}$$

Avec   a : nombre de mole de fonctions amine

e : nombre de mole de fonctions époxyde

f : fonctionnalité

n : nombre de mole de molécules.

Dans nos cas, le nombre de fonctionnalité d'amine et d'époxyde sont de 5 et 2 respectivement. A partir de la relation ci-dessus, pour obtenir les échantillons en proportions stœchiométriques (r=1), les matériaux sont mélangés dans un rapport DGEBA/DETA de 10/1,09 en masse. Quant au composite renforcé approximativement de 25% fibres de verre en masse, les rapports massiques fibres de verre/DGEBA/DETA sont de l'ordre de 3,7/10/1,09.

Toutes les plaques d'échantillons sont élaborées dans un moule métallique de dimension 20x20x2mm^3. Pour faciliter le démoulage les plaques après leur élaboration, un ruban adhésif en téflon est appliqué sur toute la surface du moule (*Figure 2.5*).

Figure 2.5.   Surface du moule recouverte par un ruban adhésif en téflon

2.1.4.2. *Mise en œuvre des échantillons*

Des mesures préalables ont été réalisées sur trois petits échantillons de plaques afin de déterminer les caractéristiques physiques moyennes suivantes.

- % en masse de fibres par la méthode de perte au feu : 28% ±0,7%

- Taux de porosité du composite par principe d'Archimède : 1,15%.

- Densité de la résine et du composite de 1,13 (±0,04) et 1,35 (±0,02) g/cm^3 respectivement (mesurée par un pycnomètre).

Les quantités respectives de DGEBA et DETA nécessaires pour faire une plaque de résine (20x20x2mm^3) sont de 82,42 g et 9,02 g. Pour une plaque de composite de même dimension, les quantités respectives de fibres de verre, DGEBA et DETA sont de 27,1, 73,3 et 8,02 g.

Pour la mise en œuvre des plaques de résine, la DGEBA et la DETA sont mélangées pendant 20 minutes pour obtenir un mélange homogène. Ce mélange est versé et étalé sur le moule puis mis dans une étuve pour la réticulation après dégazage pendant 15 minutes. Pour l'élaboration des plaques de composites, le processus est plus complexe. Après séchage, les fibres ensimées sont alignées et réparties régulièrement puis fixées sur le moule. Le mélange DGEBA/DETA est versé et étalé sur les fibres. Les bulles d'air pouvant être présentes dans la résine ainsi qu'entre les monofilaments et la résine un dégazage de 30 minutes à température ambiante est appliqué avant la mise à l'étuve selon le cycle thermique précisé au paragraphe suivant.

Des films de résine de 200 à 250 µm ont été réalisés avec différents ratios entre DGEBA et DETA. Le mélange est étalé sur une plaque de téflon et comprimé par une autre plaque de téflon avant d'être mis à l'étuve à 60°C pour la réticulation.

2.1.4.3. *Cycle de cuisson*

Comme nous l'avons vu dans le chapitre 1 (*Cf. 1.1.1. Formation du réseau époxy-amine*), le mécanisme de réticulation des réseaux époxy-amine se déroule en deux étapes : la première est une addition entre les amines primaires et les époxydes pour donner des amines secondaires et des alcools et la seconde entre les amines secondaires et les époxydes n'ayant pas réagis. La réticulation du mélange réactionnel de DGEBA/DETA a été suivie par analyse enthalpique différentielle et a permis de déterminer les deux températures des deux paliers de cuisson pour ces deux réactions des amines primaires puis secondaires selon la méthode de Tcharkhtchi [14] (*Figure 2.6*).

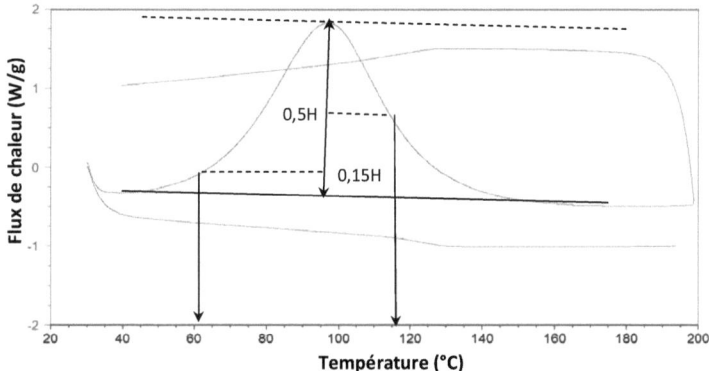

Figure 2.6.   *DSC du mélange réactionnels DGEBA/DETA (r= 1 ; 10°C/min).*

Sur le deuxième cycle, aucun pic exothermique n'est détectable, confirmant que la réticulation est bien complète dès la fin du premier passage. À partir du thermogramme précédent, les températures du premier et du second palier sont définies à 60°C et 120°C respectivement. Afin d'obtenir une réticulation complète, une étape de post-cuisson est nécessaire. Un compromis doit être trouvé entre degré de réticulation maximal et risque de dégradation thermique du réseau associé à une baisse de Tg [15]. Dans notre cas, la température de post-cuisson pour les plaques de composite est de 140°C, et celle de la résine, de 130°C suivant des durées précisées sur la *Figure 2.7*. Il s'agit dans les deux cas de la température maximale pour laquelle aucune oxydation n'est visible. Au-delà de ces températures, on observe un jaunissement des plaques.

Pour les films de résine hors stœchiométrie, les films sont mis à l'étuve pendant 1 heure à 130°C pour r = 1, 120°C pour r = 0,8 et 100°C pour r = 0,6 et r =0,4.

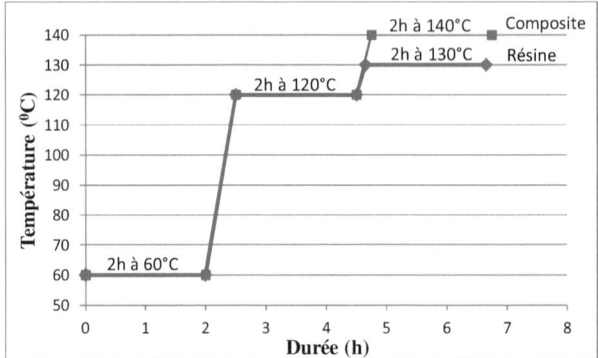

Figure 2.7.   Cycles de cuisson des plaques de résine et composite

La surface des plaques de composite et de résine qui n'est pas en contact avec le moule mais avec l'air sera désignée « surface exposée » (côté air). La surface en contact avec le moule sera, elle, dénommée « surface opposée » (côté moule) (*Figure 2.8.a*).

Au cours du vieillissement, des caractérisations ont été effectuées sur des couches successives d'une vingtaine de micromètres, en particulier sur les 5 premières couches de surface exposée et sur la 1ère couche de surface opposée (*Figure 2.8.b*). La méthode de prélèvement de ces couches est présentée dans la partie suivante.

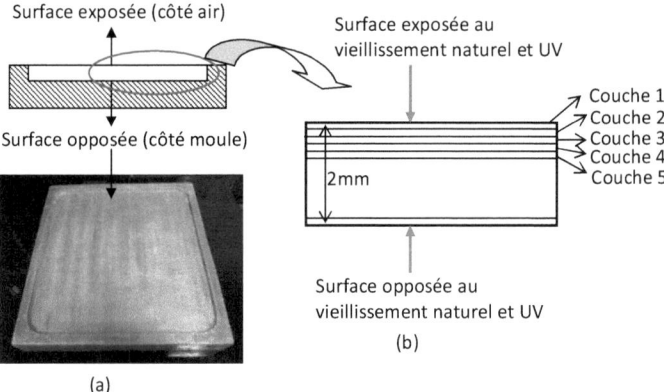

Figure 2.8.   Analyse par couche des deux surfaces obtenues sur les plaques moulées

2.2.   Présentation des techniques expérimentales

Cette seconde partie de chapitre est consacrée à la présentation des différentes techniques expérimentales auxquelles nous avons eu recours pour mener à bien notre étude. Des différents appareillages ont permis la caractérisation des systèmes résine et composite avant et au cours de vieillissement. Les moyens d'analyse sont classés selon la nature de leur caractérisation : chimique, mécanique, thermique…. Pour chacune de ces techniques, nous en rappellerons le principe et détaillerons les conditions d'essais choisies.

2.2.1. La méthode de prélèvement des couches

Au cours du vieillissement, le changement des propriétés du composite et de la résine est caractérisé soit sur les matériaux massifs soit en couches. Les couches ont été prélevées sous forme de copeaux à l'aide d'un scalpel sur une surface de quelques cm^2 de façon à rester le plus homogène possible en épaisseur. L'épaisseur (h_i) de chaque couche est calculée à partir de la masse volumique des matériaux et de la pesée des copeaux récupérés. La surface de l'échantillon (S_i) est mesurée sur la surface de la plaque à partir de la masse des poudres (m_i), de la masse volumique (ρ) du matériau, du volume (v_i) de la couche prélevée.

On peut calculer l'épaisseur de la couche (h_i) correspondante.

Équation 2-2   : $h_i = \dfrac{v_i}{S_i} = \dfrac{m_i}{\rho . S_i}$

2.2.2. Analyse physico-chimique

2.2.2.1. *Analyse physique*

➤ La masse volumique : La méthode basée sur le principe d'Archimède a été utilisée. Les échantillons de composite et de résine sont pesés à 23°C dans l'air (m_a) et dans un liquide à bon pouvoir mouillant de densité connue comme l'eau (à 23°C et 1 atm, ρ_{eau} = 0,998 g.cm^{-3}), (m_e). Les masses volumiques de la résine ρ_r et du composite ρ_c sont déterminées selon l'équation suivante (*Équation 2-3*) sur une moyenne de cinq échantillons.

Équation 2-3   : $\rho_{r\,ou\,c} = \rho_{eau} * \dfrac{m_a}{(m_a - m_e)}$

➤ Le taux de fibres: pour le composite à fibres de verre, le taux massique de renfort (Φ^p_f) est déterminé d'après *l'Équation 2-4* par la méthode de perte au feu selon la norme NFT 57- 102 ISO 1172.

Équation 2-4   : $\Phi^p_f = \dfrac{m_3 - m_1}{m_2 - m_1}$

Avec m_1 : la masse du récipient seul (g)

m_2 : la masse du récipient contenant l'échantillon (g)

m_3 : la masse du récipient contenant l'échantillon après calcination et refroidi (g)

Pour le taux volumique de renfort, Φ^v_f, on peut calculer cette valeur selon *l'Équation 2-5* après calcul du taux massique de renfort (Φ^p_f) et de la masse volumique de la matrice (ρ_m) (correspondant à la masse volumique de la résine):

Équation 2-5   : $\dfrac{1}{\Phi^v_f} = \dfrac{\rho_f}{\rho_m} * \dfrac{1}{\Phi^p_f - 1} + 1$

Avec ρ_f: masse volumique des fibres égale à 2,54g/cm^3.

La masse volumique théorique est calculée par l'*Équation 2-6* :

Équation 2-6   : $\rho_t = \Phi^v_f . \rho_f + (1 - \Phi^v_f) . \rho_m$

➤ Le taux de porosité ou le taux de vides: Cette valeur est déterminé en comparant la densité théorique et la densité réelle par la méthode des mesures de densité calculée selon la norme ASTM D2734 ou ISO 78522-A à partir de la masse volumique de la matrice (ρ_m), du renfort (ρ_f) et du composite (ρ_c) ainsi qu'à la fraction massique de fibres (Φ^p_f) selon l'*Équation 2-7*:

$$\text{Équation 2-7} \quad : \quad \Phi_{\text{vides}} = 1 - \rho_c * \left(\frac{\Phi^p_f}{\rho_f} + \frac{1 - \Phi^p_f}{\rho_m} \right)$$

Cette méthode n'est qu'applicable qu'aux taux de porosité supérieurs à 1%, dans le cas inverse elle donne souvent des valeurs négatives.

➢ Les morphologies des plaques composites sont déterminées par microscopie optique.

➢ Les surfaces perpendiculaires aux monofilaments de composite et les surfaces exposées de composite et de résine ont également été observées au moyen d'un microscope électronique à balayage (MEB). Dans notre travail, un MEB de marque ZEISS de type Supra 40VP est utilisé, associé au logiciel d'analyse d'image «SMARTSEM». Les tranches de composites sens transverse à la surface d'environ 10x2mm² sont découpées, enrobées dans une résine et polies à l'aide de différents disques de rugosités différentes jusqu'au feutre avec une pâte diamantée de 1µm. Pour la surface exposée, des échantillons d'environ 1cm² sont prélevés dans les plaques. Les surfaces sont préalablement métallisées à l'or et analysées avec des tensions d'accélération comprises entre 3 et 10kV.

➢ La stabilité thermique des échantillons de composite et de résine au cours du vieillissement, a été étudiée par analyse thermogravimétrique (ATG) à l'aide d'un appareil DSC-TGA Q600 de TA Instruments. Des échantillons massifs (pour les films de résine) ou en couche (pour les plaques composites et résines seule) de 10mg environ sont prélevés à partir des plaques et placés dans un creuset en alumine. Les échantillons ont été chauffés à une vitesse de rampe de 10°C/min sur une plage de température de 30°C jusqu'à 700°C. Les analyses sont effectuées sous un flux d'air avec un débit de 100 ml/min.

2.2.2.2. *Analyse chimique*

La composition chimique du composite et de la résine à l'état initial ainsi que leurs évolutions au cours de vieillissement ont été déterminées par Spectroscopie Infrarouge à Transformée de Fourier (IRTF).

Dans cette étude, un spectromètre IRTF Nexus de ThermoNicolet a été utilisé pour étudier les évolutions physicochimiques en fonction de l'épaisseur et du temps pendant le vieillissement. Le traitement informatique se fait à l'aide du logiciel OMNIC. Les mesures sont réalisées sur les couches dont les copeaux ont été dispersés dans une pastille de KBr. Ces échantillons ont été prélevés sur la surface exposée et la surface opposée de plaques de composite et de résine à l'état initial ainsi qu'après différentes étapes de vieillissement. Les spectres ont été mesurés entre 4000cm⁻¹ à 400cm⁻¹ avec 64 balayages et une résolution de 8cm⁻¹.

2.2.3. Essais mécaniques - Flexion trois points

Les essais de flexion trois points ont été réalisés sur des éprouvettes de résine seule ainsi que sur le composite à l'aide d'une machine MTS DY35 équipée d'une cellule de force de 20kN selon la norme NF EN 2746. Les éprouvettes de 40x15x2 mm³ ont été découpées à la scie diamantée perpendiculairement aux fibres pour les composites. La distance entre appuis est fixée à seize fois l'épaisseur soit 32 mm, et l'éprouvette est sollicitée à une vitesse d'essai constante de 1mm/min. Les courbes de charge/déplacement et les résultats comme le module d'élasticité, la contrainte à rupture, l'allongement à rupture et la déformation à rupture ont été enregistrées et analysées à l'aide de logiciel MTS TestWorks® 4. Chaque résultat d'essai est une moyenne sur cinq éprouvettes.

2.2.4. Analyse de la mobilité moléculaire

2.2.4.1. Calorimétries différentielles à balayage (DSC)

L'appareil utilisé est une DSC Q100 de TA Instruments. Les échantillons d'environ 5mg en poudre ou en film sont placés dans des creusets standards en aluminium. Pour déterminer l'enthalpie différentielle du mélange réactionnel, les échantillons liquides sont mis dans des creusets hermétiques. Les mesures seront réalisées sous atmosphère inerte (flux d'azote) avec un débit de 50ml/min qui balaye la cellule de mesure tout au long des cycles thermiques. La vitesse de chauffage est de 20°C/min sur un domaine de température de 30°C à 200°C. Pour éliminer l'effet de la relaxation, la température de transition vitreuse est déterminée au deuxième cycle.

2.2.4.2. Analyse mécanique dynamique (DMA)

Le dispositif utilisé est un DMA 2980 de TA Instruments. Les éprouvettes de dimension 40x10x2mm^3 ont été découpées par la scie diamantée perpendiculairement à l'axe des fibres (*Figure 2.9*) afin de solliciter au maximum les zones interfaciales pour le cas de composites. Le mode de flexion en simple poutre encastrée (« single cantilever ») a également été utilisé (*Figure 2.9*). Les essais sont effectués sur une gamme de température allant de 30°C à 180°C pour une fréquence fixe à 1Hz (conditions isochrones) avec une vitesse de chauffage de 2°C/min pour éviter les gradients thermiques dans l'échantillon [11, 16]. De plus, pour rester dans le domaine viscoélastique linéaire, la déformation appliquée a été déterminée à 7μm par un balayage en amplitude à 1 Hz à température ambiante. Afin de limiter la dispersion[17], le serrage des mors est effectué avec une clef dynamométrique.

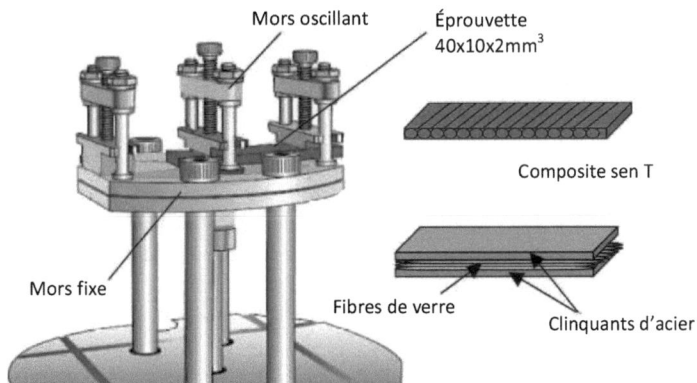

Figure 2.9.   *Schéma du montage simple poutre encastrée pour le DMA 2980*

2.2.4.3. *Microscopie à force atomique (AFM)*

Afin de caractériser des évolutions de propriétés mécaniques locales en surface ou aux interfaces entre les fibres et la matrice, des mesures de Microscopie à Force Atomique (AFM) ont été effectuées en mode force sur des images préalablement obtenues en contact intermittent. Ces mesures ont été réalisées sur un multimode Nanoscope V (BRUKER AXS) avec un scanner de type 8610 JVLR. Les sondes de contact intermittent (tapping) de type RTESP de BRUKER ont été utilisées pour les mesures de force. Les raideurs de leviers se situent autour de 40 N/m. Chaque levier est systématiquement calibré en raideur sur un wafer en silicium. Une première rampe en force permet de convertir la déflection mesurée en volt sur le photodétecteur en nanomètres. La procédure automatisée de détection du bruit thermique permet ensuite de convertir cette déflection en nanomètre en force (nanoNewtons). À partir de la mesure de la pente (domaine élastique linéaire) sur les courbes force-déplacement, la raideur apparente k_{app} peut être liée à la raideur de l'échantillon k_e à partir de l'équation suivante [18]:

$$k_e = \frac{k_c . k_{app}}{k_c - k_{app}}$$

La pointe de la sonde AFM étant assimilée à une pointe sphérique élastique et en négligeant les phénomènes d'adhésion, le modèle de Hertz permet de donner une estimation du module élastique de la surface à partir de rampes en force [19].

$$k_e = \frac{3}{2} a E_{tot} \quad \text{avec } a = \left(\frac{R.F}{E_{TOT}}\right)^{1/3}$$

où a est le rayon de contact pointe-échantillon sous l'action d'une F et E_{tot} est le module d'Young total donné par :

$$\frac{1}{E_{TOT}} = \frac{3}{4}\left(\frac{1 - v_s^2}{E_s} + \frac{1 - v_t^2}{E_t}\right)$$

Où, v_p, E_p, v_e et E_e sont les coefficients de Poisson et modules d'Young respectifs de la pointe et de l'échantillon. Lorsque l'on étudie des échantillons de type polymères rigides, la pointe étant beaucoup plus rigide que l'échantillon, l'équation précédente se réduit à :

$$\frac{1}{E_{TOT}} \cong \frac{3}{4}\left(\frac{1 - v_e^2}{E_e}\right)$$

et finalement :
$$E_e \cong \frac{3}{4}(1 - v_e^2)\left(\frac{2k_e}{3}\right)^{3/2}\frac{1}{\sqrt{R.F}}$$

2.3.   Mise en œuvre des vieillissements artificiels et naturel

Le vieillissement naturel des polymères est un processus très complexe et influencé par plusieurs éléments : la température, l'humidité, l'énergie de solaire, les pluies et les polluants atmosphériques... Parmi ces paramètres, l'humidité et l'énergie solaire (principalement le rayonnement ultraviolet) sont les deux éléments importants au cours du vieillissement naturel. Deux types de vieillissement artificiel basés sur le vieillissement hygrothermique (HT) et le vieillissement ultraviolet (UV) ont donc été choisis afin d'identifier les mécanismes et cinétiques de vieillissement propres à ces deux types de sollicitation avant de les comparer aux effets du vieillissement naturel. Les conditions des deux types de vieillissement artificiel doivent être choisies afin d'accélérer ces phénomènes sans modifier la nature et la cinétique des mécanismes qui les composent. Dans cette dernière partie de chapitre, nous détaillerons les conditions des deux types vieillissement artificiel accéléré ainsi que celles du vieillissement naturel.

2.3.1. Mise en œuvre du vieillissement hygrothermique (HT)

Dans le but d'étudier uniquement les interactions de l'eau avec la résine seule et avec le matériau composite, nous avons choisi de travailler dans les conditions de vieillissement humide de la norme NF EN 2823 [20], soit une température de 70°C et une humidité relative de 85%HR. L'appareil utilisé dans notre étude pour la mise en œuvre du vieillissement hygrothermique est une enceinte climatique de CTS C-20/200. Les plaques de composite et de résine seule de taille 200x200x2mm^3 sont exposées dans la chambre de ce dispositif. L'épaisseur des plaques est faible comparée à la longueur et la largeur pour pouvoir négliger les effets de bords. Les prélèvements pour la résine et le composite ont été effectués à 1, 2, 4 et 6 semaines. Pour les films de résine réalisés hors stœchiométrie, les prélèvements étaient de 2, 4 et 6 semaines.

2.3.2. Mise en œuvre du vieillissement ultraviolet (UV)

Afin d'estimer l'influence de l'irradiation UV sur la résine ainsi que le matériau composite, nous avons réalisé un vieillissement UV sur les plaques et les films de ces matériaux dans une enceinte de vieillissement accéléré QUV de modèle QUV/spray (*Figure 2.10*). Ce dispositif permet de simuler les dégâts occasionnés par le vieillissement UV grâce à 8 lampes UV. Plusieurs types de lampe existent et peuvent être utilisés sur cette enceinte. Des lampes UV de type UVA-340 ont été choisies. Elles émettent à 340 nm, et reproduisent correctement le rayonnement solaire entre 365 nm et 295 nm, permettant une bonne corrélation avec le vieillissement naturel. Par contre, ce type de lampe a un effet de dégradation moins rapide qu'avec les UVB [21].

Figure 2.10.   Dispositif du vieillissement UV artificiel

Les plaques de composite et de résine seule sont coupées selon la dimension des porte-échantillons (75x300mm², 75x150mm² et 150x150mm²) et fixées sur les supports d'éprouvette. Les surfaces « exposées » (côté air) des plaques sont exposées aux UV. L'irradiation est fixée à 0,77W/m²/nm. La température au cours du vieillissement est maintenue à 45°C. Les prélèvements ont été effectués à 3, 7, 15, 30 et 60 jours. Pour les films de résine, les conditions de mise en œuvre de vieillissement UV sont similaires et les prélèvements effectués à 7, 15, 21 et 30 jours.

2.3.3. Mise en œuvre du vieillissement naturel

Le vieillissement naturel a été étudié dans les conditions de Danang au Vietnam (*Figure 2.11*). Le Vietnam est une bande de terre dont la configuration rappelle la lettre S de 8°27' à 23°23'N. Situé au centre de l'Asie du sud-est, il est bordé au nord par la Chine, à l'ouest par le Laos et le Cambodge, et s'ouvre à l'est et au sud sur la mer Orientale et l'Océan Pacifique. Il se trouve dans une région de climat tropical et subtropical, avec des moussons, beaucoup d'ensoleillement, un abondant volume pluviométrique et une grande humidité.

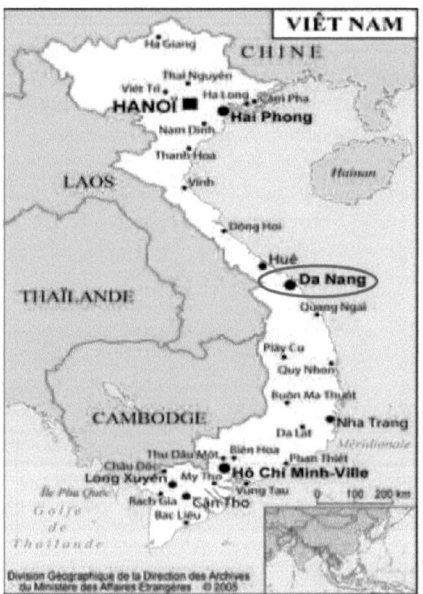

Figure 2.11.   Carte géographique du Vietnam et situation de Danang

La ville de Danang est située au centre du Vietnam (approximativement à 16°10'N) où 2 saisons nettes sont rencontrées, une saison sèche de février à août et une saison des pluies de septembre à janvier. La température moyenne annuelle est de 25,9°C ; les plus élevées en juin, juillet et août, sont en moyenne de 28°C à 30°C ; les plus basses en décembre, janvier et février, avec une moyenne de 18°C à 23°C. L'ensoleillement moyen dans l'année est de 2156, heures, les mois les plus ensoleillés (mai) présentant des valeurs moyennes de 234 à 277 heures par mois; les moins ensoleillés (novembre, décembre), de 69 à 165 heures par mois [22]. L'énergie solaire moyenne annuelle à Danang est de 6424MJ/m^2 par rapport à 6011MJ/m^2 à Toulon [23]. Les données d'hygrométrie ainsi que d'énergie solaire à Danang-Vietnam sont récapitulées dans le *Tableau 2.5.*

Tableau 2.5.   Les données d'hydrométrie et d'énergie solaire à Danang-Vietnam

Mois	Jan	Fév.	Mar	Avr	Mai	Juin	Juil.	Août	Sept	Oct.	Nov.	Déc.	Moyen
HR (%)	85,6	85	84,6	83,1	80,2	76,5	75,2	77,5	83	85,4	85,5	85,8	82,3
T_{max} (°C)	24,7	26,1	28,1	30,8	33,1	34,5	34,2	33,9	31,6	28,8	27,1	25,1	29,8
T_{min} (°C)	18,8	19,7	21,3	23,1	24,6	25,3	25,2	24,9	24	22,9	21,6	19,7	22,6
$E_{solaire}$ (MJ/m^2/j)	13,03	15,52	17,96	21,35	22,72	22,21	21,89	21,02	17,75	14,04	12,64	10,58	17,6

De plus, pour un site donné, le flux énergétique va dépendre de l'orientation de la surface exposée. Pour les essais de vieillissement naturel, les normes préconisent une inclinaison de la surface exposée de 45° face au sud sous nos latitudes [24, 25]. Les plaques de matériau de composite et résine sont donc fixées sur un support métallique incliné 45°C et sont exposées plein sud sur le toit du bâtiment (*Figure 2.12*).

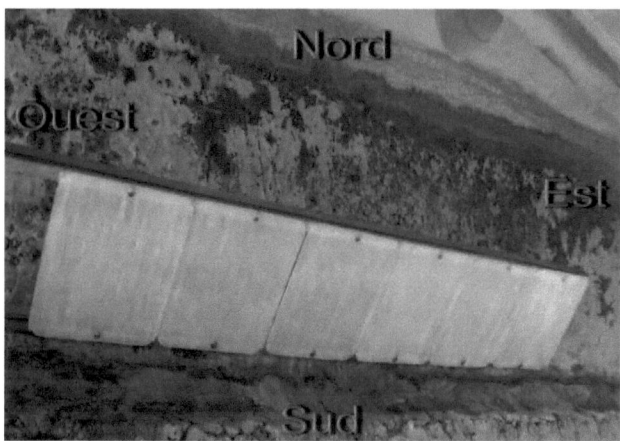

Figure 2.12.   Schéma d'exposition des plaques matériaux soumises au vieillissement naturel

Les surfaces « exposées » (côté air) des plaques matériaux sont exposées au cours du vieillissement naturel. Les plaques ont été prélevées à 2, 4, 8, 12 et 19 mois pour le composite et à 2, 3, 4 et 8 mois pour la résine. La *Figure 2.13* présente le programme d'exposition et de prélèvement au cours du vieillissement naturel pour le composite (a) et la résine (b) :

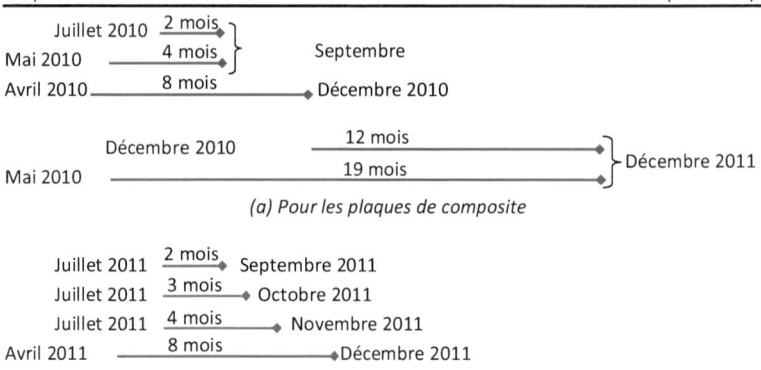

(a) Pour les plaques de composite

(b) Pour les plaques de résine seule

Figure 2.13.   Plan du temps de vieillissement naturel

2.4.   Conclusion

La première partie de ce chapitre nous a permis de présenter les matériaux utilisés dans le cadre de notre étude ainsi que le protocole pour élaborer les plaques d'échantillon. La présence de l'ensimage a été montrée par DMA et ATG permettant par ailleurs d'optimiser le séchage des fibres avant d'élaborer les plaques de composite. Du fait de la mise en œuvre par moulage, les deux surfaces, exposée (côté air) et opposée (côté moule) doivent être identifiées et caractérisées finement. Une technique de prélèvement de couches successives d'une épaisseur voisine de 20-30µm a été mise au point et sera utilisée pour suivre les effets de vieillissement sur les surfaces. Les différentes techniques de caractérisation décrites dans la seconde partie doivent permettre d'analyser le matériau à différentes échelles à l'état initial et à chaque étape des vieillissements dont les conditions ont été détaillées dans la dernière partie.

Références bibliographiques du chapitre 2

1. F. Delor-Jestin, D. Drouin, P.-Y. Cheval, J. Lacoste, *Thermal and photochemical ageing of epoxy resin - Influence of curing agents.* Polymer degradation and stability, 2006. **91**: p. 1247-1255.

2. G. Zhang, W. G. Pitt, S. R. Goates, and N. L. Owen, *Studies on oxidative photodegradation of epoxy resins by IR-ATR spectroscopy.* Journal of Applied Polymer Science, 1994. **54**: p. 419-427.

3. Aziz Rezig, Tinh Nguyen, David Martin, Lipiin Sung, Xiaohong Gu, Joan Jasmin, and Jonathan W. Martin, *Relationship between chemical degradation and thickness loss of an amine-cured epoxy coating exposed to different UV environments.* JCT Research, 2006. **3**(3): p. 173-184.

4. Bénédicte Mailhot, Sandrine Morlat-Thérias, Mélanie Ouahioune, Jean-Luc Gardette, *Study of the Degradation of an Epoxy/Amine Resin. 1. Photo- and Thermo-Chemical Mechanisms.* Macromolecular Chemistry and Physics, 2005. **206**: p. 575-584.

5. *http://en.wikipedia.org/wiki/Infrared_spectroscopy_correlation_table.*

6. Lionel Gay, *Étude physico-chimique et caractérisation mécanique du vieillissement photochimique d'une résine époxy.* Thèse de doctorat de l'École Nationale Supérieure des Arts et Métiers, 1984.

7. W. Possart, C.B., and B. Valeske, *The influence of the mechanical pretreatment on the polymer structure of adhesive bonds.* In Euadh'2000, Lyon, 18 au 21 Septembre 2000.

8. W. Possart, C.B., and D. Fata, *Durability and ageing in epoxy films on aluminium - new aspects.* In 26th annual meeting of the adhesion society, South Carolina, USA, 23-26 février 2003: p. 130-132.

9. G. Possart, M.P., S. Passlack, et al., *Micro-macro characterisation of DGEBA-based epoxies as a preliminary to polymer interphase modelling.* International Journal of Adhesion & Adhesives, 2009. **29**: p. 478-487.

10. C. Barrère et F. DalMaso, *Résines époxy réticulées par des polyamines-structure et propriétés.* Revue de l'Institut Français du Pétrole, 1997. **52**: p. p.317-335.

11. Barrère-Trica, C., *Relation entre les propriétés de la résine et le phénomène de perlage de tubes composites verre - époxy.* Thèse de doctorat (Chimie et physico-chimie des polymères) de l'Université de Paris VI, 1998.

12. Philippe Zinck, *De la caractérisation micromécanique du vieillissement hydrothermique des interphases polyépoxydes-fibres de verre au comportement du composite unidirectionnel. Relations entre les échelles micro et macro.* Thèse de doctorat de l'INSA de Lyon, 1999.

13. Filiberto González Garcia, Bluma G. Soares, Victor J. R. R. Pita, Rubén Sánchez, Jacques Rieumont, *Mechanical Properties of Epoxy Networks Based on DGEBA and Aliphatic Amines.* Journal of Applied Polymer Science, 2007. **106**(3): p. 2047–2055.

14. A. Tcharkhtchi, P. Y. Bronnec, J. Verdu, *Water absorption characteristics of diglycidylether of butanediol-3,5-diethyl-2,4-diaminotoluene networks.* Polymer, 2000. **41**: p. 5777-5785.

15. K. P. Pang, J. K. Gillham, *Competition between cure and thermal degradation in a high Tg epoxy system : effect of time and temperature of isothermal cure on the glass transition temperature.* Journal of Applied Polymer Science, 1990. **39**(4): p. 909-933.

16. S. Mallarino, *Caractérisation physico-chimique des interfaces des composites cyanate/ fibre de verre-D.* Thèse de doctorat de l'Université du Sud Toulon Var, 2004.

17. S. Keusch, R. Haessler, *Influence of surface treatment of glass fibres on the dynamic mechanical properties of epoxy resin composites.* Composites: Part A, 1999. **30**: p. 997-1002.

18. Hans-Jürgen Butt, Brunero Cappella, Michael Kappl, *Force measurements with the atomic force microscope: Technique, interpretation and application.* Surface Science Reports, 2005. **59**(1-6): p. 1-152.

19. Jeffrey L. Hutter, John Bechhoefer, *Calibration of atomic-force microscope tips.* Review of Scientific Instruments, 1993. **64**(7): p. 1868.

20. AFNOR, *Norme française L 17-456 équivalente à la norme européenne EN 2823*. Série aérospatiale: Plastique renforcés de fibres, Méthode d'essai pour la détermination de l'influence de l'exposition à l'atmosphère humide sur les caractéristiques mécaniques et physiques, 1992: p. 1-8.

21. C. Merlatti, A. Margaillan, *Mode opératoire: Essais de vieillissements artificiels en enceinte QUV.* ISITV-SIM, 2005.

22. *http://www.danang.gov.vn/TabID/65/CID/627/ItemID/2206/default.aspx*.

23. *Logiciel RETScreen Plus, fournir par Ministre des Ressources naturelles Canada avec la coordination des NASA, UNEP, GEF et reeep.*

24. Jacques Verdu, *Différents types de vieillissement chimique des plastiques.* Techniques de l'Ingénieur, traité Plastiques et Composites. **AM 3 152**: p. 1-14.

25. Michel Labrosse, *Plastiques. Essais normalisés - Essais d'environnement.* Sciences et Techniques de l'ingénieur, traité Plastiques et Composites, 1996. **A 3 521**: p. 1-11.

CHAPITRE 3

CHAPITRE 3. MORPHOLOGIE ET STRUCTURE DU RESEAU EPOXY-AMINE AVANT VIEILLISSEMENT

Ce chapitre est consacré à l'identification et à la caractérisation de la résine seule et du composite dans leur état initial avant tout vieillissement. Cette étape est bien entendu déterminante si on veut déterminer les propriétés initiales de nos matériaux pour ensuite suivre leurs évolutions. Mais elle est également primordiale pour connaitre la morphologie et la structure de départ qui va jouer un rôle important sur le comportement du matériau au cours du vieillissement. En particulier, si la majorité des études de vieillissement des époxy-amines portent sur des systèmes parfaitement réticulées [1-4], il est établi qu'un excès ou un défaut de durcisseur influence la résistance du matériau vis-à-vis du vieillissement photochimique ou hygrothermique [5], [6], [7]. La présence de porosités risque également de modifier de manière non négligeable le comportement, en milieu humide notamment. Les échantillons ont donc systématiquement été analysés, à différentes échelles avant vieillissement.

3.1. Etat initial de la résine seule

La première partie consiste à identifier et caractériser précisément le système époxy-amine après réticulation, indépendamment de tout élément de renfort. Pour cela des échantillons de résine élaborés dans les mêmes conditions que les composites sont utilisés (*Cf. § 2.1.4. Protocole d'élaboration des plaques de composite et de résine*).

3.1.1. Propriétés de la résine caractérisée à l'état massif

La masse volumique de la résine déterminée selon le principe d'Archimède décrit précédemment (*Cf. § 2.2.2. Analyse physico-chimique*) est de 1,2 g/cm^3 avec un écart-type de 0,01.

Tableau 3.1.   *Données caractéristiques de la résine à l'état initial*

Propriétés physiques	Valeur	Écart type
Masse volumique (g/cm^3)	1,2	0,01
Taux de porosité (%)	-	-

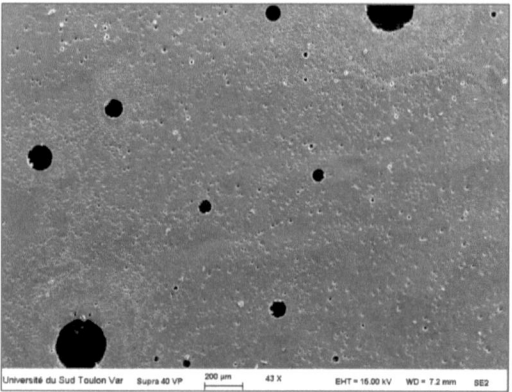

Figure 3.1.   Cliché MEB de la surface côté air à l'état initial de la résine

3.1.1.1. Propriétés thermiques

L'analyse thermogravimétrique (*Figure 3.2*) montre que la résine est stable jusqu'à environ 250°C, puis se dégrade progressivement en trois étapes jusqu'à la dégradation complète du matériau à 650°C.

De nombreux travaux sur la stabilité thermique de systèmes à base d'époxyde permettent de préciser les phénomènes associés à ces différentes étapes [8], [9], [10], [11], [12]. Il est possible de distinguer la perte de masse due à l'évaporation de l'eau libre ou faiblement liée pour des températures comprises entre 50 et 200°C, puis celle due à l'eau liée entre 200 et 300°C. Au-delà, la perte de masse est assimilée à la décomposition de la résine qui se produit généralement en deux étapes. Une première perte de masse à environ 280-320°C peut être expliquée par la dégradation du groupe hydroxyle secondaire de la chaîne propyle de résine époxy pour former des oléfines [13]. Dans la deuxième étape, le pic autour de 369°C est attribuée à la dégradation du groupe bisphénol-A [14]. La perte de masse importante se produisant dans la gamme 365-390°C, correspond à la perte de masse du groupe de bisphénol-A [13], et celle se produisant autour de 440-580°C peut être due à la rupture des liaisons du groupe méthylène [15]. La dernière étape de la dégradation ayant lieu au-delà de 600°C peut être attribuée à la thermo-oxydation des réactions [15].

La stabilité thermique de notre résine et son mode de dégradation semblent donc conformes à ce que l'on trouve dans la littérature pour ce type de systèmes.

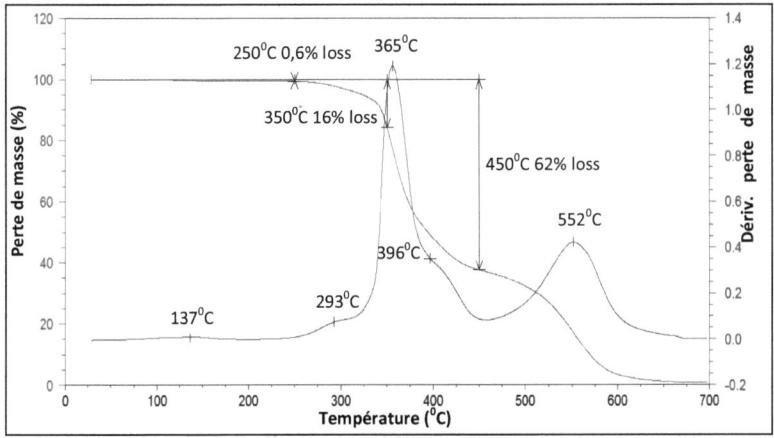

Figure 3.2.   Thermogramme ATG de la résine à l'état initial (ATG, 10°C/min, sous air à 100ml/min).

3.1.1.2. Propriétés mécaniques dynamiques

Afin de caractériser le réseau formé en termes de morphologie de réticulation, une analyse mécanique dynamique a été réalisée sur un barreau de résine prélevé dans les plaques moulées. Seul le spectre de tan δ est analysé ici.

Le spectre montre un pic de relaxation principal autour de 136°C avec la présence d'un épaulement aux basses températures (*Figure 3.3*). Celui-ci indique que la distribution des entités relaxantes n'est pas homogène dans le volume de matière sollicité, et par conséquent que le réseau formé ne l'est pas non plus.

En modélisant la relaxation principale sous une forme gaussienne à l'aide du logiciel Origin, cet épaulement semble traduire, non pas un pic supplémentaire, mais une somme de relaxations. La relaxation de notre échantillon de résine s'étendrait donc de 110°C à 155°C environ, avec un maximum autour de 136°C. Si ce dernier traduit la relaxation du réseau parfaitement réticulé, une partie du matériau, relaxant entre 75°C et 120°C environ, serait donc **sous réticulé**.

Cette distribution des entités relaxantes peut être répartie de deux manières : soit il y a un réseau à la densité de réticulation hétérogène, mais répartie de manière aléatoire dans le volume, soit il y a un gradient de réticulation dans l'épaisseur.

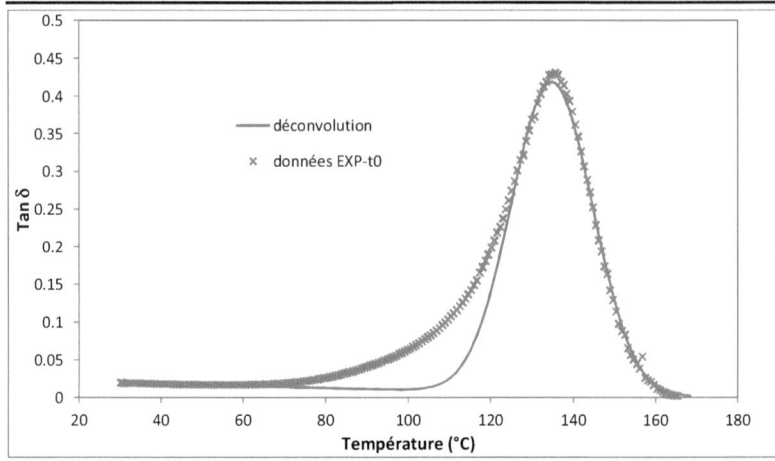

Figure 3.3.   Spectre de relaxation de la résine avant séchage (DMA, 1Hz, 7μm, 2⁰C/min) et
déconvolution (Origin) du pic principal.

3.1.1.3. Influence du séchage

La *Figure 3.4* ci-dessous montre l'évolution de la relaxation principale de la résine entre son élaboration et après un séchage de 7 jours à 60°C, sous vide. Sur cette figure, la légère augmentation du maximum du pic de tan delta peut facilement s'expliquer par la déplastification due au séchage. En effet, les molécules d'eau présentes lors de l'élaboration de la résine plastifient légèrement le réseau, leur élimination permet donc de rétablir des liaisons faibles inter-chaînes ce qui aboutit à une diminution de la mobilité moléculaire. L'élargissement du pic de tan delta vers les hautes températures va également dans ce sens. De plus, l'épaulement aux basses températures n'évolue absolument pas après séchage. Cette partie du réseau, pourtant sous-réticulée, ne semble donc pas absorber plus d'eau que le réseau bien réticulé.

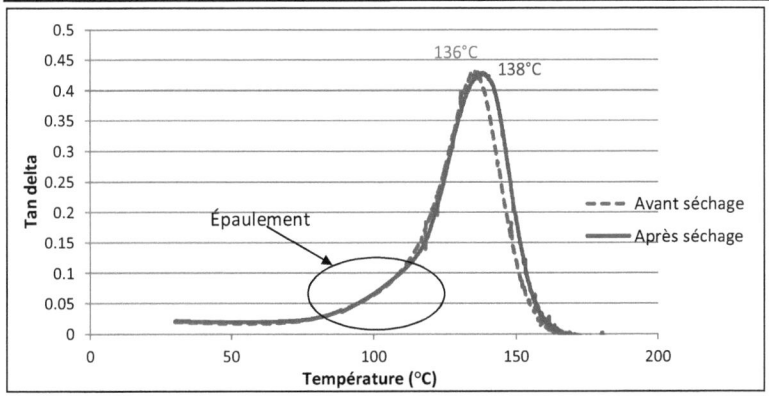

Figure 3.4.   Evolution de la relaxation principale de la résine avant et après séchage de 7 jours à 600C (DMA, 1Hz, 7µm, 2⁰C/min).

3.1.1.4. *Propriétés mécaniques de la résine*

Les plaques de résine ont été caractérisées en flexion 3 points. Le comportement est élastique avec une faible déformation plastique.

Les caractéristiques sont données dans le tableau suivant :

Tableau 3.2.   *Caractéristiques de la résine en flexion 3 points*

Module (MPa)	Contrainte à rupture (MPa)	Déformation à rupture (%)
1423 (±192)	59 (±17)	4,5 (±1,8)

3.1.2.   Distribution des propriétés de la résine dans l'épaisseur

Afin de confirmer l'hypothèse d'hétérogénéité du réseau et de préciser la nature des matériaux étudiés, les échantillons de résine ont été analysés par strates, selon la méthode décrite au chapitre 2. Des couches successives de 20 à 40 µm d'épaisseur, découpées à partir des surfaces côté air ou côté moule lors de la mise en œuvre, ont été caractérisées par DSC et IRTF afin de mettre en évidence d'éventuels gradients de propriétés thermiques ou de structure chimique dans l'épaisseur des échantillons.

3.1.2.1. *Calorimétrie différentielle à balayage (DSC)*

La *Figure 3.5* représente l'évolution de Tg (avec un écart-type de 2^0C) en fonction de la distance par rapport à la surface de l'échantillon. Afin d'éliminer l'effet de relaxation de contrainte présent au premier passage, les valeurs de Tg représentées ici sont celles obtenues au second passage.

On constate une très nette évolution de Tg qui varie entre 98°C pour la 1ère couche en contact avec l'air jusqu'à 123°C à environ 180 µm en profondeur. Pour la couche de surface opposée (face inférieure, côté moule lors de la mise en œuvre), la valeur de Tg mesurée est de 134^{0}C (± 2°C). Cette évolution peut s'expliquer par un gradient de réticulation dans l'épaisseur de l'échantillon, cohérent avec l'épaulement à basse température observé en DMA. Cet épaulement traduit donc bien la relaxation du réseau présentant un gradient de réticulation du côté air des plaques, et la DSC permet de localiser ce réseau et de préciser ses dimensions.

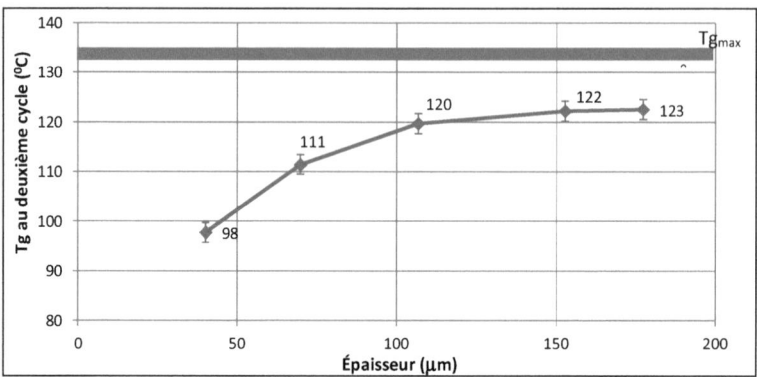

Figure 3.5.   *Variation de Tg en fonction de la distance par rapport à la surface supérieure des échantillons de résine.*

Le réseau formé lors de la mise en œuvre des plaques de résine n'est pas homogène et il existe une zone sous réticulée sur la surface supérieure (côté air) des plaques de résine.

3.1.2.2. Spectroscopie infrarouge à transformée de Fourier (IRTF)

L'objectif est ici de déterminer la nature chimique de la résine, en particulier celle de la couche de la surface coté air, afin d'expliquer ce phénomène de sous-réticulation mis en évidence dans le paragraphe précédent. Pour cela, les copeaux issus de chaque strate et déjà caractérisés par DSC ont été dispersés dans des pastilles de KBr qui sont ensuite analysées en transmission.

Pour l'analyse des spectrogrammes, nous avons choisi comme référence la bande d'absorption à 1512 cm^{-1}, caractéristique de la vibration de déformation des liaisons doubles C=C du cycle aromatique phényle.

Lors de la réaction totale entre les groupements oxirannes du prépolymère et les groupements amines du durcisseur, la polyaddition doit être associée à la disparition de la bande d'absorption due aux groupements oxirannes située à 915 cm^{-1}. Or, l'intensité de la bande à 915 cm^{-1} varie en fonction de la couche caractérisée, donc de la profondeur par rapport à la surface (*Figure 3.6*).

L'existence de cette bande sur les thermogrammes des deux ou trois premières strates montre que des cycles oxirannes sont toujours présents dans le matériau, en quantité décroissante depuis la surface jusqu'à environ 150 µm de profondeur. En revanche, du côté opposé à l'air lors de la mise en œuvre (face contre moule), et où la température de transition vitreuse est maximale (Tg=136^{0}C), la bande des oxirannes est inexistante. Les groupements époxy sont donc probablement tous consommés dans les réactions de réticulation avec les amines.

La *Figure 3.7* représente la diminution de l'intensité de ces pics par rapport à la référence à 1512 cm^{-1} (h$_{915}$/h$_{1512}$) en fonction de la distance par rapport à la surface de l'échantillon.

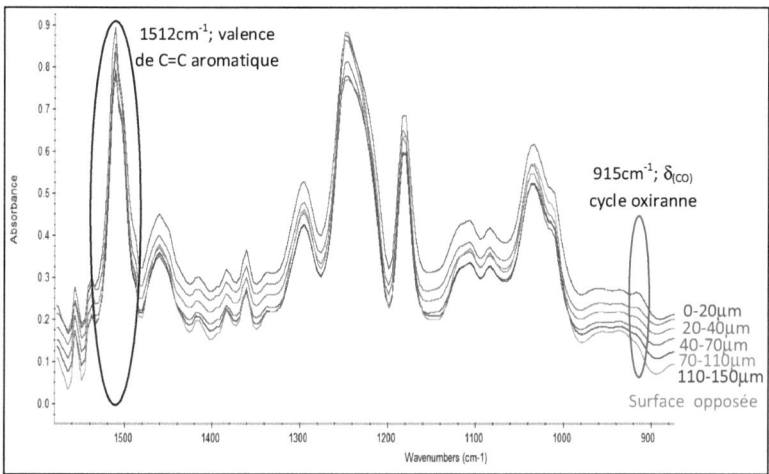

Figure 3.6.   *Évolution de la bande oxiranne en fonction de la profondeur à laquelle elle est mesurée dans l'épaisseur de la résine à l'état initial.*

Compte tenu du fait que le mélange amine/époxy initial est stœchiométrique, les différences observées entre le côté moule et le côté surface supérieure en termes de Tg et d'excès d'oxiranne indiquent un défaut d'amine à la surface de l'échantillon. Celui-ci pourrait provenir soit d'une évaporation de la DETA, soit de la consommation d'une partie de celle-ci dans une autre réaction, soit encore d'une décantation de l'amine au moment de la mise en œuvre. Cette dernière hypothèse est peu probable dans la mesure où la masse volumique de l'amine est très voisine de celle de l'époxy. Par ailleurs, on n'observe pas de bande amine sur le spectrogramme IRTF de la face opposée.

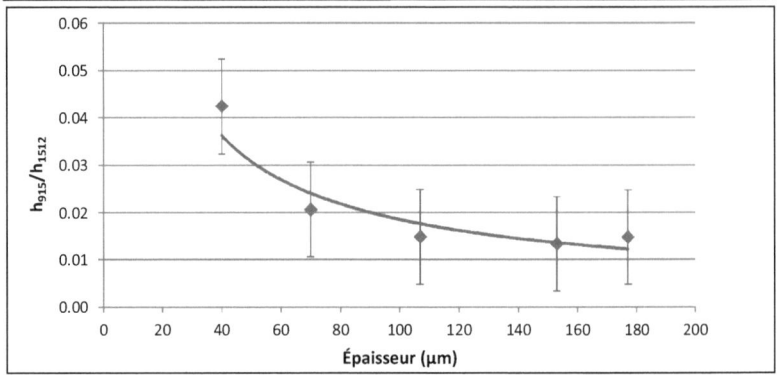

Figure 3.7.   Variation de l'intensité des bandes oxirannes à 915 cm^{-1} en fonction de la distance à la surface de l'échantillon.

Une consommation partielle de l'amine pourrait avoir lieu avant la polyaddition par une réaction chimique entre l'amine et le CO_2 de l'air, ce qui formerait des sels amine-carbonate [16], [7]. Néanmoins, une décarbonatation doit se produire au-dessus de 80^{0}C [16] reformant ainsi des amines. Dans notre cas, le cycle de cuisson à 120^{0}C rend caduque cette explication.

La première hypothèse semble donc la plus probable. En effet, en se référant aux données toxicologiques [17], il apparaît que la DETA présente un point éclair relativement faible (autour de 102°C à pression atmosphérique) et une faible tension de vapeur (30 Pa à 20°C). L'évaporation de durcisseur de type amine a par ailleurs déjà été évoquée dans la littérature pour expliquer des phénomènes de sous-réticulation locale d'une matrice époxyde [18].

Une partie de la DETA s'évapore donc avant la réticulation totale de la résine. Ceci crée un déficit d'amine décroissant dans le matériau depuis la surface coté air, donc un gradient de réticulation dans une couche représentant 10% environ de l'épaisseur des échantillons.

3.1.3.   Propriétés de la résine en film mince

Pour appréhender les effets du vieillissement sur notre système époxy-amine, il est nécessaire de valider l'influence du taux de réticulation sur le vieillissement, notamment lorsqu'il y a excès d'oxirannes. Pour cela, des films de résine d'épaisseurs comprises entre 200 et 250 µm ont été élaborés avec différents ratios amine/époxy (r= 0,4 ; 0,6 ; 0,8 et 1) définis de la manière suivante :

$$r = \frac{a}{e} = \frac{f_{amine} \cdot n_{amine}}{f_{époxyde} \cdot n_{époxyde}}$$

Avec   a : nombre de mole de fonctions amine

      e : nombre de mole de fonctions époxyde

      f : fonctionnalité

      n : nombre de mole de molécules.

Pour éviter l'évaporation de la DETA constatée sur les plaques, ces films ont été élaborés d'après la méthode du moule fermé (*Cf. § 2.1.4.2. Mise en œuvre des échantillons*). Les différentes techniques (DSC, IRTF) ont été ensuite utilisées pour caractériser les propriétés physico-chimiques de ces films.

3.1.3.1. *Calorimétries différentielles à balayage (DSC)*

Les résultats des mesures DSC permettant de suivre l'évolution de la transition vitreuse (Tg) en fonction des ratios (a/e) sont présentés sur la *Figure 3.8*.

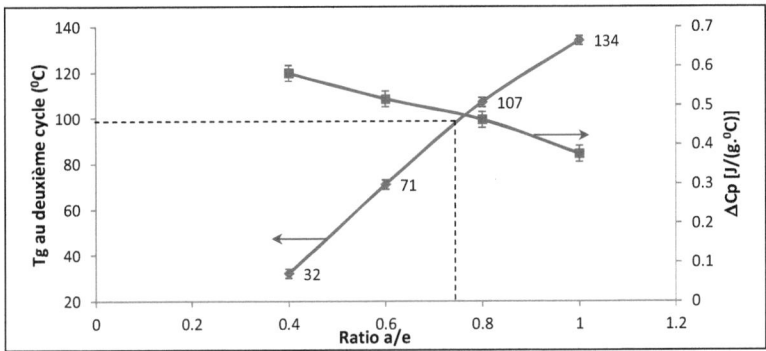

Figure 3.8.   *Évolution de la Tg de la résine en films minces en fonction du ratio (r=a/e).*

Si l'on compare les Tg mesurées sur les strates de la résine en masse et celles mesurées sur ces films à r variable, deux corrélations notables peuvent être faites :

-          la température de transition vitreuse de 134^0C (±2°C) du film à r=1, est tout à fait comparable à la couche superficielle du côté moule de la résine sous forme de plaque.

-          à l'opposé, la 1ère couche prélevée du côté de la surface exposée à l'air, dont la Tg est voisine de 98^0C, correspondrait elle, à une résine élaborée avec un ratio a/e voisin de 0,75.

Les évolutions de ΔCp au passage de la Tg obtenues à partir des thermogrammes de DSC (*Figure 3.8*) confirment cette évolution de Tg en fonction du ratio. En effet, lorsque le taux de réticulation augmente, la mobilité des molécules diminue et le ΔCp diminue également. Ceci est largement confirmé dans la littérature [19], [20], [21], [22].

3.1.3.2. *Spectroscopie infrarouge à transformée de Fourier (IRTF)*

Sur le même modèle que pour les strates de la résine en masse, l'intensité du pic oxiranne de chaque film a été suivie par spectrométrie IRTF et représentée en fonction du ratio DETA/époxy. La *Figure 3.9* montre logiquement une diminution de l'intensité de la bande des cycles oxirannes lorsque le ratio a/e augmente jusqu'à 1, donc lorsque le taux de durcisseur susceptible de réagir avec le groupement oxiranne augmente jusqu'à la stœchiométrie.

Le rapport de bandes varie de 0,25 pour r=0,4 à 0,02 pour r = 1, où tous les cycles oxirannes sont logiquement consommés. La comparaison entre l'évolution de l'intensité du pic oxiranne dans les films et dans les strates de la résine en masse montre que la couche de surface exposée à l'air lors de la mise en œuvre a donc un ratio a/e voisin de 0,8, alors que la couche côté moule est en proportions stœchiométriques.

Les analyses des spectres IRTF viennent donc confirmer les hypothèses émises suite aux analyses de DSC des couches et des films.

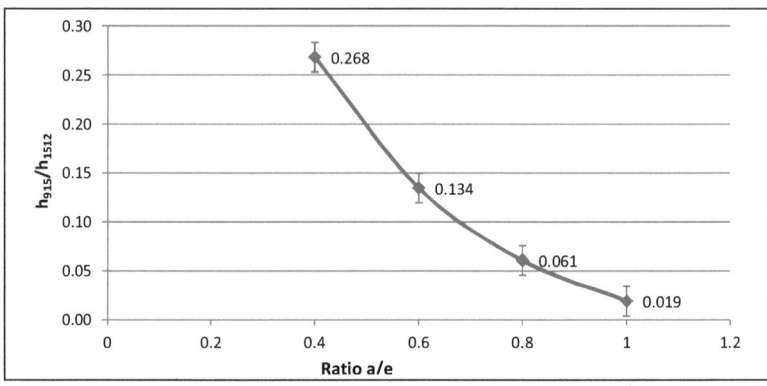

Figure 3.9.   *Variation de l'intensité relative des pics oxirannes à 915 cm^{-1} en fonction du ratio a/e.*

La couche de surface des échantillons de résine, sous réticulée du fait de l'évaporation de la DETA, présente un réseau équivalent à un ratio a/e compris entre 0,75 et 0,8.

Par ailleurs, on constate une très bonne adéquation entre les valeurs de Tg mesurées en DSC et les intensités relatives des bandes IRTF reliées aux fonctions oxirannes (bandes à 915cm^{-1}) pour les films minces (*Figure 3.10*). Une relation de type logarithmique modélise parfaitement cette corrélation sur laquelle on peut s'appuyer pour déterminer une valeur approchée de r=a/e pour les différentes couches sous réticulées des plaques.

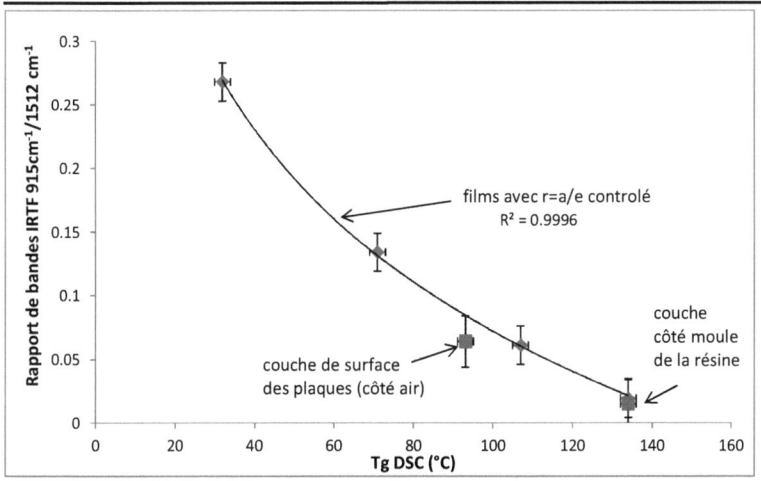

Figure 3.10.   *Corrélation entre la Tg mesurée en DSC et les rapports de bandes IRTF pour les fonctions oxirannes sur la résine seule.*

Par contre, la consommation totale des fonctions oxirannes lorsque r<1 (ou les réactions dues au vieillissement) ne devrait pas permettre d'obtenir un réseau aussi bien réticulé que pour r=1, donc à la même Tg.

3.1.3.3. *Mesures de modules de surface par AFM*

Pour compléter ces derniers résultats, des mesures de force ont été effectuées sur les surfaces des matériaux réalisés avec les différents ratios époxy/amine. L'objectif est ici de corréler une mesure de module en fonction du taux de réticulation dans le cas de résines comportant un défaut d'amine. Ceci devrait permettre de suivre les évolutions de réticulation dans des matrices utilisées dans les composites, que ce soit à la surface des plaques, ou dans les interphases fibres/matrice.

La *Figure 3.11* montre logiquement une diminution du module élastique calculé selon la méthode de Hertz (*Cf. § 2.2.3.3. Microscopie à force atomique*), lorsque le ratio amine/époxy diminue, du fait de la sous-réticulation du réseau. Une corrélation peut alors être effectuée entre le taux résiduel de fonction oxiranne mesuré à partir des spectres IRTF (excès d'époxy) et le module élastique calculé à partir des mesures AFM (*Figure 3.12*).

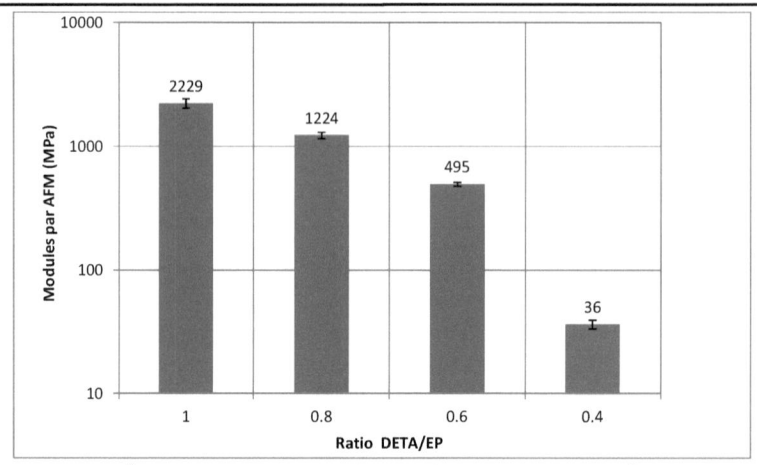

Figure 3.11.   Évolution des modules des résines en fonction du ratio amine/époxy mesurées par AFM (mode tapping).

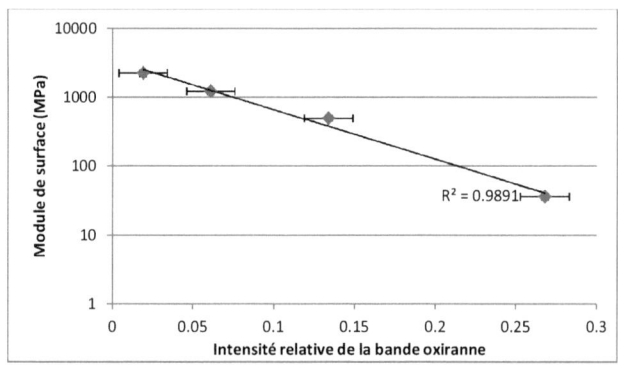

Figure 3.12.   Corrélation entre l'excès d'époxy et le module de surface des films minces

On obtient alors une très bonne adéquation entre ces deux grandeurs, qui montre que la raideur à l'échelle locale est bien liée à la quantité de fonctions oxiranne libres, elle-même inversement proportionnelle à la densité du réseau époxy/amine. Les valeurs de module calculées à partir des mesures AFM sur les échantillons massiques de résine renforcent cette adéquation et permettent de confirmer les valeurs estimées des rapports a/e sur les deux surfaces (côté air et côté moule).

3.1.4. Bilan pour la résine

Les caractérisations thermiques et physico-chimiques de la résine à l'état initial montrent des gradients de propriétés sur environ 200 µm à partir de la surface exposée à l'air pendant l'élaboration des plaques. Un excès de pré-polymère époxy est mis en évidence par spectrométrie IRTF dans cette zone, expliquant la formation d'un réseau localement sous-réticulée sur environ 10% de l'épaisseur de la plaque, et présentant une Tg largement inférieure à celle du système totalement réticulé (98° au lieu de 134°C). Pour la surface opposée des plaques (côté moule lors de l'élaboration), les groupements époxy sont quasiment tous consommés ce qui conduit à une température de transition vitreuse (Tg) maximale de 134^{0}C. La caractérisation de films minces réalisés avec un excès d'époxy, a permis de confirmer l'hypothèse de sous stœchiométrie au niveau de la surface côté air pouvant provenir de l'évaporation du durcisseur DETA lors de l'élaboration des plaques.

En comparant la Tg de la couche de surface exposée à l'air aux Tg des films réalisés hors stœchiométrie, il est possible de déterminer que le ratio a/e de la couche de surface exposée est de l'ordre de 0,75-0,8. Cette valeur est confirmée par spectrométrie IRTF en comparant l'intensité relative de la bande oxiranne de la couche de surface à celles des films, ainsi que par les calculs de module obtenus à partir des essais d'indentation AFM.

Enfin, l'analyse des plaques par DMA révèle la présence d'une petite quantité d'humidité à l'état initial, mais elle confirme aussi la présence d'un gradient de réticulation dans les plaques. En effet, l'épaulement du pic de relaxation aux basses températures est attribué à la relaxation des couches supérieures du matériau, sous-réticulées en raison du défaut d'amine.

3.2.   Le réseau époxy amine dans le composite à l'état initial : mise en évidence des interphases.

3.2.1.   Caractérisation du composite à l'état massif

3.2.1.1.   Caractéristiques macroscopiques des plaques de composites

Le tableau suivant (*Tableau 3.3*) regroupe les résultats de caractérisation du composite, déterminés selon les procédures et normes détaillés au chapitre 2 *(Cf. § 2.2.2. Analyse physico-chimique)*.

Tableau 3.3.   Données caractéristiques du composite

Propriétés physiques	Valeur	Écart type
Masse volumique (g/cm^3)	1,39	0,02
Taux massique de fibres(%)	28,4	0,7
Taux volumique de fibres (%)	15,8	-
Taux de porosité (%)	1,2	-

La quantité d'humidité absorbée dans le composite lors de l'élaboration des échantillons et présent avant vieillissement a été déterminée par pesée avant et après séchage dans un étuve à 60^{0}C sous vide, jusqu'à obtention d'une masse constante. Le taux d'humidité initial est de 0,69% en masse, ce qui correspond à 0,96% par rapport à la masse de matrice. L'analyse thermogravimétrique (ATG) du composite montre une bonne stabilité thermique jusqu'à environ 250^{0}C, la matrice étant totalement dégradée au-delà de 650^{0}C (*Figure 3.13*).

Le taux massique de matrice est bien voisin de 71%, conformément aux résultats de perte au feu.

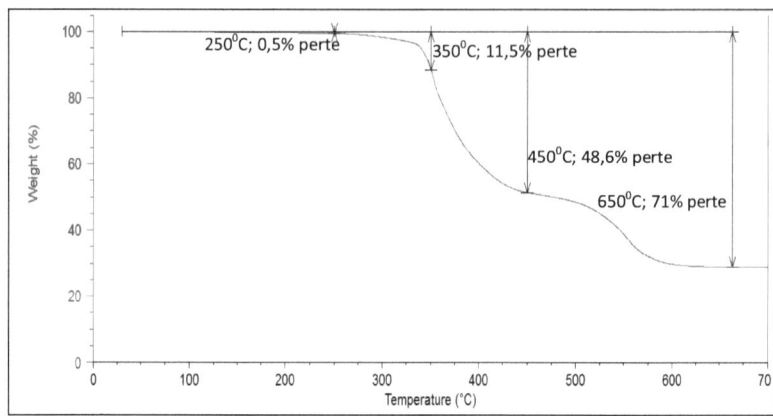

Figure 3.13.   *Thermogramme ATG du composite à l'état initial (10⁰C/min, sous air)*

Dans la figure ci-dessous (*Figure 3.14*), la stabilité thermique de la matrice dans le composite est comparée à celle de la résine à l'état initial, en considérant que 71% de la matrice du composite représente 100% de résine

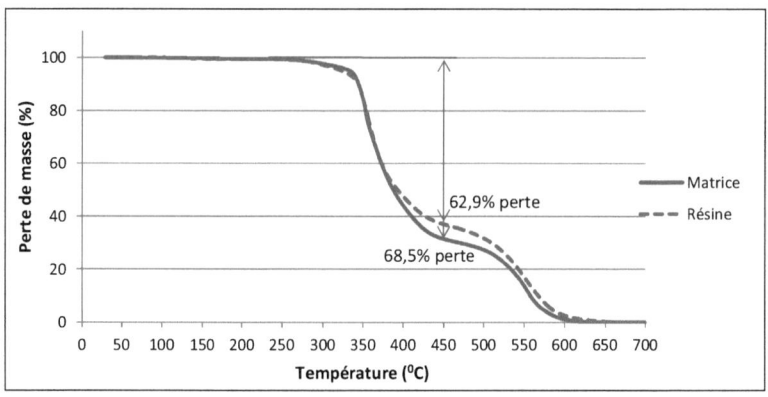

Figure 3.14.   *Comparaison de la stabilité thermique de la matrice et de la résine à l'état initial (ATG sous air, 10°C/min)*

Au-delà de 380⁰C, la dégradation de la matrice dans le composite est plus importante que celle de la résine seule. La présence d'une zone autour des renforts où le réseau époxy-amine est perturbé (interphase), pourrait expliquer que la matrice dans le composite soit moins stable thermiquement que la résine seule. Cette interphase est en effet souvent considérée comme étant moins réticulée ou plastifiée [23], [24], [1]. Concernant cela, les expériences sur un système époxy-amine/fibres de verre ensimées silane montrent également que la quantité d'amine active diminue près de la surface des fibres de verre et qu'il existe un gradient de réticulation à travers l'interphase. Ces résultats ont été expliqués par la facilité de formation des liaisons hydrogène entre l'amine avec les groupes silanols du verre [25].

3.2.1.2. *Analyses morphologiques*

Les observations au microscope optique à faible grossissement, sur les surfaces et les tranches des plaques de composite permettent de voir la présence de défauts, la distribution spatiale des fibres ainsi que la porosité à l'échelle du micromètre. Malgré la faible porosité mesurée (1,1%), la surface côté air du composite (*Figure 3.15.a*) présente des défauts de différentes tailles pouvant être attribués à des bulles d'air, ou à la vaporisation des amines. La surface côté moule est, quant à elle, lisse et sans défauts apparents. La tranche sens longitudinal (*Figure 3.15.b*) présente également des défauts sous forme des bulles allongées le long des fibres. L'observation de la tranche sens traverse (*Figure 3.15.c*) montre une distribution désordonnée des fibres, comme cela est souvent observé sur les composites unidirectionnels, notamment sur des matrices polyépoxydes renforcées de fibres de verre, et ce, quelle que soit la fraction volumique de fibres [26].

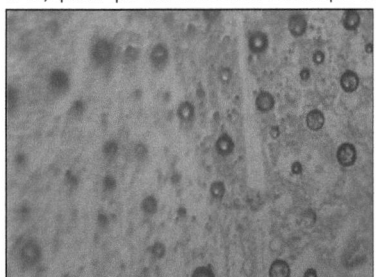 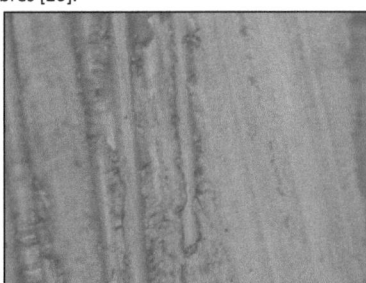

a. Surface côté air (non poli)	*b.* Tranche sens L (après polissage)

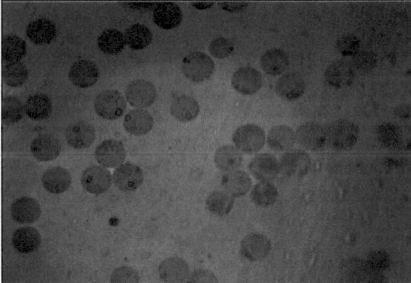

c.   Tranche sens T (après polissage)

Figure 3.15.   Clichés de la surface et des tranches de plaques composites obtenus en microscopie optique (MO).

Ces hétérogénéités proviennent des conditions de mise en œuvre et de la viscosité de la matrice polymère.

Les observations au microscope électronique à balayage (MEB) confirment les résultats obtenus au microscope optique (MO), à la fois sur la présence de défauts et sur l'hétérogénéité de distribution des fibres (*Figure 3.16*). La surface côté air de la plaque composite présente une densité de fibres très faible, et ce, sur une épaisseur d'environ 100µm. À l'opposé, la couche de surface côté moule présente une très forte densité de fibres.

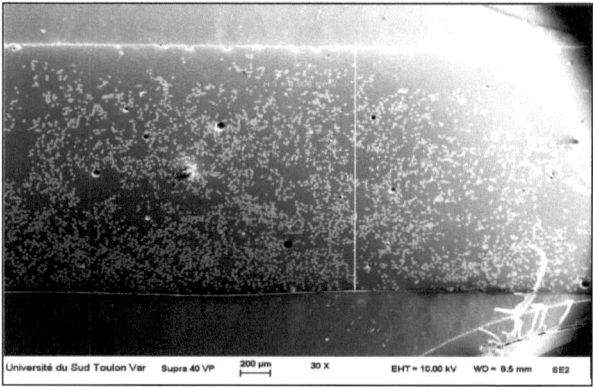

Figure 3.16.   *Cliché MEB (x30) de la tranche sens traverse du composite*

Les observations au MEB à plus fort grossissement (*Figure 3.17*) montrent qu'il n'y a ni décohésion, ni microporosité dans l'interphase fibre-matrice. Ces observations révèlent également une dispersion dans le diamètre des mono-filaments de 18(±2)µm.

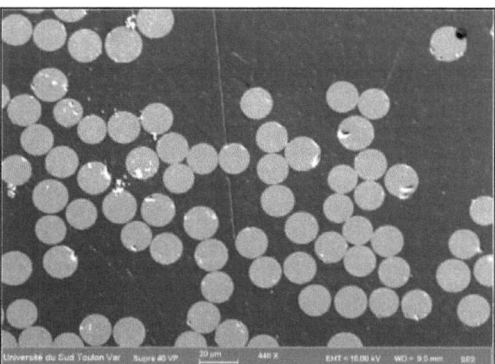

Figure 3.17.   *Cliché MEB (x448) de la tranche sens traverse du composite*

Figure 3.18.   Cliché MEB de la surface côté air à l'état initial du composite

3.2.1.3. *Analyse viscoélastique*

Les plaques de composite sont, dans un premier temps, testées à l'état massif. Les échantillons de DMA sont sollicités dans le sens transverse par rapport aux fibres de manière à favoriser la réponse de l'interphase comme cela a été décrit au chapitre II.

Comme pour la résine, le spectre de tan delta du composite montre un épaulement dès 50°C, avec une température de relaxation principale Tα autour de 129°C. Cependant, en plus de la Tα inférieure de 7°C, l'épaulement est plus étalé que sur la résine seule. Or, les observations précédentes montrent qu'entre 0 et 100μm, la surface du composite côté air ne comporte pas de fibre. La microstructure de cette couche de surface devrait donc être proche de celle de la résine seule. La partie de la plaque entre 100 et 200 μm, qui comporte des fibres, est cependant moins réticulée que le cœur de la matrice.

Par ailleurs, l'épaulement de Tα aux basses températures, plus prononcé que celui de la résine, peut être déconvolué en 2 pics (*Figure 3.19*). Si, comme pour la résine seule, on considère qu'une de ces deux déconvolutions est due aux couches sous-réticulées de surface, la présence d'une relaxation supplémentaire pourrait alors être attribuée aux interphases. L'évolution de l'amplitude du pic et/ou de la Tα traduit en effet souvent la qualité de l'interface entre la matrice et les fibres [27-30]. En théorie, une interface idéale ne devrait pas entraîner l'apparition d'un pic additionnel [31, 32]. L'ensimage simplifié à base de γ-APS utilisé pour nos composites modèles ne permet pas de créer une interface optimale et la présence des fibres ensimées doit donc perturber la réticulation de la matrice lors de l'élaboration des plaques, comme cela a déjà été observé par différentes techniques locales [33-42].

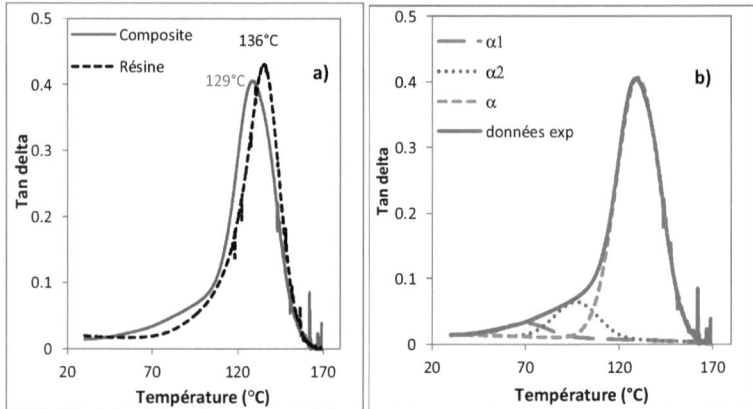

Figure 3.19.   *Spectres du composite et de la résine (avant séchage) obtenu par DMA (1Hz, 7μm, 2⁰C/min) et (b) déconvolution du spectre du composite par Origin*

-      **Identification des relaxations dans le spectre de tan delta**

Afin de préciser quelles espèces relaxent dans l'épaulement, entre la surface sous-réticulée et les interphases, les échantillons de dimensions initiales $40\times10\times2mm^3$ ont été découpés en deux parties (de $40\times10\times1mm^3$) dans le sens longitudinal. Une moitié correspond donc à la surface côté air et l'autre moitié, à la surface côté moule. Les spectres thermomécaniques de ces deux parties (ligne en gras) sont présentés sur la *Figure 3.20*.

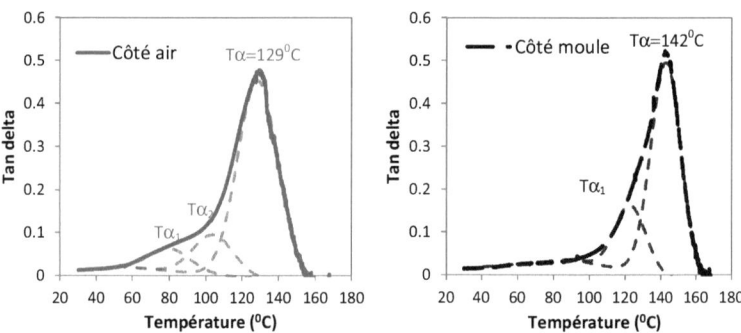

Figure 3.20.   *Déconvolution des spectres thermomécaniques des échantillons côté moule et côté air du composite*

Les deux spectres sont clairement distincts. La partie côté air, présente un large épaulement entre 55^0C et 100^0C bien différencié du pic principal de Tα égale à 129^0C. La partie côté moule présente quant à elle, une $T\alpha$ voisine de 142^0C et un épaulement compris entre 100°C et 140°C.

Pour essayer d'identifier et d'attribuer les relaxations de ces spectres, nous avons utilisé le logiciel Origin pour déconvoluer chacun des pics principaux et épaulements (*Figure 3.20*).

Pour le spectre de tan δ de la partie de l'échantillon côté moule une déconvolution en deux pics de relaxation convient bien. Le pic principal à 142°C est logiquement attribué à la matrice bien réticulée. Le second pic, de plus faible intensité et à plus basse température, peut donc être attribué à l'interphase matrice-fibres.

Pour la partie de l'échantillon comportant la surface côté air une déconvolution en trois pics (80^0C, 102^0C et 129°C) semble plus adaptée. La relaxation principale (α), s'étendant de 105°C à 150°C environ, correspond au réseau époxy le mieux réticulé, mais en moyenne moins réticulé que le réseau contenu dans la partie côté moule. La relaxation la plus basse (α_1), s'étendant de 55°C à 105°C environ et la seconde, de 80°C à 125°C (α_2). Or, cet échantillon contient des fibres ainsi que la couche de surface sous-réticulée initialement. Si l'on compare la déconvolution à celle effectuée sur la résine, il est probable que la 2nde (α_2) corresponde à la relaxation de la couche sous-réticulée de surface car l'épaulement débutait également vers 80°C sur la résine seule. De plus, le décalage maximum sur la Tg mesurée sur les couches était d'environ 30°C par rapport à la Tg de la résine à cœur ce qui correspondrait à la différence moyenne entre $T\alpha_2$ et $T\alpha$. La relaxation la plus basse (α_1), qui est décalée de près de 50°C par rapport à la $T\alpha$ correspondrait alors à la relaxation des interphases créées entre les fibres et la matrice à cœur. Cette dernière relaxation présente une amplitude plus faible que celle des interphases dans la couche côté moule car la proportion de fibres y est bien moindre, comme le montrent les observations microscopiques. Il est probable qu'une partie des interphases relaxe également entre 80°C et 125°C, dans la même gamme de température que la couche de surface.

La sous-réticulation de l'interphase semble donc d'autant plus importante que le réseau est initialement moins réticulé. En effet, dans la zone bien réticulée côté moule, la relaxation attribuée à l'interphase ne débute qu'à 100°C alors qu'elle débute vers 55°C pour la couche de surface côté air.

-      **Influence de l'humidité initiale**

L'analyse mécanique dynamique montre par ailleurs clairement la plastification par l'humidité atmosphérique à l'état initial (*Figure 3.21*). En effet, après désorption des 1,1% d'eau absorbée à l'état initial, $T\alpha$ augmente de 7°C avec une amplitude de tangente de l'angle de perte quasi-constante. L'effet du séchage est encore plus marqué sur les relaxations à basse température. La relaxations α_1 en particulier, attribuée aux interphases, est décalée de plus de 20°C vers les hautes températures après séchage. Ce résultat confirme que le composite est plus hydrophile que la résine seule et l'analyse des relaxations semble indiquer que cette hydrophilie provient des interphases. Aucun décalage de l'épaulement n'était en effet observé après séchage de la résine. La partie des interphases qui relaxait initialement dans α_2 sera également décalée vers les hautes températures après séchage et sera donc inclue dans la relaxation principale α.

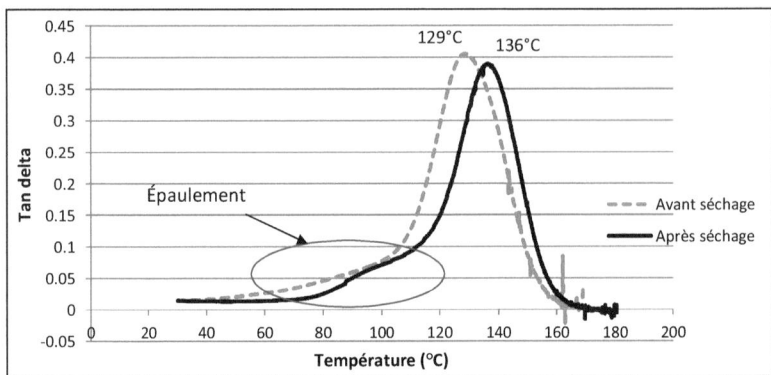

Figure 3.21.   *Spectre du composite avant et après séchage obtenu par DMA (1Hz, 7μm, 2^{0}C/min)*

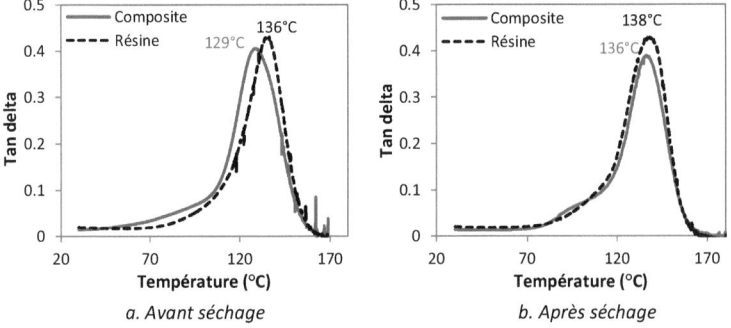

a. Avant séchage   b. Après séchage

Figure 3.22.   *Spectres de la résine et du composite avant et après séchage obtenus par DMA (1Hz, 7μm, 2^{0}C/min)*

Ces différences de comportement entre la résine et le composite mettent donc en évidence des différences de propriétés (hydrophilie) des zones sous-réticulées de la surface ou des interphases (*Figure 3.22*). En effet, sur la résine, la surface en défaut d'amine ne semble pas plus hydrophile que le cœur de la résine si l'on compare l'épaulement avant et après séchage (*Figure 3.4*). Au contraire, la relaxation attribuée aux interphases évolue de manière importante après séchage. Ces interphases plus hydrophiles et sous-réticulées doivent donc posséder une microstructure et une nature chimique différentes de la couche de surface, également sous-réticulée.

Les études de Grave [43] et Astruc [44] montrent l'influence du ratio r (amine/époxy) sur l'absorption d'eau dans des résines époxy-amines. La 1ère étude sur un système

DGEBA /TETA montre une augmentation de la cinétique d'absorption de l'eau et de la teneur en eau à l'équilibre liée à un excès d'amine, alors qu'un excès de prépolymère époxyde aurait peu d'influence. La 2nde étude sur un système DGEBA polyamido amine montre que la masse à saturation passe de 1,8% pour un système en défaut d'amine (r=0,7) à 9,6% pour un système en excès d'amine (r=2,3), la valeur pour r=1 étant de 2,3%. Les coefficients de diffusion de ces mêmes systèmes estimés selon le modèle de Langmuir varient entre 10,8 cm^2/s pour r=0,7 et 19,7 cm^2/s pour r=2,3. En effet, la concentration totale en groupes hydrophiles augmente pour le système DGEBA-Polyamidoamine lorsque r augmente. Ceci laisserait donc penser que les interphases dans notre système DGEBA/DETA sont en excès d'amines. Ce phénomène peut être expliqué par l'affinité des amines vis-à-vis des fibres de verre, même ensimées [25]. Ghorbel [45] constate également que la présence des fibres amplifie la plastification de la matrice par rapport à la résine seule.

3.2.1.4. _Analyse mécanique_

Les plaques de composite ont été caractérisées en flexion 3 points dans le sens transverse afin d'amplifier la réponse de l'interphase. Le comportement est élastique fragile avec une déformation et une contrainte à rupture très inférieures à celles de la résine seule. En effet, la présence des fibres fragilisent le matériau notamment dans le sens transverse de sollicitation. Les liaisons interfaciales entre fibres et matrice sont sollicitées en traction le long de la fibre externe et elles cèdent logiquement avant la matrice. Le module élastique du composite est supérieur à celui de la résine seule car la présence des fibres limite la déformation élastique de la matrice.

Les caractéristiques sont données dans le tableau suivant :

Tableau 3.4.　Caractéristiques du composite et de la résine en flexion 3 points

	Module (MPa)	Contrainte à rupture (MPa)	Déformation à rupture (%)
Résine	1423 (±192)	59 (±17)	4,5 (±1,8)
Composite	2059 (±136)	41 (±16)	1,8 (±0,9)

3.2.2.　_Evolution des propriétés dans l'épaisseur_

Comme cela a été décrit au début de ce chapitre, les plaques de résine présentent un gradient de réticulation sur la zone de surface côté air, ce qui semble être aussi le cas avec le composite. Afin de confirmer ces hétérogénéités de réticulation, différentes analyses ont été réalisées sur des couches selon une procédure similaire à celle utilisée sur la résine seule.

3.2.2.1. _Calorimétries différentielles à balayage (DSC)_

Les valeurs de Tg obtenues au deuxième cycle (avec un écart type de 2^{0}C) en fonction de l'épaisseur sont représentées sur la _Figure 3.23_.

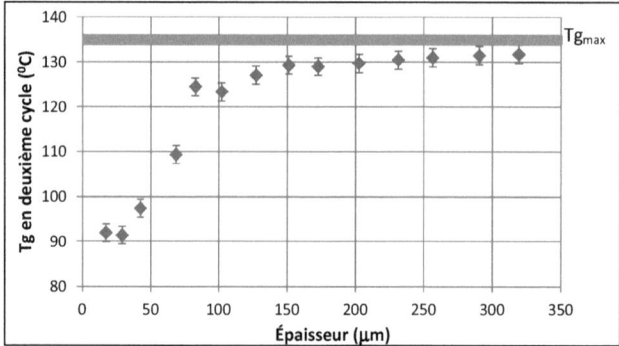

Figure 3.23.   *Variation de Tg dans l'épaisseur du composite depuis la surface coté air vers le cœur.*

Cette figure nous montre une diminution importante de la Tg à au fur et à mesure que l'on se rapproche de la surface côté air. Ce gradient se situe principalement sur les 200 premiers µm dans lesquels une chute de 40°C est observée. L'évolution de la transition vitreuse à la surface du composite est donc comparable à celle observée sur la résine (*Figure 3.24*), avec un écart d'environ + 7°C pour le composite au-delà de 150 µm d'épaisseur. Ce résultat est cohérent avec les résultats de DMA.

Le copeau de surface côté moule présente une valeur maximale de Tg à 134^{0}C (±2^{0}C) comme dans le cas de la résine seule.

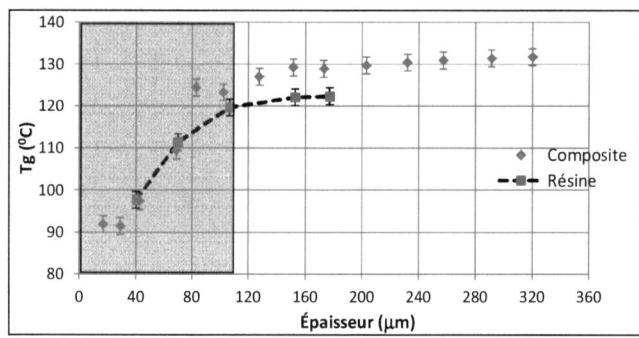

Figure 3.24.   *Variation de Tg en fonction de la distance à la surface pour le composite et la résine à l'état initial.*

L'analyse morphologie au MEB a montré que la surface du composite, côté air, ne comportait pas de fibres. La structure de la matrice est donc similaire à celle de la résine dans cette zone avec une sous-réticulation, donc une Tg identique. Nous n'avons cependant pas d'éléments de comparaison dans les 40 premiers micromètres. Le décalage observé au-delà de 100 µm semble en revanche contradictoire avec les résultats de DMA qui montrent une relaxation principale similaire entre résine et composite après séchage. Le fait que la Tg du composite soit supérieure à celle de la résine, tout en restant légèrement inférieure à la Tg maximale, peut être lié à la présence de fibres qui limiteraient l'évaporation du durcisseur aminé. En effet, l'adsorption préférentielle des amines sur les monofilaments de verre [46-48] pourrait limiter leur diffusion vers la surface des plaques, contrairement à ce qui se produit dans cette zone pour la résine seule. Sur la surface côté moule, on retrouve une Tg maximale voisine de 134°C pour le composite comme pour la résine, malgré la forte densité de fibres de ce côté du composite.

La sensibilité de la technique ne permet pas de mettre en évidence la Tg propre de l'interphase, contrairement au DMA. Seule la Tg de la matrice non perturbée est mesurée et celle-ci est donc comparable à la Tg de la résine seule.

3.2.2.2. *Mesures de module par AFM*

Les mesures locales de force par Microscopie de Force Atomique permettent également de confirmer l'hétérogénéité du réseau dans l'épaisseur.

En effet, la couche de surface dans ses 50 premiers micromètres présente une forte diminution du module élastique, par rapport à la valeur moyenne mesurée à cœur représentée par une bande centrée sur environ 1800 MPa (*Figure 3.25*). Sur les 10 premiers micromètres, la chute est proche de 60% par rapport à la valeur à cœur, alors que le module sur l'extrême surface côté moule est, à l'inverse, près de 30% supérieur à la valeur à cœur. Ceci confirme donc que le réseau côté air est sous-réticulé alors que le taux de conversion est maximal sur la surface côté moule, où la DETA est confinée.

Du point de vue de la réponse mécanique (élastique), le réseau semble modifié sur des distances très inférieures à celles déterminées par les évolutions de Tg mesurée en DSC. Cela peut s'expliquer par les différences d'échelle et de mode de sollicitation mis en jeu dans les deux techniques.

La réponse élastique du réseau à l'état vitreux dépend en effet peu de la densité de réticulation, mais principalement de l'élasticité des chaînons entre nœuds. Le passage de la Tg sous sollicitation purement thermique en DSC fait au contraire intervenir des mouvements à longue portée qui incluent forcément les nœuds de réticulation. La Tg est donc plus fortement influencée par des variations de densité de réticulation que le module à l'état vitreux, en particulier pour les taux de conversion élevés.

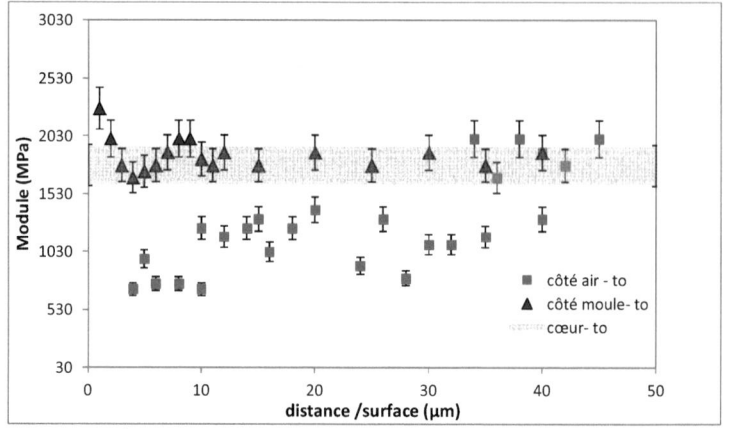

*Figure 3.25.   Évolution des modules mesurés par AFM à proximité de la surface côté air,
côté moule et à cœur*

3.2.2.3. *Evolution des modules aux interphases*

Les mesures locales par AFM à proximité des fibres montrent également une diminution du module élastique au fur et à mesure que l'on se rapproche des monofilaments (*Figure 3.26*). Une interphase sous réticulée jusqu'à une distance de 1µm est ainsi mise en évidence autour des fibres. Ces mesures confirment l'hypothèse émise pour expliquer l'épaulement (α_1) observé sur le spectre de relaxation du composite en DMA à une température Tα_1 très inférieure à celle de la relaxation principale Tα.

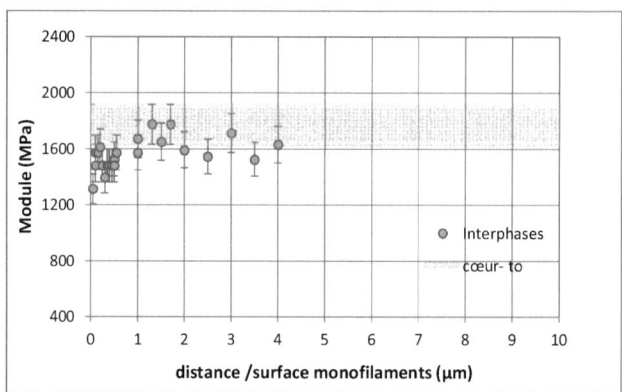

*Figure 3.26.   Évolution des modules élastiques mesurés par AFM à distance croissante de la
surface des fibres.*

L'influence des fibres sur la réponse mécanique peut être observée sur des mesures effectuées à des distances inférieures à 50 nm environ (pour une pente mesurée sur 50 nm de déflection verticale et pour ce type de matériaux) comme le montre la *Figure 3.27*. En effet, en dessous de 50 nm, le module augmente à nouveau du fait de la contribution de la fibre lors de la déformation élastique, ce qui compense partiellement la chute de module due aux modifications du réseau dans le 1er micromètre. La fibre de droite semble, elle, modifier la matrice sur presque 2µm.

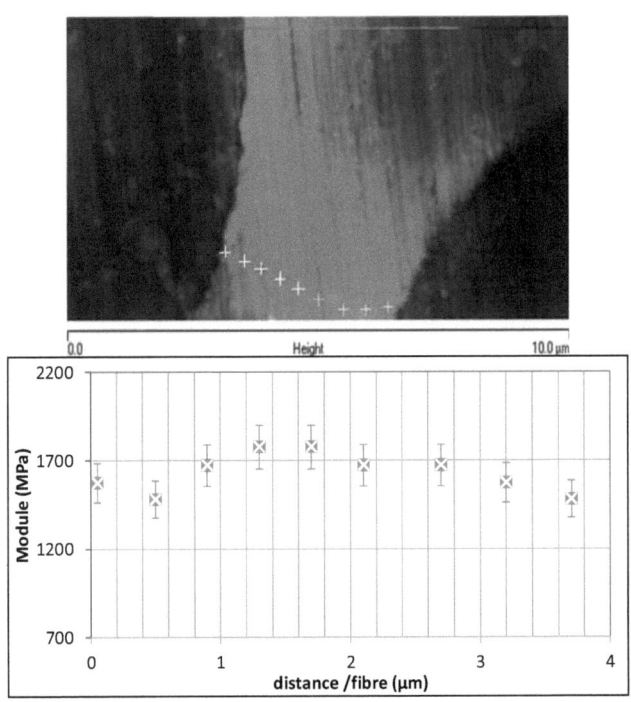

Figure 3.27.   Évolution des modules élastiques mesurés par AFM entre 2 fibres.

3.2.2.4. *Spectroscopie infrarouge à transformée de Fourier (IRTF)*

L'hypothèse d'une couche sous-réticulée à la surface des plaques de composite (côté air) est vérifiée par la caractérisation des couches successives par spectrométrie IRTF (*Figure 3.28*). La bande caractéristique des oxirannes à 915cm^{-1} apparaît nettement sur la 1ère couche de surface (entre 0 et 20µm d'épaisseur) et diminue avec la profondeur d'analyse, comme dans le cas de la résine.

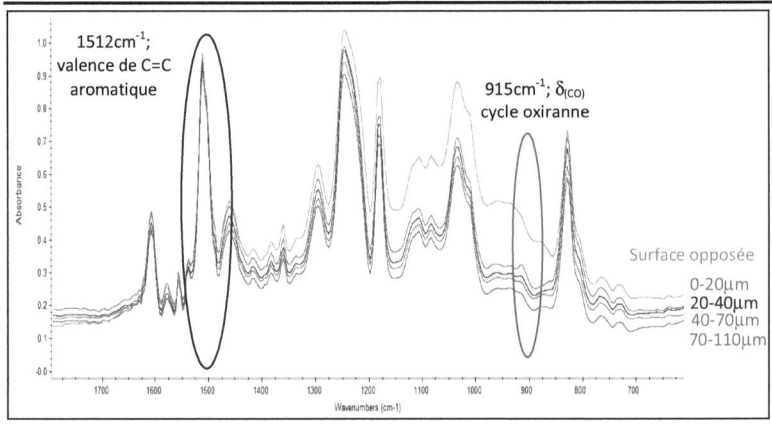

Figure 3.28.   Évolution de la bande des oxiranes en profondeur du composite à l'état initial.

L'évolution de l'intensité de ce pic en fonction de l'épaisseur dans le composite et la résine (*Figure 3.29*) est similaire dans les 100 premiers microns côté air. Ceci est cohérent avec les observations au MEB qui montrent qu'il n'y a que de la matrice côté air des plaques de composite. En dépit de l'écart-type sur l'intensité relative de la bande oxiranne (915 cm^{-1}/1512 cm^{-1}), il semble qu'il y ait moins d'oxiranne en excès à la surface du composite qu'à la surface de la résine. La quantité de durcisseur DETA vaporisée dans le cas de résine serait donc légèrement supérieure à celle du composite. Ceci rejoint l'hypothèse d'un effet barrière des fibres empêchant la diffusion des molécules DETA vers la surface côté air.

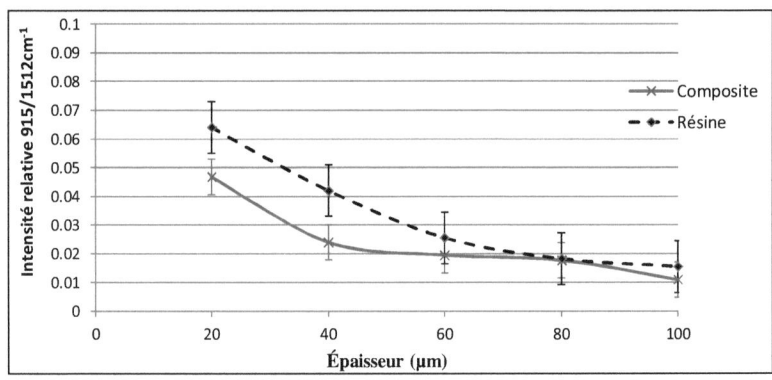

Figure 3.29.   Variation de l'intensité relative des pics d'oxiranne à 915 cm^{-1} en fonction de l'épaisseur d'échantillon pour la résine et le composite

Sur le même modèle que ce qui a été fait pour la résine seule, on peut représenter l'évolution du module élastique (AFM) dans les soixante premiers micromètres du composite en fonction de l'intensité relative de la bande oxiranne (*Figure 3.30*). On constate une bonne corrélation de ces valeurs avec celles de la résine en films minces pour des valeurs de a/e variables. Ceci confirme que sur cette épaisseur, le composite est aussi en sous stœchiométrie et que, sous forme de plaque, résine seule et composite sont très semblables.

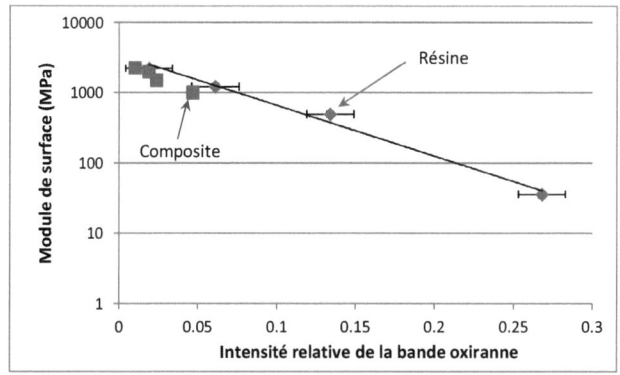

Figure 3.30.   *Corrélation entre l'excès d'époxy et le module pour le composite*

La *Figure 3.31* qui reprend les données de la *Figure 3.10* sur la correspondance des valeurs de Tg(DSC) avec celles de l'IRTF, va dans le même sens.

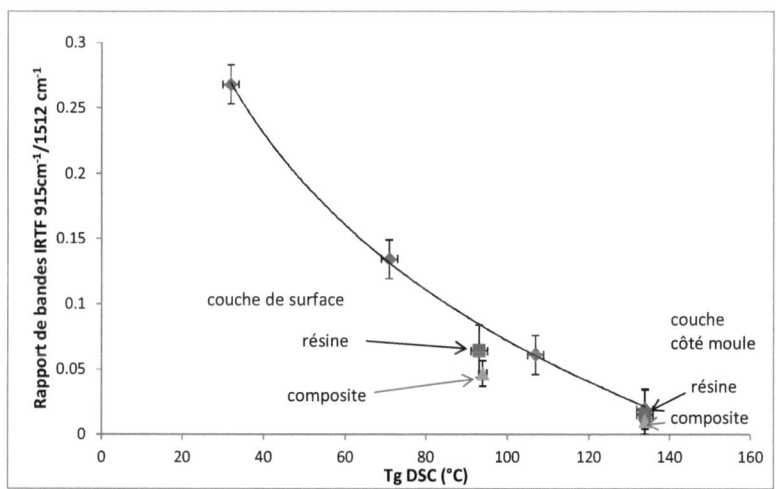

Figure 3.31.   *Corrélation entre la Tg mesurée en DSC et les rapports de bandes IRTF pour les fonctions oxirannes sur la résine seule et le composite.*

3.3. Conclusion

La caractérisation à différentes échelles de la résine seule et du composite suite à la mise en œuvre des plaques permet de mieux connaître leur microstructure et propriétés respectives. Un gradient de réticulation sur 200 µm environ depuis la surface exposée à l'air lors de l'élaboration des plaques est attribué à un excès de prépolymère époxy dû à l'évaporation du durcisseur par la surface. L'étude sur des échantillons modèles dont le ratio amine/époxy varie montre que le ratio amine/époxy moyen est de 0,75 environ dans la couche de surface. Une zone sous-réticulée est également présente dans les plaques de composite dont la distribution des fibres n'est pas homogène dans l'épaisseur. Un déficit de renfort est observé dans les 100 premiers micromètres côté air alors que ceux-ci sont en excès sur la surface côté moule. Les différences de propriétés entre le composite et la résine suggèrent que la présence des fibres semble limiter l'évaporation du durcisseur DETA au niveau de la surface côté air.

Les essais de DMA ainsi que les mesures locales de module par AFM confirment l'existence d'une couche sous-réticulée côté air ainsi d'une interphase sous-réticulée autour des monofilaments dans le composite. Cette interphase présente une relaxation propre à une température de 20 à 40°C inférieure à celle de la matrice en fonction de son taux de réticulation initial et s'étend sur 1 à 2 µm de distance des fibres (sur la mesure du module élastique). De part sa structure et sa nature chimique, cette interphase serait plus hydrophile que la résine seule bien réticulée ou que la couche de surface sous-réticulé du fait du défaut en amines.

La mise en évidence des hétérogénéités de composition et de réticulation dans les matériaux est fondamentale pour mieux comprendre les effets des vieillissements naturels ou artificiels.

Références bibliographiques du chapitre 3

1.   Marie-Barbara HEMAN, *Contribution à l'étude des interphases et de leur comportement au vieillissement hygrothermique dans les systèmes à matrice thermodurcissable renforcés de fibres de verre.* Thèse de doctorat de l'Université du Sud Toulon - Var, 2008.

2.   B. Dewimille, *Vieillissement hygrothermique d'un matériau composites fibres de verre/résine époxyde.* Thèse de doctorat de l'ENSMP Paris, 1981.

3.   Pellegrino Musto, Giuseppe Ragosta, Mario Abbate, and Gennaro Scarinzi, *Photo-Oxidation of High Performance Epoxy Networks: Correlation between the Molecular Mechanisms of Degradation and the Viscoelastic and Mechanical Response.* Macromolecules, 2008. **41**: p. 5729-5743.

4.   V. Bellenger, J. Verdu, *Photo-oxidation of amine crosslinked epoxies. I. The DGEBA-DDM system.* Journal of Applied Polymer Science, 1983. **28**: p. 2599-2609.

5.   José Roberto Moraes d'Almeida, Gustavo Wagner de Menezes, Sérgio Neves Monteiro, *Ageing of the DGEBA/TETA epoxy system with off-Stoichiometric compositions.* Materials Research, 2003. **6**: p. 415-420.

6.   Lionel Gay, *Étude physico-chimique et caractérisation mécanique du vieillissement photochimique d'une résine époxy.* Thèse de doctorat de l'École Nationale Supérieure des Arts et Métiers, 1984.

7.   M. Giraud, T. Nguyen, X. Gu and M. vanLandingham, *Effects of stoichiometry and epoxy molecular mass on wettability and interfacial microstructures of amine-cured epoxies.* dans 24th Annual meeting of the adhesion society, 2001.

8.   O. Beck, R.J. Varley et G.P. Simon, *Thermal stability and water uptake of high performance epoxy layered silicate nanocomposites.* European Polymer Journal, 2004. **40**: p. 187-195.

9.   J.M. Kenny, L. Torre, J. Biagiotti et D. Puglia, *Processing, structure and properties of polymer matrix nanocomposites for industrial applications.* EU forum on Nanosized Technology, Beijing, P.R China, 2002.

10.   J. Macan, I. Brnardic, S. Orlic, H. Ivankovic et M. Ivankovic, *Thermal degradation of epoxy-silica organic-inorganic hybrid materials.* Polymer degradation and stability, 2006. **91**: p. 122-127.

11.   L. Nunez, M. Villanueva, *Effect of water sorption on the structure and mechanical properties of an epoxy resin system.* Jour nal of thermal analysis and calorimetry, 2005. **80**: p. 141-146.

12.   Shuangyan Xu, Dillard David A, *Environmental aging effects on the thermal and mechanical properties of electrically conductive adhesives.* Journal of Adhesion, 2003. **79**: p. 699-723.

13.   N. H. Nieu, T.T.T., and N. L. Huong, *Epoxy - Phenol - Cardanol - Formaldehyde Systems: Thermogravimetry Analysis and Their Carbon Fiber Composites.* Journal of Applied Polymer Science, 1996. **61**: p. 2259.

14.   S. Saito, H.S., and T. Nakajima, *Dielectric Relaxation and Electrical Conduction of Polymers as a Function of Pressure and Temperature.* Journal of Polymer Science., 1968. **A2, V6**: p. 1297.

15. G.S.Learmonth, D.P.Searle, *Thermal Degradation of Phenolic Resins*. Journal of Applied Polymer Science, 1969. **13**: p. 437.

16. J. P. Bell, J. A. Reffner, S. Petrie, *Amine-cured epoxy resins: Adhesion loss due to reaction with air*. Journal of Applied Polymer Science, 1977. **21**(4): p. 1095-1102.

17. *http://www.reptox.csst.qc.ca/Produit.asp?no_produit=5686.*

18. V. Rao, P. Herrera-Franco, A. D. Ozzello & L. T. Drzal, *A direct comparison of the fragmentation test and the microbond pull-out test for determining the interfacial shear strength*. The Journal of Adhesion, 1991. **34**(1-4): p. 65-77.

19. M. Legrand, V. Bellenger, *Estimation of the cross-linking ratio and glass transition temperature during curing of amine-cross-linked epoxies*. Composites Science and Technology, 2001. **61**: p. 1485-1489.

20. M. Aufray, *Caractérisation physico-chimique des interphases époxy-amine/oxydes ou hydroxyde métallique, et de leurs constituants*. Thèse de doctorat de l'INSA de Lyon, 2005.

21. Philippe Zinck, *De la caractérisation micromécanique du vieillissement hydrothermique des interphases polyépoxydes-fibres de verre au comportement du composite unidirectionnel. Relations entre les échelles micro et macro*. Thèse de doctorat de l'INSA de Lyon, 1999.

22. Quach Thi Hai Yen, *Etude de la durabilité d'un primaire epoxy enticorrosion: rôle de l'interphase polymère/métal et conséquence sur l'adhérence*. Thèse de doctorat de l'Université du Sud Toulon - Var, 2010.

23. J. L. Thomason, *The interface region in glass fibre-reinforced epoxy resin composites: 3. Characterization of fibre surface coatings and the interphase*. Composites, 1995. **26**: p. 487-498.

24. E. K. Drown, H. Al-Moussawi, et L. T. Drzal, *Glass fibre sizings and their role in fibre-matrix composites*. Journal of Adhesion Science and Technology, 1991. **5**: p. 865-884.

25. J. González-Benito, *The nature of the structural gradient in epoxy curing at a glass fibre/epoxy matrix interface using FTIR imaging*. Journal of Colloid and Interface Science, 2003. **267**(2): p. 326-332.

26. N. D. Alberola, G. Merle, K. Benzarti, *Undirectional fibre-reinforced polymers: analytical morphology approach and mechanical modelling based on the percolation concept*. Polymer, 1999. **40**: p. 315-328.

27. Ping Seng Chua, *Characterization of the interfacial adhesion using tan delta*. 42nd Annual Conference, Composite Institute, The Society of the Plastics Industry (SPI) Febrary 2-6, 1987. **session 21-A**: p. 1-6.

28. Kenneth D. Ziegel, *Role of the interface in mechanical energy dissipation of composite*. Journal of Colloid and Interface Science, 1969. **29**(1): p. 72-80.

29. J. Kubát, M. Rigdahl, M. Welander, *Characterization of interfacial interactions in high density polyethylene filled with glass spheres using dynamic-mechanical analysis*. Journal of Applied Polymer Science, 1990. **39**(7): p. 1527-1539.

30. C. F. Zorowski, T. Murayama, *Bonding characterization in reinforced composites*. Proceedings of the 1st International Conference on Mechanical Behavior of Materials. Kyoto, Japan: Society of Materials Science, 1972.

31. J. L. Thomason, *Investigation of composite interphase using Dynamic Mechanical Analysis: Artifacts and Reality.* Polymer Composites, 1990. **11**: p. 105-113.

32. J. L. Thomason, *A note on the investigation of the composite interphase by means of thermal analysis.* Composites Science and Technology, 1992. **44**(1): p. 87-90.

33. W. M. Cross et al. , *The effect of interphase curing on interphase properties and formation.* Journal of Adhesion, 2002. **78**(7): p. 571-590.

34. G. Van Assche, B. Van Mele, *Interphase formation in model composites studied by micro-themal analysis.* Polymer, 2002. **43**: p. 4605-4610.

35. Edith Mäder, Elena Pisanova, *Interfacial design in fibre reinforced polymers.* Macromolecular Symposia, 2001. **163**: p. 189-212.

36. S. Mallarino, J. F. Chailan, , J. L. Vernet, *Interphase investigation in glass fibre composites by micro-thermal analysis.* Composites: Part A, 2005. **36**: p. 1300-1306.

37. R. Haessler, EZ Muhlen, *An introduction of micro-TA and its application to the study of interfaces.* Thermochimica Acta, 2000. **361**: p. 113-120.

38. H. M. Pollock, A. Hammiche, *Micro thermal analysis: techniques and applications.* Journal of Physics D: Applied Physics, 2001. **34**: p. R.23-53.

39. Matthew S. Tillman, Brian S. Hayes, James C. Seferis, *Examination of interphase thermal property variance in glass fiber composites.* Thermochimica Acta, 2002. **392-393**: p. 299-302.

40. S. Mallarino, *Caractérisation physico-chimique des interfaces des composites cyanate/ fibre de verre-D.* Thèse de doctorat de l'Université du Sud Toulon Var, 2004.

41. M. S. Tillman, T. Takatoya, B. S. Hayes, J. C. Seferis, *Influence of Polymer Specimen Structure on The Reproducibility of Micro-thermomechanical Transitions.* Journal of Thermal Analysis and Calorimetry, 2000. **62**(3): p. 599-608.

42. L. S. Schadler, C. Galiotis, *Fundamentals and applications of micro Raman spectroscopy to strain measurements in fibre reinforced composites.* International Materials Reviews, 1995. **40**(3): p. 116-134.

43. Christian Grave, Iain Mcwan, Richard A. Pethrick, *Influence of stoichiometric ratio on water absorption in epoxy resins.* Journal of Applied Polymer Science, 1998. **69**(12): p. 2369-2376.

44. A. Astruc, *Microstructure et permeabilité de revêtements anticorrosion : influence des contraintes hygrothermiques et rôle des interphases.* Thèse de doctorat de l'Université du Sud-Toulon Var, 2007.

45. Ilhem Ghorbel, *Mécanismes d'endommagement des tubes verre-résine pour le transport d'eau chaude: influence de la ductilité de la matrice.* Thèse de doctorat de l'Ecole des Mines de Paris, 1990.

46. Patrice Perret, *Caractérisation des réseaux polyépoxy: étude des zones interfaciales dans les composites unidirectionnels fibres de carbone/matrice polyépoxy DGEBA-DDM.* Thèse de doctorat de l'Université de Lyon 1, 1988.

47. K. Benzarti, *Micro- et méso-structure de composites unidirectionnels verre-époxy à interface modèles: modélisation du comportement viscoélastique linéaire et mécanismes d'endommagament.* Thèse de doctorat de l'Université de Lyon 1, 1997.

48. Lagache Manuel, *Étude du rôle de l'interphase sur le comportement mécanique des composites unidirectionnels.* Thèse de doctorat de l'Université Joseph Fourier-Grenoble 1, 1993.

CHAPITRE 4

CHAPITRE 4. EFFET DU VIEILLISSEMENT UV SUR LA RESINE ET SUR LE COMPOSITE

La microstructure et les propriétés des plaques de résine et de composite ayant été caractérisées à l'état initial, nous allons maintenant suivre leurs évolutions au cours du vieillissement UV, effectué selon la procédure décrite au chapitre II (*Cf. § 2.3.2. Mise en œuvre du vieillissement ultraviolet*). Il s'agit d'identifier les mécanismes de vieillissement propres aux UV et de mettre en évidence un effet potentiel des fibres sur ces mécanismes ou sur les cinétiques de dégradation.

4.1.   Effet du vieillissement UV sur la résine

L'effet du vieillissement UV sur la résine a été caractérisé après 7, 15, 30 et 60 jours de vieillissement artificiel. La surface des plaques côté air lors de la mise en œuvre, qui est donc sous-réticulée, a été exposée aux UV. Différentes techniques de caractérisation ont été utilisées pour suivre l'évolution des propriétés de la résine au cours du vieillissement.

4.1.1.   *Évolution des propriétés de la résine en masse*

4.1.1.1. *Observations microscopiques*

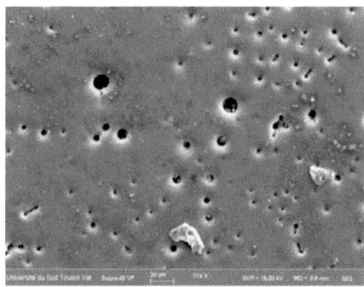 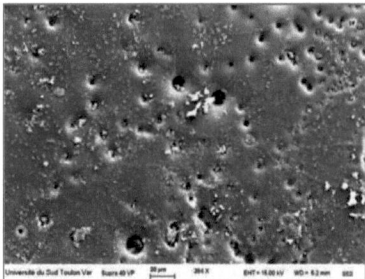

Après 3 jours de vieillissement UV   Après 60 jours de vieillissement UV

Figure 4.1.   Clichés MEB de la surface exposée avant et après 60 jours de vieillissement UV

En début de vieillissement, l'examen microscopique de la surface coté air de la résine montre uniquement les porosités de grande taille, dues aux bulles d'air ou à l'évaporation de l'amine lors de la mise en œuvre. Après 60 jours de vieillissement UV la porosité de surface ne semble pas avoir évolué, en revanche on voit apparaitre des fissures peu profondes mais relativement nombreuses (*Figure 4.2*).

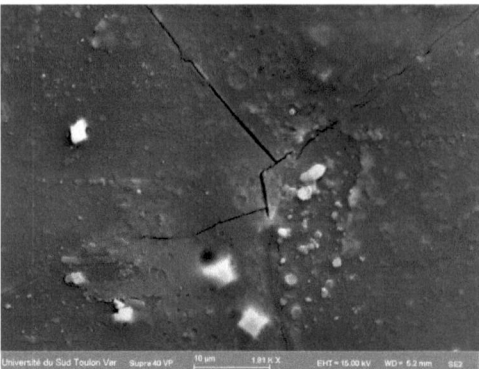

Figure 4.2.   Cliché MEB de la surface exposée après 60 jours de vieillissement UV.

4.1.1.2. *Analyse mécanique dynamique (DMA)*

La couche de surface des plaques de résine, initialement sous-réticulée, est celle qui est directement exposée aux UV. Or, cette couche a été identifiée au DMA par un épaulement à basse température. L'évolution de cet épaulement au cours de l'exposition aux UV (*Figure 4.3*) devrait donc renseigner sur les effets des UV sur cette couche notamment. Les effets sur la résine en masse sont également caractérisés par le suivi de la relaxation principale au cours du vieillissement.

Au cours du vieillissement, l'amplitude et la température de la relaxation principale α augmentent, ce qui traduit à la fois une diminution de mobilité moléculaire et une augmentation de la proportion d'entités participant à cette relaxation. Il est peu probable que les UV puissent avoir des effets dans la résine en masse dès 15 jours d'exposition. Par conséquent, seule la température de l'enceinte (45°C) peut expliquer cette évolution. Une partie de l'eau contenue initialement à cœur et/ou dans la couche de surface et peut être désorbée. L'augmentation de Tα correspondrait donc à une déplastification de la résine. L'augmentation de la hauteur du pic peut provenir du fait qu'une partie des couches de surface, qui relaxaient initialement dans l'épaulement, soit incluse dans la relaxation principale après déplastification.

Les effets du vieillissement UV sur l'épaulement attribué aux couches de surface sont beaucoup plus marqués que sur le pic principal, et ce, dès la 1ère semaine d'exposition. L'épaulement débute en effet vers 60°C après seulement 7 jours de vieillissement contre 75°C environ au temps initial. **Des espèces plus mobiles apparaissent donc en surface au-delà de 7 jours.** L'amplitude de l'épaulement, donc la proportion d'entités associées, augmente également au cours de l'exposition. Les mécanismes de dégradation chimique de la résine par photo-oxidation et photolyse peuvent expliquer l'augmentation de mobilité dans les 1ères couches de surface exposée [1-9].

Au-delà de 7 jours, le début de l'épaulement se déplace vers les hautes températures. Les couches d'extrême surface deviennent donc moins mobiles. Cette rigidification pourrait être attribuée à une réticulation secondaire par recombinaison des radicaux formés [10], [1],

[11], [12], [13]. Lors du vieillissement photo-oxydatif, les radicaux libres formés peuvent se recombiner d'autant plus facilement que la mobilité moléculaire est élevée. Le processus de réticulation secondaire est donc d'autant plus probable que le taux de réticulation est faible.

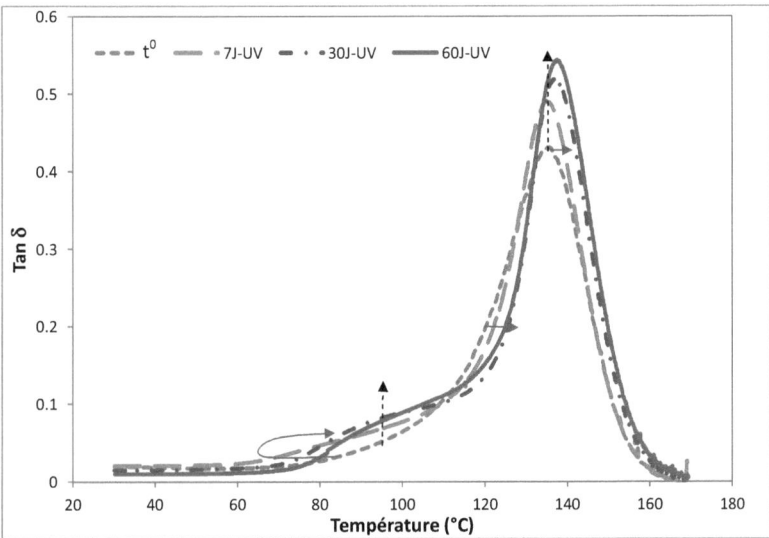

Figure 4.3. *Spectre de relaxation de la résine au cours du vieillissement UV (DMA, 1Hz, 7μm, 2°C/min).*

Le vieillissement en enceinte QUV entraîne donc une déplastification de la résine sous l'effet de la température. L'effet des UV seul se traduit essentiellement sur la couche de surface initialement sous-réticulée par une augmentation de la mobilité moléculaire par coupures de chaînes dans la 1ère semaine d'exposition, suivie d'une rigidification globale du matériau probablement due à des phénomènes de réticulation secondaire.

4.1.1.3. *Flexion 3 points*

Les figures ci-dessous montrent une augmentation de la contrainte à rupture et du module dans les 7 premiers jours traduisant une rigidification de la résine au début du vieillissement, puis une stabilisation au-delà de 30 jours. L'évolution de la déformation à rupture n'est cependant pas significative compte tenu de la dispersion des résultats.

Ce comportement pourrait être dû à un effet de post-réticulation de la couche de surface, ou plus probablement à un effet du séchage durant l'exposition dans l'enceinte de vieillissement (45°C). En revanche on ne voit aucun effet pouvant être attribué à des coupures de chaîne.

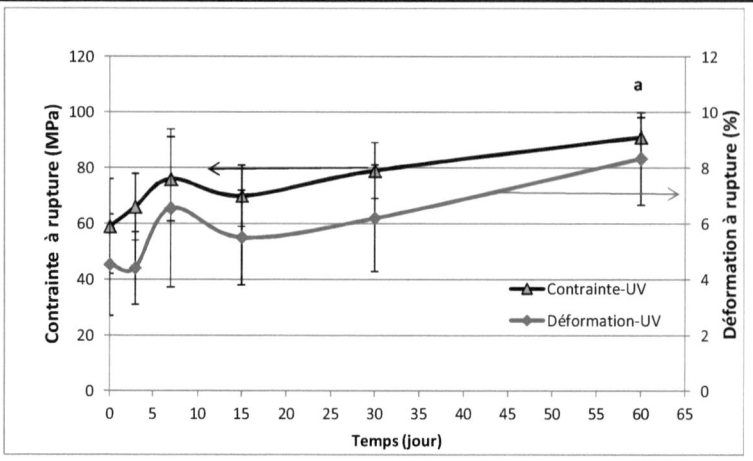

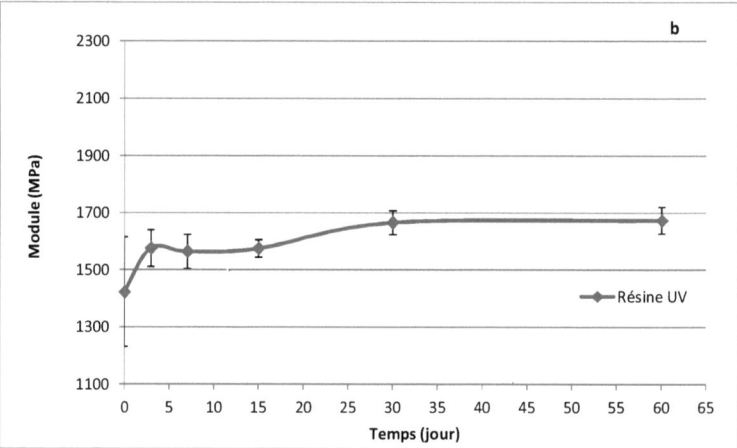

Figure 4.4.   *Évolution de la contrainte et de la déformation à rupture (a) et du module*
élastique (b) lors du vieillissement UV

4.1.2.   *Évolution des propriétés en couches*

Afin de suivre l'effet du photo-vieillissement sur notre système en fonction de l'épaisseur de l'échantillon, les couches de surface exposées et une couche de surface opposée ont été analysées après différents temps de vieillissement.

4.1.2.1. *Calorimétries différentielles à balayage (DSC)*

La mesure de la température de transition vitreuse (*Figure 4.5*) des différentes couches doit permettre de préciser la nature et la cinétique des dégradations (ou post-réticulations) se produisant au cours de l'exposition aux UV.

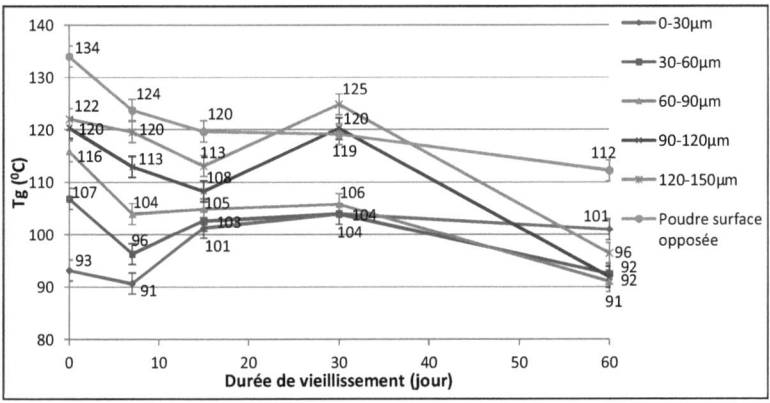

Figure 4.5.   *Évolution des Tg de chaque couche au cours du vieillissement UV.*

Pour la couche de surface opposée qui correspond à un réseau totalement réticulé, on constate une diminution continue de la Tg, en particulier dans les 15 premiers jours de vieillissement, qui peuvent être associés aux coupures de chaîne par photo-oxydation et/ou photolyse [14], [15], [16], [17], bien que cette couche ne soit pas directement exposée aux UV.

Le comportement du côté de la surface exposée varie d'une couche à l'autre. La Tg dans la 1ère couche, la moins réticulée, diminue très légèrement au cours de la 1ère semaine puis augmente de manière importante au cours de la 2ème semaine de vieillissement, pour se stabiliser ensuite autour de 105°C. Les couches suivantes voient leur Tg diminuer de manière importante dès la 1ère semaine de vieillissement. Cette diminution de Tg se poursuit sur des durées d'exposition d'autant plus longues que le taux de réticulation de la couche est élevé au départ.

Cette évolution de Tg du côté de la surface exposée (couche moins réticulée) est cohérente avec l'évolution de l'épaulement observé en DMA dans les 1ères semaines de vieillissement. La diminution de Tg dans la 1ère semaine correspond bien à la diminution de la température de relaxation de l'épaulement. L'inversion de la tendance observée au-delà de la 1ère semaine dans les 30 premiers micromètres est également présente sur le décalage de l'épaulement. Il y a donc dominance des coupures de chaînes dans la 1ère semaine puis réticulation secondaire par recombinaison des radicaux jusqu'à 60 µm de la surface exposée. Entre 60 et 150 µm, les coupures de chaînes dominent, ce qui est cohérent avec l'augmentation de la proportion d'entités relaxantes dans l'épaulement. Ceci peut sembler contradictoire avec les études montrant des effets essentiellement superficiels du photovieillissement [18], [19]. D'autres études ont néanmoins permis d'identifier des photo-produits jusqu'à 250 µm de la surface dans des réseaux époxy-amine [20].

Après 30 jours d'exposition, l'augmentation de Tg concerne les couches plus profondes (entre 90 et 150µm), montrant que les processus de réticulation secondaires nécessitent la formation de radicaux au préalables et ce, en nombre suffisant. Cette augmentation est là encore, cohérente avec le décalage de l'épaulement vers les hautes températures en DMA. Au-delà de 60 jours, la baisse brutale des Tg est par contre incohérente avec l'évolution de l'épaulement en DMA et reste inexpliquée.

Dans tous les cas, deux processus antagonistes de coupures de chaîne d'une part et de réticulation secondaire d'autre part interviennent dans les couches de surface. **Si le caractère compétitif de ces phénomènes a déjà été observé, [18], [1], [11], [10], [12], [13], il apparait ici que le déclenchement du second processus dépend du taux de radicaux formés au cours du 1ᵉʳ processus et de la mobilité moléculaire, donc du taux de réticulation initial du réseau.**

4.1.2.2. *Spectroscopie infrarouge à transformée de Fourier (IRTF)*

La spectrométrie IRTF est couramment utilisée pour identifier les produits chimiques qui se forment lors de la photo-oxydation des systèmes époxyde/amine [17], [21], [5], [22], [23]. Les principaux photo-produits formés sont des amides, des carbonyles et des structures quinone-méthides [24]. La méthode a été appliquée ici en transmission sur les couches en copeaux incorporées dans des pastilles de KBr afin de suivre les évolutions chimiques du matériau en fonction de l'épaisseur au cours du photo-vieillissement. Les produits chimiques formés ont été identifiés à 1735 cm⁻¹ pour les phényl-formiates et, à 1658 cm⁻¹ pour les amides et les structures quinone-méthides, ces deux derniers produits chimiques ayant la même bande d'absorption. Le mécanisme de formation de ces produits a été décrit dans la littérature [15], [24]. Les structures aromatiques sont généralement modifiées au cours du vieillissement photochimique, mais sur une très faible épaisseur de 2-3 µm sous la surface exposée [22], [20]. Ainsi, la bande de la vibration de déformation des liaisons doubles C=C du cycle aromatique phényle située à 1512 cm⁻¹ a donc été conservée comme bande de référence. La *Figure 4.6* représente la variation de l'intensité des pics d'oxirannes à 915 cm⁻¹ des couches au cours du vieillissement photochimique.

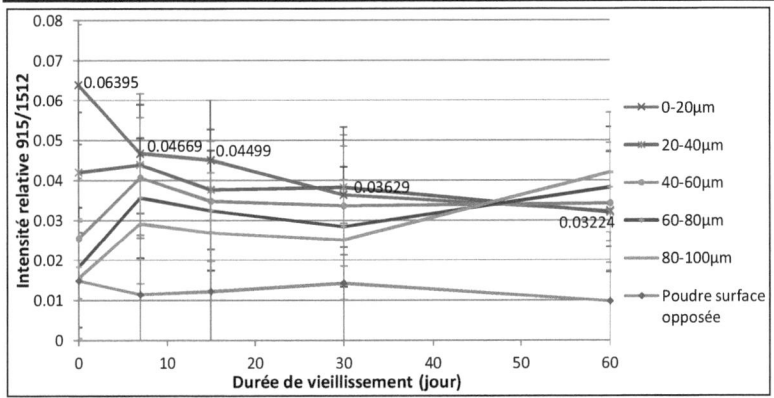

Figure 4.6.   Variation de l'intensité relative des pics d'oxirannes à 915 cm^{-1}/1512 cm^{-1} des couches au cours de vieillissement photochimique

Pour la couche de surface exposée (de 0 à 20µm) une nette diminution de l'intensité des pics d'oxirannes est visible au cours des 30 premiers jours de vieillissement et se stabilise au-delà. Pour la couche suivante, de 20 à 40µm, l'intensité des pics oxiranne est presque constante, indiquant que **seuls les cycles oxiranne de l'extrême surface sont modifiés au cours de l'exposition aux UV**. Pour les couches plus profondes, l'intensité initiale est très faible et les évolutions sont inférieures à l'incertitude de mesure. La diminution de l'intensité des pics d'oxiranne sous l'effet des UV peut être expliquée par l'ouverture du cycle oxiranne selon le mécanisme proposé par Zhang et al. [5]. Suite à l'ouverture des cycles oxirannes sous l'effet des UV, les radicaux libres sont formés et peuvent se recombiner, notamment dans la première couche où la mobilité moléculaire est la plus élevée. Ce phénomène contribue à l'augmentation de la Tg au-delà de 7 jours de vieillissement (*Figure 4.5*). **La diminution de la Tg au cours de la 1ère semaine de vieillissement montre que l'ouverture des cycles n'est pas immédiatement associée à une réticulation secondaire.**

L'évolution relative des bandes correspondantes aux phényl-formiates, amides et structures quinone-méthides (dont les bandes d'absorption respectives sont à 1735 cm^{-1} et 1658 cm^{-1}) est présentée sur les *Figure 4.7* et *Figure 4.8*.

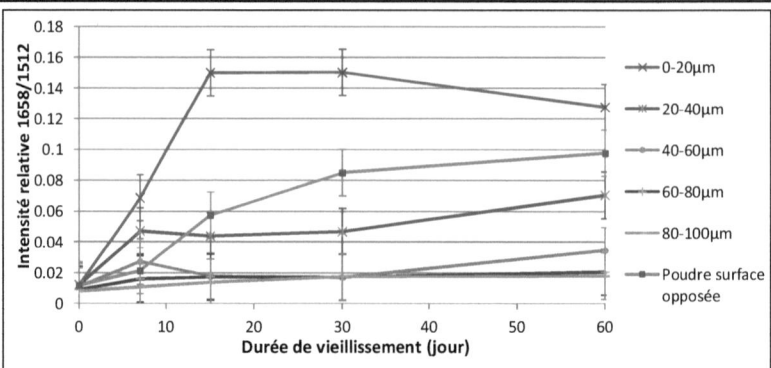

Figure 4.7.   *Variation de l'intensité relative des pics de quinone-méthides et d'amide à 1658 cm^{-1}/1512 cm^{-1} des couches au cours du vieillissement photochimique*

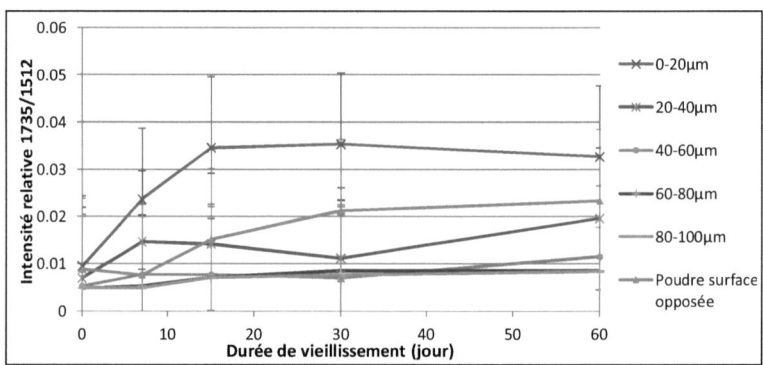

Figure 4.8.   *Variation de l'intensité relative des pics de phényl-formiate à 1735 cm^{-1} /1512cm^{-1} des couches au cours de vieillissement photochimique*

Une nette augmentation de l'intensité des deux pics est observée pour la 1ère couche de surface exposée dans les 15 premiers jours de vieillissement, suivie d'un palier entre 15 et 30 jours, puis d'une légère diminution au-delà de 30 jours d'irradiation. Les mécanismes de coupures de chaînes conduisant aux photo-produits attribués aux phényl-formiates et quinones-méthides ou amides décrits ci-dessus se produisent donc essentiellement dans les 15 premiers jours, parallèlement au processus de réticulation secondaire. Par ailleurs, les groupements amides et carbonyles formés sont instables sous l'effet des UV [23]. Le palier observé entre 15 et 30 jours de vieillissement peut traduire une concurrence et un équilibre entre formation et dégradation des groupements amides et carbonyles. Au-delà de 30 jours, les mécanismes de dégradation dominent sous l'effet des UV.

Pour les couches suivantes, au-delà de 20µm, l'évolution de ces bandes est trop faible par rapport à l'incertitude de mesure. Les *Figure 4.7* et *Figure 4.8* montrent également la variation de l'intensité relative des pics à 1658 cm^{-1} et 1735 cm^{-1} pour la couche de surface opposée au cours de l'irradiation. Cette couche a un taux de conversion maximal et elle est affectée de manière indirecte par les UV. L'augmentation de l'intensité des pics à 1658 cm^{-1} et 1735 cm^{-1} au-delà de 7 jours est cohérente avec la diminution de Tg de cette couche (*Figure 4.5*). Les mécanismes de coupures de chaînes conduisent à la formation de structures amides, quinones et phényl-formiates se traduisent par une augmentation de mobilité moléculaire.

Nous voyons également que la bande à 1658 cm^{-1} augmente mais logiquement plus lentement que sur la couche opposée. L'intensité relative atteinte au bout de 60 jours côté opposé (0,1) correspond à l'intensité atteinte au bout de 10 jours environ côté exposé. Un facteur x6 en terme de temps d'exposition peut donc être estimé entre le côté exposé directement aux UV et le côté opposé.

En combinant les résultats obtenus par les différentes analyses et en les confrontant à la littérature, le vieillissement photo-oxydatif de la résine époxy-DETA peut donc être associé à différents processus :

- **La dégradation du matériau par coupures de chaînes, formant des groupes amides, carbonyles et structures quinones.**
- **La dégradation des produits chimiques formées sous l'effet des UV [5].**
- **L'ouverture des cycles oxiranes en excès**
- **La réticulation secondaire par la recombinaison des radicaux libres formés lors de la dégradation du matériau par les coupures de chaîne.**

L'ouverture des cycles et la formation de radicaux se produisent forcément avant la réticulation secondaire. La prépondérance d'un mécanisme par rapport à l'autre dépend de la densité de réticulation initiale du matériau et du temps du vieillissement. Afin de préciser ces mécanismes, les films de résine réalisés à différents taux de réticulation, de manière homogène, ont également été analysés au cours du vieillissement UV.

4.1.3. Suivi de l'évolution des propriétés en film mince

Dans cette partie, les techniques d'analyse telles que la DSC et l'IRTF sont utilisées pour caractériser les propriétés de la résine à différentes stœchiométries de mélanges époxy-amine et après 7, 15, 21, 30 jours de vieillissement photo-oxydatif. Les résultats obtenus contribueront à clarifier le comportement du système DGEBA/DETA sous l'effet des UV.

4.1.3.1. *Calorimétrie différentielle à balayage (DSC)*

Les mesures sont réalisées sur des échantillons sous forme de films minces qui sont déposés dans un creuset standard. Les valeurs de Tg des échantillons aux différentes stœchiométries après 7, 15, 21 et 30 jours de vieillissement photo-oxydatif sont représentées *Figure 4.9*.

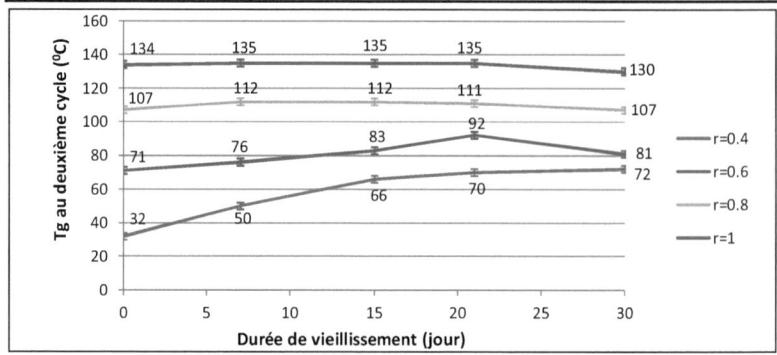

Figure 4.9.   *Évolution des Tg des différentes taux de stœchiométriques en fonction du temps de vieillissement photo-oxydatif*

On note que l'augmentation du rapport a/e entraîne une augmentation de la densité de réticulation, ce qui conduit à l'augmentation de Tg. Pour les échantillons de résine fortement sous réticulée (r=0,4 et 0,6), la Tg augmente très nettement dans les 21 premiers jours. Cependant, pour le rapport a/e plus élevé (r=0,8), la Tg n'augmente légèrement que dans les 7 premiers jours, elle se stabilise ensuite dans l'intervalle de 7 à 21 jours, puis diminue après 21 jours. Pour l'échantillon de résine à la stœchiométrie (r=1), la Tg ne varie pratiquement pas dans les 21 premiers jours d'irradiation, puis diminue très légèrement au-delà.

Ces résultats confirment un comportement au vieillissement photo-oxydatif très différent lorsque la densité du réseau est modifiée. En général, plus celle-ci augmente, meilleure est la résistance de la résine au vieillissement photo-oxydatif. Ceci est bien représenté par l'intensité du changement de Tg en fonction de la durée de vieillissement. L'invariabilité de la Tg de la résine pour r=1 jusqu'à 21 jours de vieillissement nous montre la stabilité de la résine totalement réticulée. En réalité, lors du vieillissement photo-oxydatif, la résine totalement réticulée est également dégradée par formation de produits chimiques (ceci sera démontré par l'analyse IRTF dans la partie suivante). Néanmoins, cette dégradation ne se produit que sur une très fine couche de surface exposée, dont l'épaisseur n'est pas suffisante pour modifier la Tg globale du matériau. Cette épaisseur de dégradation augmente avec le temps de vieillissement [20], c'est pourquoi on observe une diminution de Tg après 21 jours de vieillissement. Etant donné que les processus de photo-oxydation semblent similaires pour une DGEBA réticulée ou non réticulée selon [23], nous supposons donc que les processus de coupures de chaînes sont comparables pour tous les ratios.

Au contraire, l'augmentation de Tg des résines sous réticulées (r=0,4 et 0,6) dans les 21 premiers jours d'irradiation indique la prédominance de la réticulation secondaire (ou post-réticulation). En effet, les radicaux formés sous l'effet des UV et la faible densité de réticulation de ces réseaux permettent une mobilité moléculaire élevée qui favorise les possibilités de recombinaison de ces radicaux dès les 1ers jours de vieillissement. À l'inverse, la recombinaison des radicaux libres conduit en parallèle à une diminution de la mobilité moléculaire qui ralentit l'augmentation de Tg. Les analyses IRTF de la couche de surface de la résine initialement sous-réticulée montrent que les cycles oxiranne sont ouverts dès le début de l'exposition et participent donc à cette réticulation secondaire. Ce processus décroît logiquement au cours du temps au fur et à mesure que les cycles sont consommés. La Tg augmente donc rapidement au début de l'exposition, se stabilise, puis diminue sur le long terme lorsque les processus de dégradation deviennent dominants.

4.1.3.2. _Spectroscopie infrarouge à transformée de Fourier_ (IRTF)

Comme nous l'avons abordé précédemment, l'effet du vieillissement photo-oxydatif se traduit par des coupures de chaîne pour former des produits comme le phényl-formiate, des amides et la quinone-méthides. Pour la résine sous réticulée (en excès des cycles oxirannes), le vieillissement photo-oxydatif affecte également les groupes époxys par l'ouverture des cycles oxirannes (diminution de l'intensité des pics oxirannes à 915 cm^{-1} sur la surface exposée à l'irradiation UV) (_Figure 4.10_). Pour la surface opposée qui a subi un vieillissement indirect, des résultats similaires sont observés.

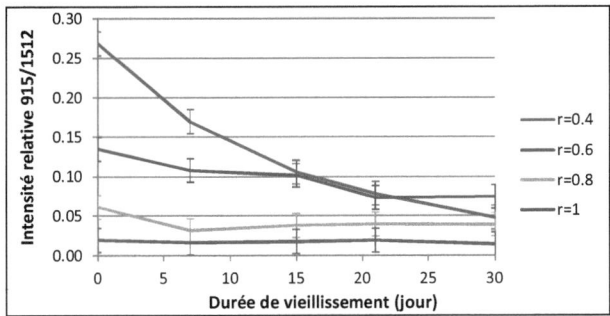

Figure 4.10.   _Évolution de l'intensité des pics oxirannes à 915 cm^{-1} sur la surface exposée au vieillissement photo-oxydatif._

Plus généralement, les résultats IRTF obtenus sur la surface exposée de la résine totalement réticulée (_Figure 4.11_) nous montrent que le matériau se dégrade dès le début de l'irradiation.

En corrélant ces résultats avec la stabilité de Tg pendant les 21 premiers jours d'irradiation (_Figure 4.9_), on peut confirmer que la dégradation de la résine totalement réticulée dans cette période n'est pas suffisante pour modifier la Tg du système.

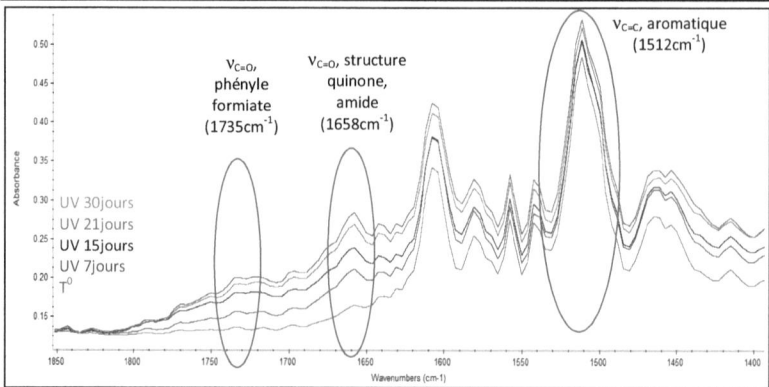

Figure 4.11.   Spectres IRTF de la surface exposée de la résine totalement réticulée (r=1) au
cours de vieillissement UV

En ce qui concerne les sous-produits formées au cours de vieillissement photo-oxydatif, les
Figure 4.12 et *Figure 4.13* représentent la variation de l'intensité des pics à 1658 cm^{-1} et
1735 cm^{-1} de la surface exposée des plaques de résine à différentes stœchiométries.

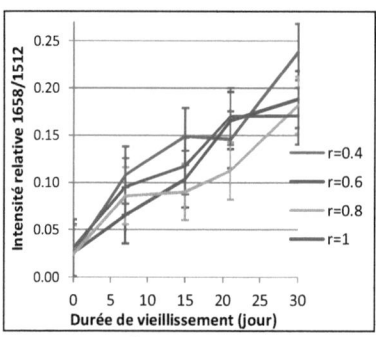

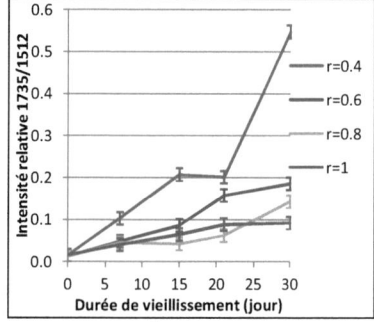

*Figure 4.12.   Évolution de l'intensité des
pics à 1658 cm^{-1} sur la surface exposée au
cours du vieillissement photo-oxydatif.*

*Figure 4.13.   Évolution de l'intensité des
pics à 1735 cm^{-1} sur la surface exposée au
cours du vieillissement photo-oxydatif.*

Le matériau sous réticulé semble moins stable sous l'effet des UV. En effet, lorsque le
rapport stœchiométrique r diminue, l'intensité du pic à 1735 cm^{-1} augmente (*Figure 4.13*). Le
pic à 1658 cm^{-1} augmente régulièrement, mais semble dépendre peu du ratio (*Figure 4.12*).
Cette bande est habituellement attribuée aux structures quinones ou amides, les premières
étant issues de la dégradation de la DGEBA et les secondes, de la dégradation des amines. Si
une seule de ces espèces était formée, l'intensité de la bande devrait dépendre du ratio ; elle
devrait augmenter avec r dans le cas des amides et diminuer avec r dans le cas des quinones.

Son évolution ici ne permet pas de favoriser un composé par rapport à l'autre. **La bande à 1658 cm^{-1} peut donc être attribuée aux structures quinones et aux amides.**

4.1.4. Conclusion sur l'effet du vieillissement sur la résine

Les principaux mécanismes de dégradation de la résine ont été identifiés au cours de l'exposition au QUV. Les effets sur un réseau totalement réticulé se traduisent essentiellement par des coupures de chaînes par photolyse et photo-oxidation en extrême surface avec formation de phényl-formiates, de structures quinones-méthides ou d'amides. Sur le réseau sous réticulé avec un excès d'oxiranne, ces phénomènes de coupures de chaînes qui prédominent dans les premiers jours d'exposition sont associés à l'ouverture des oxirannes en excès. Cette étape est suivie par des phénomènes de réticulation secondaire par recombinaison des radicaux formés, notamment à partir de ceux formés sur les groupements oxirannes.

4.2. Effet du vieillissement UV sur le composite

Comme nous venons de le voir, les processus de vieillissement photo-oxydatifs sont principalement surfaciques. Il s'agit dans cette partie d'identifier un effet potentiel des fibres sur le vieillissement photo-oxidatif, en comparant les effets observés sur la résine et sur le composite soumis aux mêmes conditions d'exposition et sur les mêmes durées. Comme dans le cas de la résine, la surface exposée aux UV est la surface côté air des plaques, sous-réticulée. Les plaques ont ensuite été caractérisées à l'état massif et en couches.

4.2.1. Conséquence sur les propriétés à l'état massif

4.2.1.1. Propriétés morphologies

Comme de nombreux auteurs [22], [15], [24], [14], Zhang et al. [5] observent la formation de microfissures sur la surface exposée aux UV, fissures résultant des processus de photo-vieillissement par coupures de chaîne macromoléculaire. Dans notre cas, les clichés de la surface exposée de composite à t_0 et après 60 jours de photo-vieillissement (*Figure 4.14*) montrent également des fissures sur la surface exposée, mais avec une densité plus faible que celle observée par Zhang et al. Ceci peut être expliqué par la différence de la longueur d'onde et par l'intensité de la source des UV qui influent sur la formation de ces fissures. Dans notre cas, les lampes de type UVA-340 nm sont généralement bien corrélées avec le vieillissement naturel, mais engendrent des dégradations moins rapides qu'avec les UVB [25]. Dans le cas de Zhang et al., il s'agissait d'une source d'UV de 320 à 600nm avec une intensité de 2500W.

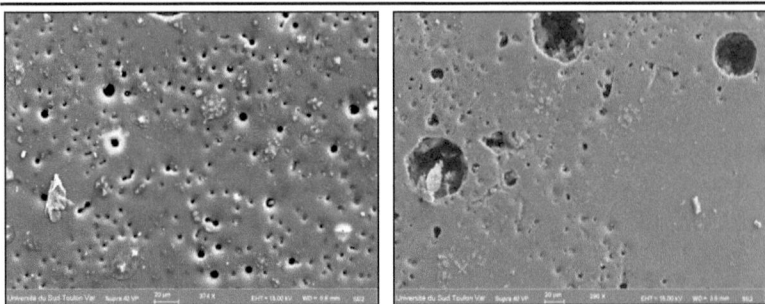

Après 3 jours de vieillissement UV   *Après 60 jours de vieillissement UV*

Figure 4.14.   Clichés MEB de la surface exposée avant et après 60 jours de vieillissement UV

Le cliché du composite après 60 jours de vieillissement UV montre que les fissures se forment principalement à partir des bulles d'air apparues probablement lors de l'élaboration des plaques. Cependant, ces fissures semblent moins nombreuses que sur les échantillons de résine seule.

4.2.1.2. *Propriétés viscoélastiques*

Les propriétés viscoélastiques du composite sont caractérisées après différents temps de vieillissement photo-oxydatif (*Figure 4.15*).

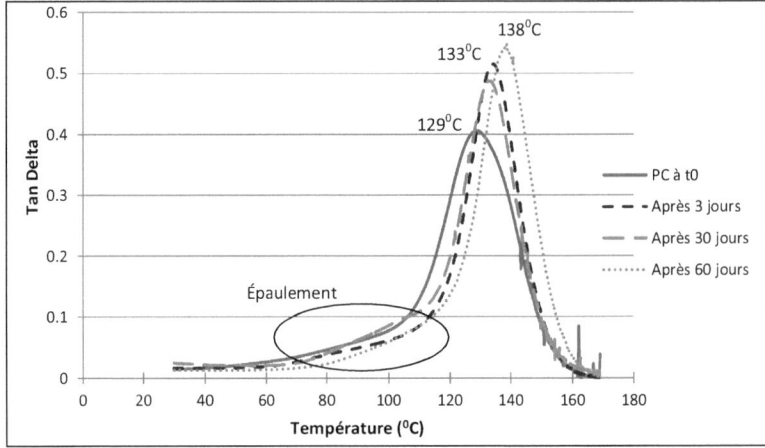

Figure 4.15.   Évolution des pics de relaxation du composite en fonction du temps de vieillissement photo-oxydatif (DMA, 1Hz, 7μm, 2⁰C/min).

L'allure du spectre reste similaire au cours du vieillissement à celle du composite au temps initial. En effet, une déconvolution en 3 relaxations peut toujours être appliquée. Par rapport au temps initial, les températures de relaxation attribuées à la surface sous réticulée ($T\alpha_2$) et aux interphases ($T\alpha_1$) augmentent dans la première semaine de vieillissement UV (*Figure 4.16*). La $T\alpha$ de la matrice augmente également légèrement. Ceci correspond donc à une rigidification globale du matériau, **notamment dans les parties initialement moins réticulées.**

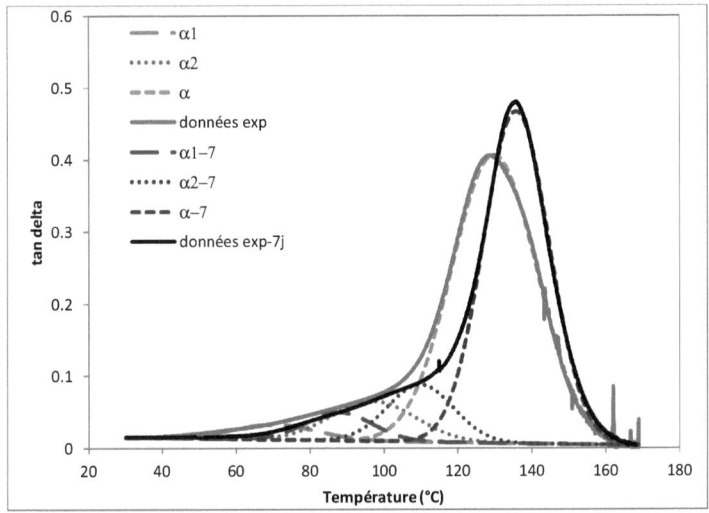

Figure 4.16.   Déconvolution des pics de relaxation du composite et évolution après 7 jours de vieillissement UV (DMA, 1Hz, 7μm, $2^0C/min$).

Une rigidification des interphases au cœur du matériau ou sur la surface non exposée ne peut être attribuée qu'à l'effet de la température et non à celui des UV. Le composite contenant plus d'eau que la résine à l'état initial, celle-ci doit donc être désorbée dans les premiers jours d'exposition dans l'enceinte UV à 45°C. L'analyse de la relaxation α_1 au cours du vieillissement confirme que **la microstructure et/ou la chimie des interphases favorisent l'absorption d'eau.**

La rigidification de la couche de surface (α_2) du composite au cours du vieillissement UV semble singulière par rapport à l'évolution des couches de surface de la résine seule. En effet, l'épaulement pour la résine est globalement décalé vers les basses températures. Or, les observations au MEB ou en microscopie optique montrent que la couche sous-réticulée du composite (entre 0 et 100μm de la surface) ne contient pas de fibre et devrait donc se comporter comme la résine. De plus, les Tg mesurées par couches (2ème passage, donc après désorption) montrent une mobilité similaire dans cette zone. La couche entre 100 et 200μm contient, elle, davantage de fibres et on observe un décalage sur la Tg entre résine et composite (plus rigide également après désorption). Comme nous l'avons supposé au chapitre 3, la relaxation α_1 intègre la relaxation des interphases situées dans les zones bien réticulées du composite (côté moule).

Par conséquent, l'augmentation de Tα_1 sur le composite pourrait être attribuée à la désorption de l'eau absorbée dans les interphases des fibres situées dans les couches bien réticulées.

Après 60 jours de vieillissement, la Tα du composite atteint 138°C, comme celle de la résine. Ceci montre que la présence de fibres ne modifie globalement pas le comportement viscoélastique de la matrice au cours du vieillissement photo-oxydatif.

4.2.1.3. _Flexion 3 points_

Le vieillissement UV a peu d'effet sur les données à rupture, pour le composite si ce n'est une légère diminution mais avec un écart-type important. L'augmentation des données à rupture pour la résine traduisant un comportement plastique plus marqué ne se retrouve pas sur le composite. La présence des fibres limite probablement ce comportement (plus fragile).

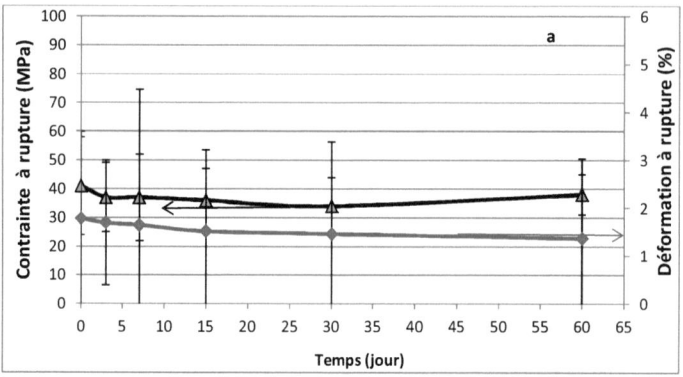

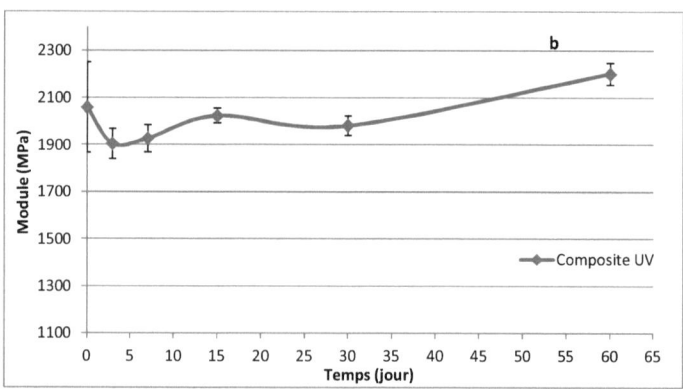

Figure 4.17.   _Évolution de la contrainte et de la déformation à rupture (a) et du module élastique (b) lors du vieillissement UV_

4.2.2. *Évolution des propriétés du composite dans l'épaisseur*

Les effets du vieillissement UV sur le composite sont caractérisés dans l'épaisseur du composite au cours du temps. De nombreux auteurs ont constaté que le processus de vieillissement photochimique est limité par la capacité de l'oxygène à diffuser dans le matériau [10, 26]. La caractérisation des propriétés de la résine au cours du vieillissement photochimique confirme que l'effet du vieillissement diminue rapidement avec la profondeur de l'échantillon. Ici, le composite est analysé par couches successives de 20 à 30µm d'épaisseur du côté de la surface exposée et du côté opposé après différents temps de vieillissement photochimique.

4.2.2.1. *Suivi de la mobilité moléculaire*

L'effet du vieillissement photochimique est analysé en termes de densité de réticulation en fonction de la profondeur à partir de la surface exposée et du temps d'exposition. Le suivi de la Tg des couches au 2nd cycle de chauffage est effectué par DSC au cours du vieillissement photo-oxydatif (*Figure 4.18*).

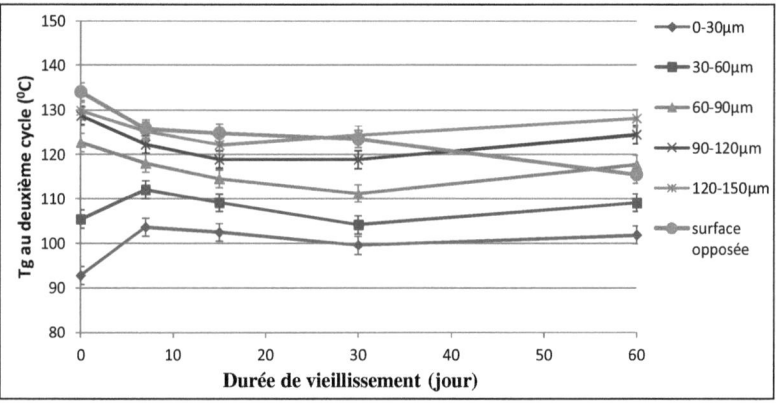

Figure 4.18.   *Évolution des Tg de chaque couche de composite au cours du vieillissement UV.*

La première et la deuxième couche de surface côté exposé présentent la même évolution au cours du temps, en particulier au début du vieillissement où la Tg augmente. À partir de 60 µm, les allures sont inversées lors de la première semaine de vieillissement. Au-delà de 7 jours d'exposition, la Tg diminue dans tous les cas, jusqu'à 30 jours environ et ré-augmente au-delà, et ce, d'autant plus rapidement que les couches sont profondes (donc initialement plus réticulées). L'évolution de la couche de surface opposée est caractéristique du vieillissement du réseau totalement réticulé et diminue tout au long du vieillissement.

Une diminution de Tg est associée à des ruptures de chaînes, par photo-oxidation ou photolyse. Comme cela a déjà été évoqué, la diffusion de l'oxygène est limitée à quelques micromètres dans l'épaisseur [10, 26-28]. Des processus de photolyse sont donc à privilégier dans les couches plus profondes.

L'augmentation de Tg dans les 7 premiers jours de vieillissement pour les couches de surface les moins réticulées (<60 µm) est cohérente avec le décalage du pic de $T\alpha2$ vers les hautes températures en DMA. Ceci montre une diminution de mobilité moléculaire de l'extrême surface. Ce phénomène n'est observé qu'après 7 jours d'exposition dans le cas de résine (*Figure 4.5*). Or, les relaxations des couches de surface sont différentes à l'état initial entre le composite et la résine (*Figure 3.22*), du fait de la présence d'eau dans ces zones sous-réticulées du composite à t_0. La température dans l'étuve permet de désorber l'eau dans le composite qui en comporte plus que la résine. La plastification initiale accroît la mobilité moléculaire facilitant d'une part la diffusion de l'oxygène (donc la photo-oxydation) et, d'autre part, les recombinaisons entre radicaux formés sous les UV dès les 1ers jours d'exposition. Une densification du réseau est donc globalement observée. Les phénomènes de désorption conduisent également à une rigidification de ces couches de surface et des interphases. Pour les couches situées plus en profondeur, entre 60 et 150 µm, la réticulation initiale est supérieure à celle des couches de surface, et la mobilité moléculaire y est donc moins élevée. Par conséquent, les processus de dégradation sont dominants et la Tg diminue dans les 15 premiers jours de vieillissement, comme dans le cas de la résine. Dans les 15 jours suivants, comme pour les couches de surface, une concurrence s'établit entre dégradation et réticulation secondaire.

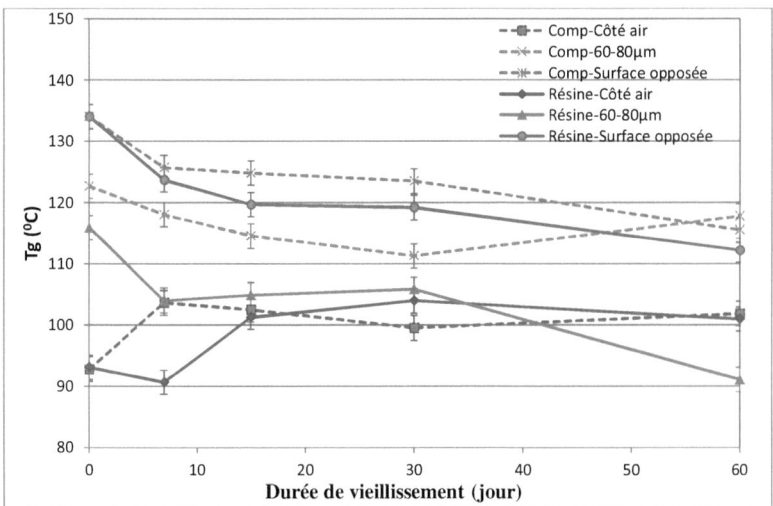

Figure 4.19.   *Comparaison des effets du vieillissement UV sur la Tg entre résine et composite sur 3 couches (exposée, opposée et 60-80µm)*

La couche de surface opposée correspond à un réseau totalement réticulé et subit un vieillissement photochimique indirect. L'évolution de Tg au cours du vieillissement photochimique est similaire à celle de la résine. Il s'agit dans les deux cas d'une diminution de Tg, probablement liée à la dégradation chimique du réseau. Néanmoins, la chute de Tg du composite après 60 jours est inférieure à celle de la résine. Il semble donc qu'il y ait un effet limitant des fibres sur le processus de photo-oxidation en augmentant les chemins de diffusion de l'oxygène. L'évolution de la Tg des couches situées entre 60 et 80µm est très différente entre résine et composite, notamment après 60 jours. Dans le cas de la résine, la mobilité s'accroit fortement au-delà de 30 jours d'exposition (coupures de chaînes) alors qu'elle augmente dans le composite (recombinaison des radicaux). Les évolutions étant similaires sur les couches voisines, il ne s'agit donc pas d'un artéfact sur un prélèvement, mais nous ne pouvons l'expliquer totalement.

4.2.2.2. *Effets des UV sur la chimie de la matrice*

Les mécanismes de dégradation sous UV de la résine seule ont été décrits précédemment, en s'appuyant sur la littérature [17], [21], [5], [22], [23]. Comme nous l'avons vu, les produits principalement formés sont des amides, des carbonyles et des structures de méthyle quinone [24]. L'objectif de cette partie est de comparer l'évolution des bandes caractéristiques identifiées dans le cas du vieillissement UV de la résine à celles de la matrice. La *Figure 4.20* représente la variation de l'intensité des pics oxirane à 915cm^{-1} des couches de composite au cours de vieillissement photochimique.

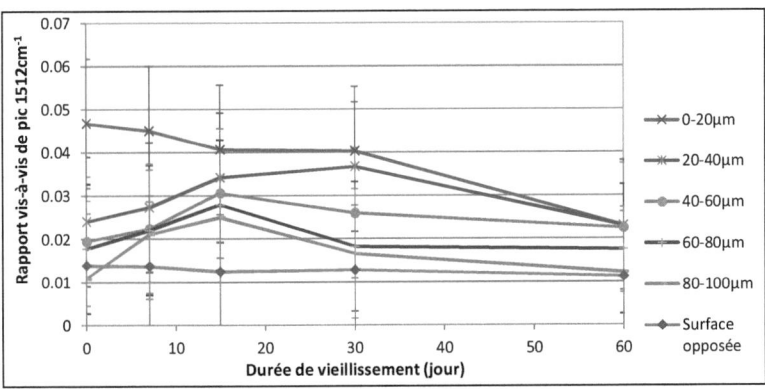

Figure 4.20. Variation de l'intensité des pics oxiranes à 915cm^{-1} des couches de composite au cours du vieillissement photochimique

La diminution de mobilité moléculaire déduite de l'évolution de la Tg des couches de surface du composite au début du vieillissement peut expliquer la limitation de la diffusion des espèces conduisant à l'ouverture des cycles. Après 30 jours de vieillissement UV à 45^{0}C, la réaction d'ouverture des cycles oxirannes se produit plus rapidement (notamment pour la résine). Or, les cétones formées sont instables sous l'effet des UV [23] et elles absorbent prioritairement l'énergie par rapport aux cycles d'oxiranne [19]. La réaction d'ouverture des cycles oxirannes est donc ralentie, le phénomène étant plus marqué pour la résine que pour le composite. Les couches plus profondes (à partir de 20µm), ne semblent pas affectées par le vieillissement photochimique au bout de 60 jours d'exposition. Pour la couche de surface opposée (côté moule), compte-tenu de l'écart-type, la bande associée aux cycles oxiranne n'est pas détectable. Ceci est cohérent avec les valeurs maximales de Tg montrant que la réticulation des surfaces côté moule est totale.

La comparaison avec l'évolution de la bande oxiranne sur la résine est effectuée sur la *Figure 4.21*. Les différences en termes d'intensité et d'évolution sont très faibles. Par contre, l'augmentation de la proportion d'oxiranne entre 60 et 80µm pose problème, sur le composite et surtout sur la résine, notamment au-delà de 30 jours de vieillissement. Ces cas particuliers sont à rapprocher des évolutions inexpliquées des Tg sur ces couches, notamment pour les longues durées d'exposition. Les évolutions en IRTF sont néanmoins à nuancer compte tenu de la barre d'erreur sur cette bande très peu intense.

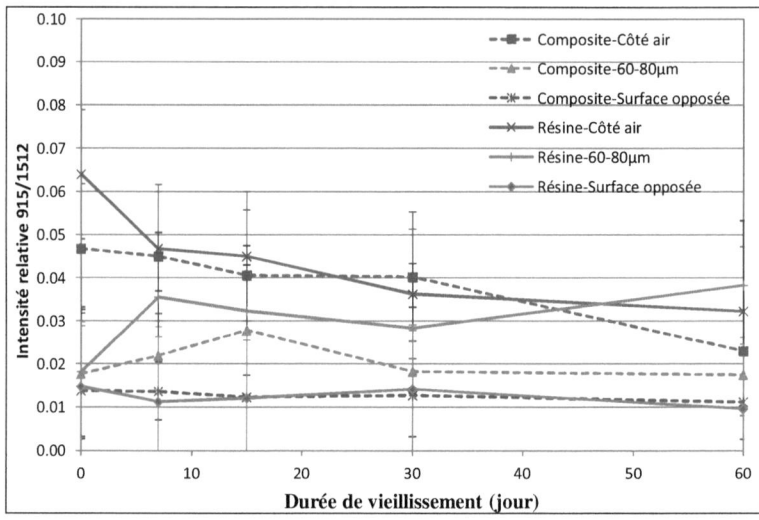

Figure 4.21.   Comparaison des effets du vieillissement UV sur l'intensité de la bande oxiranne entre résine et composite sur 3 couches (exposée, opposée et 60-80µm)

L'évolution des photo-produits est également suivie sur la surface exposée. Les *Figure 4.22* et *Figure 4.23* représentent l'évolution des pics de phényle formiate, amide et structure de méthyle quinone en fonction de l'épaisseur au cours du vieillissement photochimique. Les bandes d'absorption de ces pics se situent respectivement à 1735 cm^{-1} et 1658 cm^{-1}.

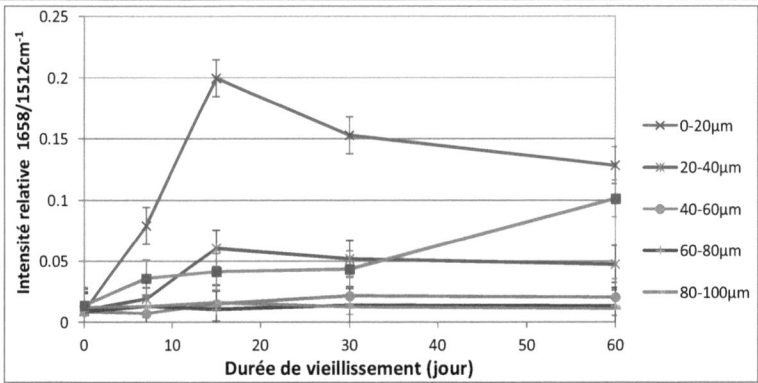

Figure 4.22.   Variation de l'intensité des pics de quinone et d'amide à 1658cm^{-1} des couches de composite au cours du vieillissement photochimique

Nous pouvons également noter, comme pour la résine, que la couche opposée qui ne subit pas directement les UV, subit le vieillissement en décalé. La bande à 1658 cm^{-1} augmente en effet de manière significative, mais logiquement plus lentement que sur la couche opposée.

Un facteur x6 applicable au temps d'exposition est estimé entre la couche exposée et la couche opposée sur le composite, comme sur la résine. La présence des fibres ne semble donc pas modifier les mécanismes et cinétiques de dégradation qui restent essentiellement surfaciques.

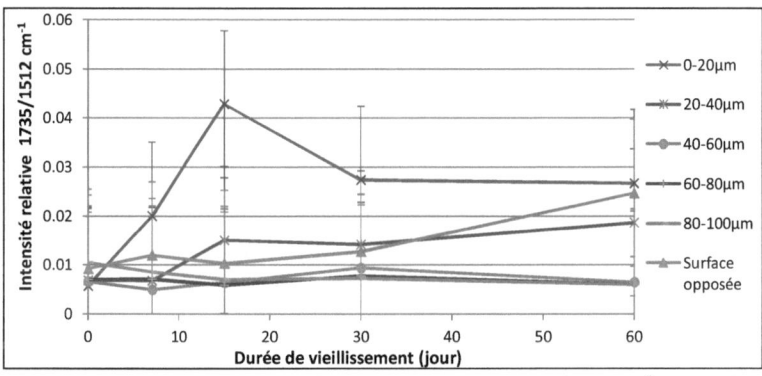

Figure 4.23.   Variation de l'intensité des pics de phényle formiate à 1735cm^{-1} des couches de composite au cours du vieillissement photochimique

L'évolution de l'intensité des pics de quinone et d'amide à 1658 cm^{-1} est comparable à celle du pic de phényle formiate à 1735 cm^{-1}. Pour la couche de surface exposée (de 0 à 20µm), l'intensité de ces pics augmente fortement dans les 15 premiers jours de vieillissement comme cela était observé pour la résine. Ces résultats ne permettent pas d'expliquer la variation de Tg observée dans la période pour le composite, puisque ces photo-produits sont les résultats de coupures de chaîne et devraient donc entraîner une diminution de la Tg. L'augmentation de Tg montre donc que le phénomène de post-réticulation par ouverture du cycle oxiranne est prépondérant. La diminution de l'intensité des pics après 15 jours de vieillissement confirme que l'instabilité des photo-produits sous l'effet des UV [23] devient plus importante que leur formation.

Pour la deuxième couche (de 20 à 40µm), l'intensité des pics de quinone, d'amide et de phényle formiate n'évolue qu'au-delà de 7 jours de vieillissement, alors que des photo-produits étaient détectés dès la première semaine de vieillissement dans le cas de la résine. L'augmentation de l'intensité de ces pics est globalement beaucoup plus faible que celle de la première couche car le vieillissement photo-oxydatif ne concerne que l'extrême surface du matériau. Cela confirme qu'il y a peu d'effet chimique des UV au de-là de 40-50µm.

Sur la 1ère couche de la surface opposée, qui subit indirectement les UV, l'intensité des pics de quinone et amide augmente sur toute la durée du vieillissement, alors que l'augmentation du pic de phényl formiate n'est détectable qu'au bout de 30 jours. Cette couche complètement réticulée subit donc des coupures de chaîne, mais de manière logiquement retardée par rapport à la surface exposée.

Si l'on compare les évolutions entre résine et composite, notamment sur la bande la plus intense à 1658cm⁻¹, les évolutions sur les surfaces sont comparables. La proportion des groupements est maximale au bout de 15 jours côté exposé et diminue ensuite du fait de la destruction ou recombinaison de ces structures.

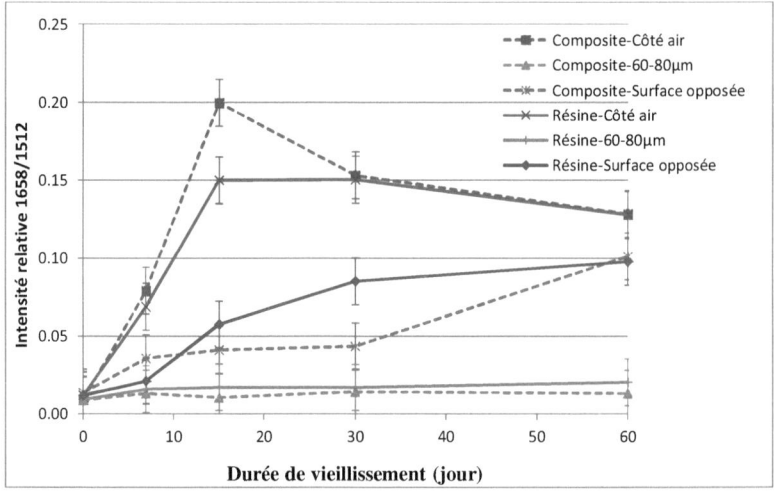

Figure 4.24.   Comparaison des effets du vieillissement UV sur l'intensité de la bande à 1658cm⁻¹ entre résine et composite sur 3 couches (exposée, opposée et 60-80µm)

La cinétique de formation de ces structures semble néanmoins plus rapide côté exposé pour le composite, qui ne comporte pas de fibres dans cette souche de surface mais qui est plus plastifiée au temps initial que celle de la résine. La mobilité moléculaire initiale peut favoriser la diffusion de l'oxygène et donc les effets photooxidatifs.

A l'inverse, la cinétique semble plus rapide côté opposé pour la résine du moins entre 10 et 30 jours. La présence des fibres côté opposé peut à l'inverse limiter la diffusion de l'oxygène et ralentir les effets photooxidants.

4.2.2.3. Évolution des modules de surface après 60 jours de vieillissement UV

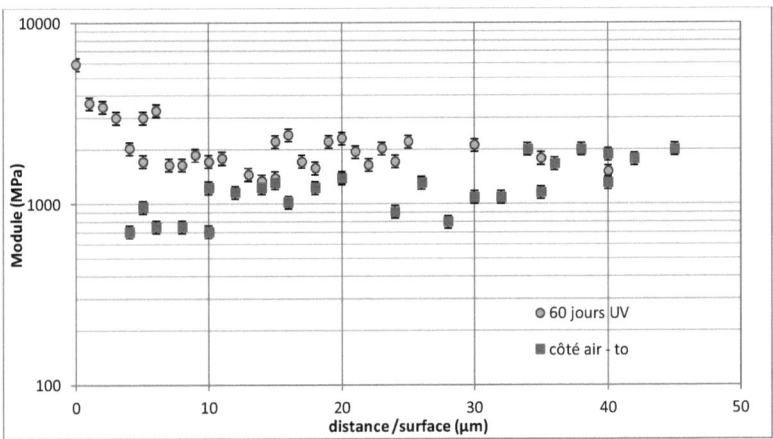

Figure 4.25.   Évolution des modules mesurés par AFM à proximité de la surface côté air après 60 jours d'exposition au QUV et comparaison avec les modules de surface à t_0.

L'évolution des modules mesurés par AFM dans l'épaisseur est cohérente avec l'augmentation de plus de 10°C mesurée sur la Tg de la 1ère couche au bout de 60 jours de vieillissement. En effet, dans les 10 premiers microns, le module passe de 800 MPa environ au temps initial, à 2-3 GPa en moyenne après 60 jours de vieillissement. Les phénomènes de post-réticulation du réseau initialement sous-réticulé par ouverture du cycle oxirane ainsi que les réticulations secondaires semblent donc prédominer par rapport aux coupures de chaîne dans cette couche d'extrême surface [1]. Ces résultats doivent néanmoins être nuancés par le fait qu'une ablation du polymère se produit au cours du vieillissement [29]. L'ablation de ces couches est évaluée à quelques micromètres sur des matrices époxy-amine et dans des conditions d'exposition similaires [30]. Les effets résultants des coupures de chaînes sont donc minimisés lors de la mesure par AFM.

4.2.2.4. Évolution des modules dans les interphases après 60 jours d'exposition au QUV

Comme nous l'avons vu précédemment, la couche de surface exposée directement aux UV contient très peu de fibres dans les 100 premiers micromètres de la surface. A l'opposé, la couche côté moule est très chargée en fibres. Nous avons donc choisi de caractériser l'effet des UV sur les interphases du côté exposé indirectement aux UV, donc du côté dit « opposé » (*Figure 4.26*). Le jaunissement à l'échelle macroscopique et surtout les analyses IRTF de cette surface montrent bien des effets dûs aux UV (*Figure 4.22* et *Figure 4.23*). Les interphases de fibres situées dans les dix premiers microns sont donc analysées (*Figure 4.27*).

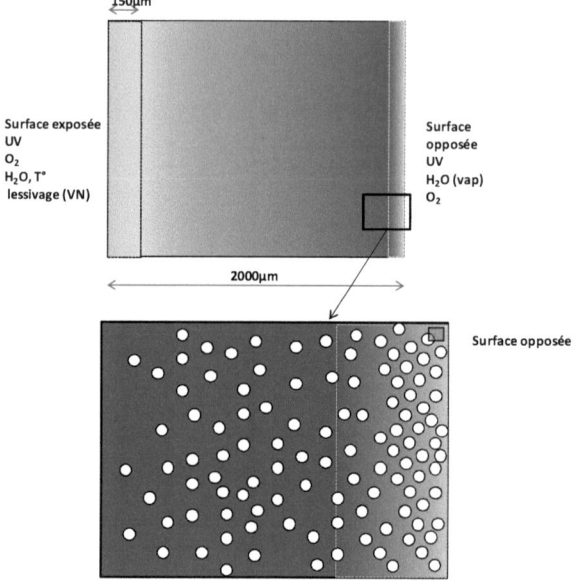

Figure 4.26.   Zones de prélèvement pour la réalisation des mesures de modules par AFM sur les plaques de composite exposées 60 jours au QUV

D'après la *Figure 4.27*, les différences les plus nettes se situent dans les 400 premiers nanomètres de distance des monofilaments. En effet, une forte chute de module est observée par rapport au module initial à une distance inférieure à 200 nm des monofilaments. Aucune ré-augmentation du module n'est observée en dessous de 50 nm, comme c'est souvent le cas et notamment à t_0, du fait de la contribution de la fibre dans la mesure du module. Ceci laisse à penser que la cohésion fibre/matrice est moins bonne après le vieillissement. Le gradient en termes de module est donc beaucoup plus élevé après vieillissement qu'à l'instant initial. De telles hétérogénéités de module peuvent faciliter la formation de fissures sous charge du fait des gradients de déformation engendrés. Ces effets restent néanmoins limités aux couches de surface (dans les 50 premiers micromètres) et ne se répercutent pas nécessairement sur les propriétés macroscopiques.

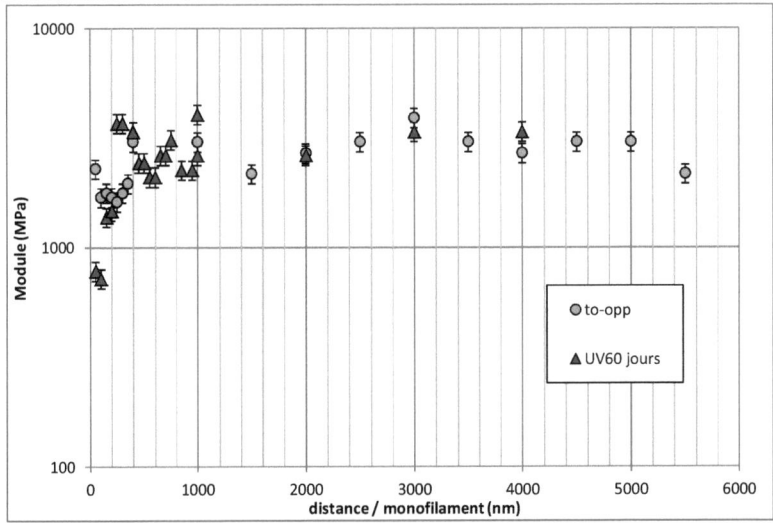

Figure 4.27.   Evolution des modules élastiques mesurés par AFM dans les interphases après 60 jours d'exposition indirecte au QUV (côté opposé) et comparaison avec les interphases à to (côté opposé).

4.2.3. Conclusion

L'hétérogénéité du réseau DETA/amine dans l'épaisseur des plaques et notamment l'excès d'oxiranne influent sur les mécanismes de vieillissement UV. Sur la résine seule, dans les premiers jours de vieillissement, la dégradation du matériau par coupures de chaînes pour former des produits de plus faibles masses molaires (méthyl-formiates, amides et des structures quinone-méthides) se produit simultanément à l'ouverture des cycles oxiranne en excès côté exposé. Les radicaux libres se recombinent dans un second temps (réticulation secondaire), entraînant alors une augmentation de Tg. Ce second processus peut se produire à condition qu'une quantité suffisante de radicaux soit formée et que la mobilité moléculaire soit suffisante.

Le vieillissement photochimique du composite présente quelques différences par rapport au vieillissement de la résine seule, notamment dans les premiers temps d'exposition. Ces différences ont été attribuées au fait que le composite présente un taux d'humidité supérieur à celui de la résine à l'état initial, du fait des zones sous-réticulées autour des fibres (interphases) particulièrement hydrophiles. Aux effets des UV viennent donc se rajouter les effets de la température de l'enceinte qui entraîne la désorption de l'eau du composite. La rigidification du matériau en général et de la surface en particulier domine sur les effets de dégradation par les UV dans la 1ère semaine de vieillissement. De plus, le réseau macromoléculaire du composite étant plus mobile initialement que celui de la résine, les recombinaisons des radicaux formés au tout début de l'exposition doivent en être facilitée. Concernant les mécanismes de dégradation chimique, on retrouve des photo-produits identiques à ceux observés lors du vieillissement UV de la résine : amides, structures méthyles quinones et phényles formiates, qui comme dans le cas de la résine, sont instables sous l'effet des UV. Une dégradation des interfaces fibre/résine semble se produire pour les fibres se situant dans les 50 premiers microns de la surface qui subit indirectement l'effet des UV.

Les mécanismes et cinétiques de vieillissement artificiel au QUV dépendent donc du taux de réticulation initial du réseau, mais aussi du taux d'humidité initial du matériau qui conditionne la mobilité du réseau.

Références bibliographiques du chapitre 4

1. J. -F. Larché, P. -O. Bussière, S. Thérias, J. -L. Gardette, *Photooxidation of polymers: Relating material properties to chemical changes.* Polymer Degradation and Stability, 2012. **97**: p. 25-34.

2. V. Bellenger, J. Verdu, *Photooxidation of amine crosslinked epoxies. II. Influence of structure.* Journal of Applied Polymer Science, 1983. **28**: p. 2677-2688.

3. V. Bellenger, J. Verdu, *Photo-oxidation of amine crosslinked epoxies. I. The DGEBA-DDM system.* Journal of Applied Polymer Science, 1983. **28**: p. 2599-2609.

4. G. A. George, R. E. Sacher, J. F. Sprouse, *Photo-oxidation and photoprotection of the surface resin of a glass fiber–epoxy composite* Journal of Applied Polymer Science, 1977. **21**(8): p. 2241-2251.

5. G. Zhang, W. G. Pitt, S. R. Goates, and N. L. Owen, *Studies on oxidative photodegradation of epoxy resins by IR-ATR spectroscopy.* Journal of Applied Polymer Science, 1994. **54**: p. 419-427.

6. Agnès Rivaton, *Recent advances in bisphenol-A polycarbonate photodegradation.* Polymer Degradation and Stability, 1995. **49**: p. 163-179.

7. D. T. Clark, H. S. Munro, *Surface aspects of the photodegradation of bisphenol a polycarbonate in oxygen and nitrogen atmospheres as revealed by ESCA.* Polymer Degradation and Stability, 1982. **4**(6): p. 441-457.

8. D. T. Clark, H.S.M., *Surface and bulk aspects of the natural and artificial photo-ageing of Bisphenol A polycarbonate as revealed by ESCA and difference UV spectroscopy.* Polymer Degradation and Stability, 1984. **8**(4): p. 195-211.

9. J. Fossey, D. Lefort, J. Sorba, *Les radicaux libres en chimie organique.* Masson, Paris, 1993: p. 173.

10. J. R. White , A. V. Shyichuk, *Effect of stabilizer on scission and crosslinking rate changes during photo-oxidation of polypropylene.* Polymer Degradation and Stability, 2007. **92**(11): p. 2095-2101.

11. Pierre-Olivier BUSSIERE, *Étude des conséquences de l'évolution de la structure chimique sur la variation des propriétés physiques de polymères soumis à un vieillissement photochimique.* Thèse de doctorat de l'Université Blaise Pascal, 2005.

12. A. Rivaton, B.M., J. Soulestin, H. Varghese, J.-L. Gardette, *Influence of the chemical structure of polycarbonates on the contribution of crosslinking and chain scissions to the photothermal ageing.* European Polymer Journal, 2002. **38**: p. 1349-1363.

13. Christian Decker, *Kinetic study and new applications of UV radiation curing.* Macromolecular Rapid Communications, 2002. **23**: p. 1067-1093.

14. Pellegrino Musto, Giuseppe Ragosta, Mario Abbate, and Gennaro Scarinzi, *Photo-Oxidation of High Performance Epoxy Networks: Correlation between the Molecular Mechanisms of Degradation and the Viscoelastic and Mechanical Response.* Macromolecules, 2008. **41**: p. 5729-5743.

15. V. Bellenger, J. Verdu, *Oxidative Skeleton Breaking in Epoxy-Amine Networks.* Journal of Applied Polymer Science, 1985. **30**: p. 363-374.

16. Hans Zweifel, Ralph D. Maier, Michael Schiller, *Plastics Additives Handbook.* 2009: p. 201.

17. V. Bellenger, C. Bouchard, P. Claveirolle and J. Verdu, *Photo-oxidation of epoxy resins cured by non-aromatic amines.* Polymer Photochemistry, 1981. **1**: p. 69-80.

18. Lionel Gay, *Étude physico-chimique et caractérisation mécanique du vieillissement photochimique d'une résine époxy.* Thèse de doctorat de l'École Nationale Supérieure des Arts et Métiers, 1984.

19. Jacques Verdu, *Différents types de vieillissement chimique des plastiques.* Techniques de l'Ingénieur, traité Plastiques et Composites. **AM 3 152**: p. 1-14.

20. Bénédicte Mailhot, Sandrine Morlat-Thérias, Pierre-Olivier Bussière, Jean-Luc Gardette, *Study of the Degradation of an Epoxy/Amine Resin. 2. Kinetics and Depth-Profiles.* Macromolecular Chemistry and Physics, 2005. **206**: p. 585-591.

21. Agnès Rivaton, Laurent Moreau, Jean-Luc Gardette, *Photo-oxidation of phenoxy resins at long and short wavelengths- I. Identification of the photoproducts.* Polymer Degradation and Stability, 1997. **58**: p. 321-332.

22. Bénédicte Mailhot, Sandrine Morlat-Thérias, Mélanie Ouahioune, Jean-Luc Gardette, *Study of the Degradation of an Epoxy/Amine Resin. 1. Photo- and Thermo-Chemical Mechanisms.* Macromolecular Chemistry and Physics, 2005. **206**: p. 575-584.

23. F. Delor-Jestin, D. Drouin, P.-Y. Cheval, J. Lacoste, *Thermal and photochemical ageing of epoxy resin - Influence of curing agents.* Polymer degradation and stability, 2006. **91**: p. 1247-1255.

24. Agnès Rivaton, Laurent Moreau, Jean-Luc Gardette, *Photo-oxidation of phenoxy resins at long and short wavelengths- II. Mechanisms of formation of photoproducts.* Polymer Degradation and Stabiltiy, 1997. **58**: p. 333-339.

25. C. Merlatti, A. Margaillan, *Mode opératoire: Essais de vieillissements artificiels en enceinte QUV.* ISITV-SIM, 2005.

26. A. V. Shyichuk, J. R. White, I. H. Craig, I. D. Syrotynska, *Comparison of UV-degradation depth-profiles in polyethylene, polypropylene and an ethylene-propylene copolymer.* Polymer degradation and stability, 2005. **88**(3): p. 415-419.

27. L. Monney, R. Belali, J. Vebrel, C. Dubois & A. Chambaudet, *Photochemical Degradation Study of an Epoxy Material by IR-ATR Spectroscopy.* Polymer degradation and stability, 1998. **62**: p. 353-359.

28. P. Delobelle, L. Guillot, C. Dubois, L. Monney, *Photo-oxidation effects on mechanical properties of epoxy matrixes: Young's modulus and hardness analyses by nano-indentation.* Polymer Degradation and Stability, 2002. **77**(3): p. 465-475.

29. L. Guillot, L. Monney, C. Dubois, A. Chambaudet, *Testing of organic matrix durability in photochemical ageing using ablation measurements.* Polymer Degradation and Stability, 2001. **72**: p. 209-215.

30. Yassine Malajati, *Etude des mécanismes de photovieillissement de revêtements organiques anti-corrosion pour application comme peintures marines. Influence de l'eau.* Thèse de doctorat de l'Université Blaise Pascal à Clermont-Ferrand, 2009.

CHAPITRE 5

CHAPITRE 5. VIEILLISSEMENT HYGROTHERMIQUE

L'humidité est un des facteurs majeurs modifiant les caractéristiques des matériaux époxy-amine au cours du temps, et le rôle de l'eau dans ces conditions est connu depuis plusieurs dizaines années [1], [2], [3], [4]. Zinck [5] a montré par exemple qu'un système à durcisseur amine conduit à des interactions avec les molécules d'eau de plus forte intensité qu'un système époxy/anhydride, ce qui rend les premiers particulièrement sensibles à l'eau. Les composites à base de ces résines ont également été largement étudiés par le passé [6], [7], [8], [9], [10].

Dans cette partie, nous allons d'abord suivre les effets du vieillissement hygrothermique sur la résine à différentes densités de réticulation et sous différentes formes : à l'état massif, après stratification (en couche) et en films minces. Ces résultats nous serviront ensuite à la comparaison avec ceux obtenus sur le composite afin d'identifier et de quantifier les phénomènes liés aux interfaces résine/fibres de verre.

Les plaques et les films de résine et de composites ont été vieillis dans une enceinte climatique à 70^{0}C avec une humidité relative de 85%, et les échantillons ont été prélevés après 1, 2, 4, 6 semaines de vieillissement pour les plaques et 2, 4, 6 semaines pour les films minces.

5.1. Comportement au vieillissement hygrothermique de la résine seule

5.1.1. *Evolution des propriétés massiques de la résine*

Comme nous l'avons vu dans le chapitre 3, les plaques de résine présentent un gradient de réticulation dans l'épaisseur. Nous allons aborder ici les conséquences de l'absorption d'eau au cours du vieillissement sur le comportement global d'une plaque de résine, et tenter de préciser quelle est l'influence de ce gradient de réticulation sur les évolutions.

5.1.1.1. *Observations microscopiques*

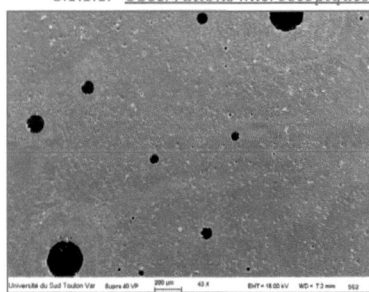 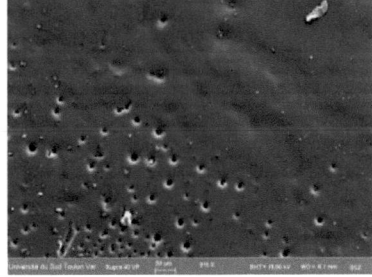

Avant vieillissement   *Après 6 semaines*

Figure 5.1.   *Clichés MEB de la surface de résine avant et après 6 semaines de vieillissement hygrothermique*

5.1.1.2. *Analyse mécanique dynamique (DMA)*

Comme on peut le constater sur la *Figure 5.2*, après vieillissement humide (ici 6 semaines) le phénomène de relaxation principale de la résine présente un dédoublement sur le spectre de tan δ. Ceci a déjà été largement décrit dans la littérature et correspond aux relaxations successives dans les parties du réseau plastifié par l'eau, puis dans celles ne contenant pas ou plus d'eau (réseau sec).

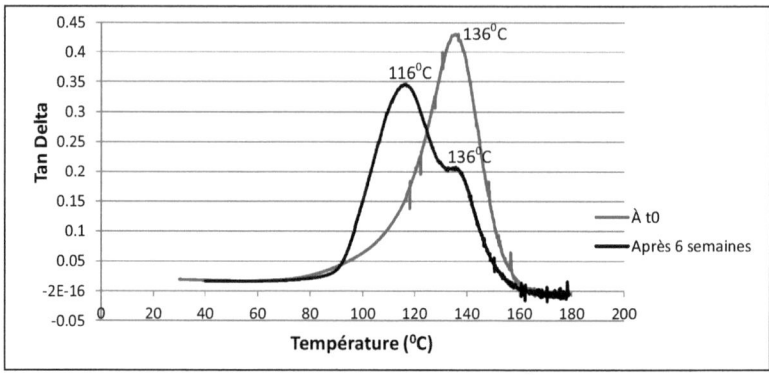

Figure 5.2.   *Spectres thermomécaniques à l'état initial (t⁰) et après 6 semaines de vieillissement (DMA, 1Hz, 7μm, 2⁰C/min).*

Le tableau suivant (*Tableau 5.1*) récapitule les caractéristiques de la relaxation sur le spectre de tan δ pour la résine et après différents temps de vieillissement.

Tableau 5.1.   *Données thermomécaniques pour la résine après différents durées de vieillissement (DMA, 1Hz, 7μm, 2⁰C/min).*

	Tα (^{0}C)	Tan δ$_{max}$	L$_{1/2h}$(^{0}C)
À t^0	136 (±1)	0,43 (±0,01)	24(±1)
Après 1 semaine	115(±1)//135(±1)	0,36(±0,01)//0,21(±0,01)	39(±1)
Après 2 semaines	115(±1)//135(±1)	0,41(±0,01)//0,22(±0,01)	34(±1)
Après 4 semaines	121(±1)//138(±1)	0,32(±0,01)//0,25(±0,01)	42(±1)
Après 6 semaines	116(±1)//136(±1)	0,35(±0,01)//0,21(±0,01)	39(±1)

De manière générale, en plus du dédoublement, l'amplitude du phénomène de relaxation diminue lors du vieillissement humide. À la suite de celui-ci, tous les échantillons présentent donc deux valeurs de Tα dont une voisine de la Tα initiale, et l'autre plus faible d'une vingtaine degré. Cela signifie que la résine présente une région de plus grande mobilité moléculaire, plastifiée ou dégradée par l'eau comme évoqué plus haut. Cependant, plusieurs études [11], [12] ont souligné que le dédoublement de la relaxation pouvait également être la conséquence du balayage en température lors de l'essai qui sèche partiellement ou totalement l'échantillon. Si la température Tα du second pic ne varie pas ou peu après vieillissement, ni même après séchage, cela signifie que la majorité du réseau est seulement plastifiée. En revanche, le début de la relaxation présente une évolution sensible avec la disparition d'entités relaxant à ces températures.

Afin de suivre la réversibilité de l'effet du vieillissement hygrothermique sur la résine ainsi que pour identifier des processus de dégradation ou de réticulation secondaire (ou post-réticulation) qui pourraient se produire lors du vieillissement, nous avons examiné les spectres thermomécaniques des résines après séchage (*Figure 5.3*). Les processus de séchage ont été réalisés à 60^{0}C sous vide, jusqu'à l'obtention d'une masse d'échantillon constante (environ 7jours). Les quantités d'eau désorbées pour les différentes durées de vieillissement sont également représentées sur la *Figure 5.4*.

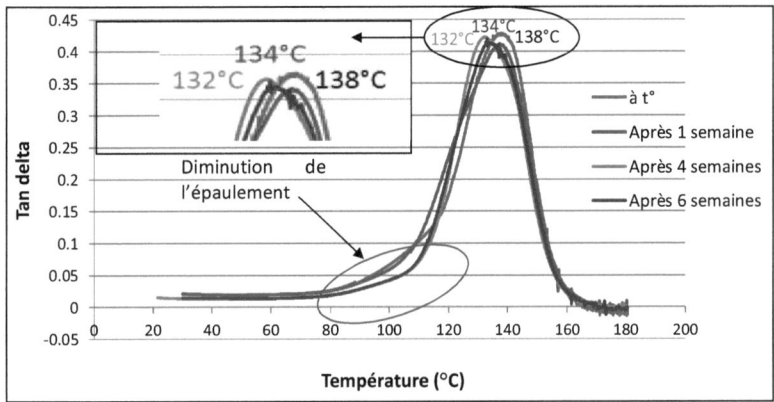

Figure 5.3.   *Spectres thermomécaniques obtenus après séchage des échantillons de résine après différents temps de vieillissement.*

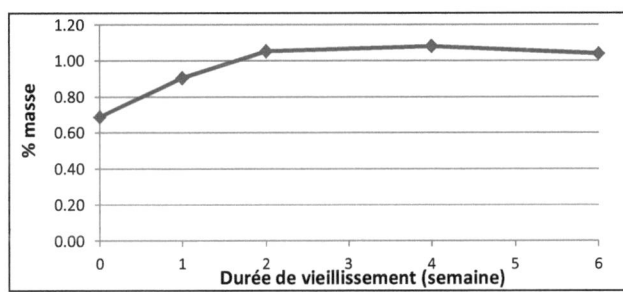

Figure 5.4.   *Évolution de la quantité d'eau désorbée au séchage en fonction de la durée du vieillissement humide.*

La *Figure 5.3* ne montre pas de changement significatif de Tα après une semaine de vieillissement et séchage, mais seulement une légère augmentation de la largeur à mi-hauteur. En particulier, l'épaulement aux basses températures est toujours présent. Ceci montre que l'effet du vieillissement hygrothermique est réversible dans la première semaine, néanmoins le vieillissement augmente la dispersion des entités relaxantes. Après 4 semaines, la diminution de Tα après séchage (-6^{0}C) montre un effet irréversible de dégradation de la résine par l'eau. Lors d'une étude sur l'effet réversible du vieillissement hygrothermique sur un système DGEBA/DDS par DMA, Xiao et al. [13] ont également constaté qu'au cours de l'absorption les molécules d'eau peuvent remplacer les liaisons hydrogène déjà existantes par des liaisons hydrogène entre l'eau et le polymère. Le résultat de ces interactions chimiques à long terme est la dégradation de la résine par hydrolyse. Ce phénomène entraîne une diminution irréversible de Tg du fait des coupures de chaînes macromoléculaires. Dans notre cas, celui-ci est possible, mais probablement limité compte tenu des faibles évolutions observées.

La disparition de l'épaulement à basse température sur le pic de tan δ signifie également que le processus de réticulation secondaire (ou post-réticulation) a lieu dans les zones sous réticulées de la surface côté air. Ce phénomène pourrait être expliqué par la recombinaison des molécules de prépolymères n'ayant pu réagir lors de l'élaboration [14], [15]. Ce processus sera abordé dans un paragraphe suivant (Cf. 5.1.2.1).

Ces résultats nous montrent que les conséquences du vieillissement hygrothermique sont différentes suivant les taux de réticulation. Ghorbel et al. [16] ont observé sur un système vinylester que la Tg diminuait à cause de la plastification dans les premiers temps de vieillissement (550h), puis qu'elle augmentait du fait de la post-réticulation dans un second temps (1000h). Dans notre cas, ces deux processus peuvent se produire en même temps au début du vieillissement puis, à long terme (après 6 semaines), la légère ré-augmentation de Tα après séchage traduirait la dominance du processus de réticulation secondaire. En effet, au-delà de 4 semaines de vieillissement, une partie des molécules d'eau absorbée dans le matériau sera transformée en type II [1] qui forme plus d'une liaison hydrogène avec le réseau et a donc une énergie plus élevée. Ces molécules d'eau absorbées de type II entraînent une réticulation physique et augmentent donc la valeur de Tα. La transformation d'une partie des molécules d'eau absorbées en type II se traduit également par la légère diminution de la quantité d'eau désorbée lors du séchage après 4 à 6 semaines de vieillissement (Figure 5.4).

5.1.1.3. *Flexion 3 points*

Les résultats obtenus à partir de ces essais nous donnent une idée de l'influence du vieillissement hygrothermique sur les propriétés mécaniques.

Les données en flexion 3 points pour des échantillons de résine après différents temps de vieillissement sont présentées dans un tableau en annexe (Cf. Annexe 1: Propriétés mécaniques). Une augmentation de la contrainte et de la déformation à rupture sont observées au cours de la première semaine de vieillissement (Figure 5.5).

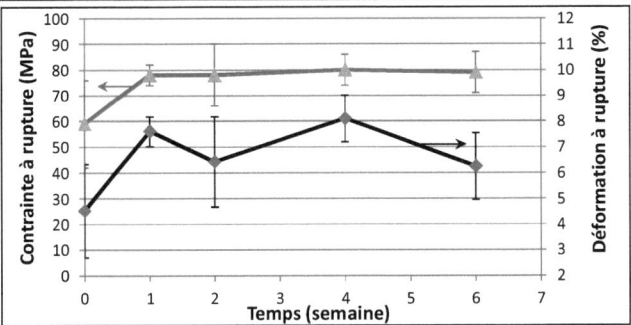

Figure 5.5.   Évolution de la contrainte et de la déformation à rupture de la résine lors du vieillissement hygrothermique.

Dans la première semaine, la plastification de la résine sous l'effet de l'eau peut expliquer une telle augmentation. De 1 à 4 semaines de vieillissement, les changements de ces deux paramètres sont négligeables, ce qui pourrait s'expliquer par un état d'équilibre atteint après une ou deux semaines. Ensuite, au-delà de 4 semaines, le transfert d'une partie des molécules d'eau absorbée en type II pourrait expliquer la diminution de la déformation à rupture.

Les effets dus à 6 semaines de vieillissement hygrothermique sur le réseau époxy restent néanmoins très limités à l'échelle macroscopique. Ceci est cohérent avec la littérature dans des conditions similaires de vieillissement [17].

5.1.2. Suivi de l'évolution des propriétés en couche

Le gradient de réticulation dans l'épaisseur de la résine entraîne un comportement au vieillissement singulier, qui dépend de la densité de réticulation du réseau. Pour mieux appréhender ces effets du vieillissement, il est nécessaire de suivre l'évolution des propriétés de chaque couche au cours du vieillissement.

5.1.2.1. Calorimétries différentielles à balayage (DSC)

Les mesures ont été réalisées sur les échantillons sous forme de poudre déposée dans un creuset standard. Les valeurs de Tg sont prises lors du deuxième cycle afin d'éliminer l'effet de la relaxation de contrainte qui perturbe le thermogramme au premier passage. Les valeurs de Tg obtenues représentent la variation de la densité de réticulation en fonction de l'épaisseur de l'échantillon au cours du vieillissement (*Figure 5.6*).

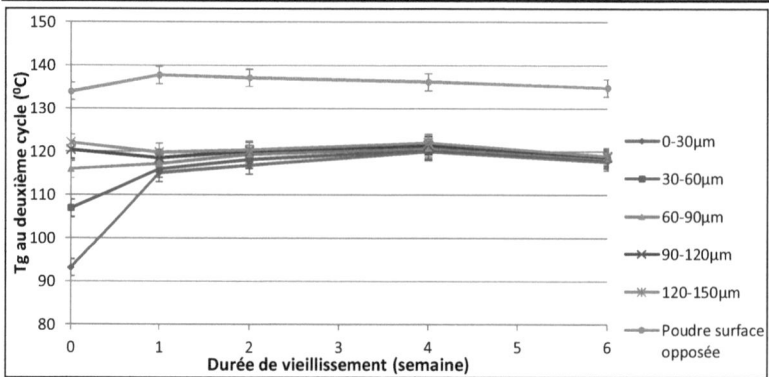

Figure 5.6.   Évolution de la Tg dans chaque couche en fonction de la durée de vieillissement hygrothermique.

La *Figure 5.6* montre clairement une augmentation rapide de Tg dans la première semaine de vieillissement, et ce essentiellement pour les deux couches les plus proches de la surface, donc celles sous-réticulées au départ. Cette augmentation signifie que le processus de la réticulation secondaire (ou post-réticulation) a lieu pendant cette période. Ceci semble contradictoire à ce qui a été constaté lors du suivi de l'évolution des propriétés de la résine en masse après séchage par analyse mécanique dynamique. En effet, aucun changement de Tα après une semaine de vieillissement n'a été observé par cette technique, mais surtout il n'y a pas de changement significatif de l'épaulement avant Tα, représentatif des relaxations dans les couches sous-réticulées. Or, les évolutions de Tg sont mesurées au 2nd passage après une 1ère rampe jusqu'à 200°C. A haute température, les molécules d'eau peuvent former des liaisons hydrogène doubles avec les sites hydrophiles du réseau [1], créant une réticulation « physique ». La température peut également activer la réaction entre les molécules d'eau présentes dans le réseau dès la 1ère semaine de vieillissement et les cycles oxiranes en excès pour former des diols (Tcharkhtchi et al. [18]) ou des liaisons éther (C-O-C) sous l'influence d'un catalyseur de type amine tertiaire à haute température (au-delà de 150^{0}C) [19], [20], [21]. On parle alors de réticulation « chimique » par le processus d'éthérification ou d'homo-polymérisation des cycles oxirannes en excès. La réticulation secondaire (« physique » et « chimique ») sous l'effet thermique du premier cycle de DSC peut donc expliquer l'augmentation de la Tg lors du second cycle. Les essais de DMA sont effectués après séchage sous vide à une température de 60°C qui permet de désorber l'eau, mais n'est pas suffisante pour activer les processus de réticulation secondaire dans la première semaine de vieillissement.

Cette augmentation de Tg est de moins en moins marquée au fur et à mesure que l'on s'enfonce dans le cœur de l'échantillon, ce qui montre que le matériau est d'autant plus instable sous l'effet du vieillissement hygrothermique qu'il est sous réticulé au départ.

Dans la période de 2 à 4 semaines, l'augmentation de Tg continue à se produire mais avec une plus faible intensité car la majorité des cycles oxirannes sont consommés et le matériau a atteint la saturation. La couche de surface côté moule qui est totalement réticulée, ne présente pas de changement de Tg significatif au cours du processus de vieillissement (Tg autour de 136⁰C), ce qui confirme bonne la résistance du matériau bien réticulé au vieillissement humide.

5.1.2.2. *Spectroscopie infrarouge à transformée de Fourier* (IRTF)

Le suivi de la chimie de la résine va nous permettre de mieux comprendre les processus qui se produisent dans le réseau au cours de vieillissement.

Les spectres IRTF en transmission de la résine en fonction du temps de vieillissement ont été réalisés sur les cinq premières couches de la surface côté air, et sur la couche de surface côté moule. Les cycles aromatiques du motif DGEBA étant peu sensibles à l'action de l'eau puisque ces groupements sont peu polaires, nous avons choisi les bandes d'absorption à 1512 cm^{-1} (caractéristiques de la vibration de déformation des liaisons double C=C du cycle aromatique) comme référence (*). D'autres groupements comme les hydroxyles, les fonctions éther, les alcools secondaires et les cycles oxirannes (bandes correspondantes à ~ 3400 cm^{-1} ; 1245 cm^{-1} ; 1110 cm^{-1} et 915 cm^{-1}) sont susceptibles d'interagir avec les molécules d'eau par des liaisons hydrogène ou de Van der Waals, et provoquer des changements dans le spectre d'absorption.

Les spectres IRTF de la première couche à la surface côté air de la résine à t^0 et après 6 semaines de vieillissement sont présentés dans la *Figure 5.7*.

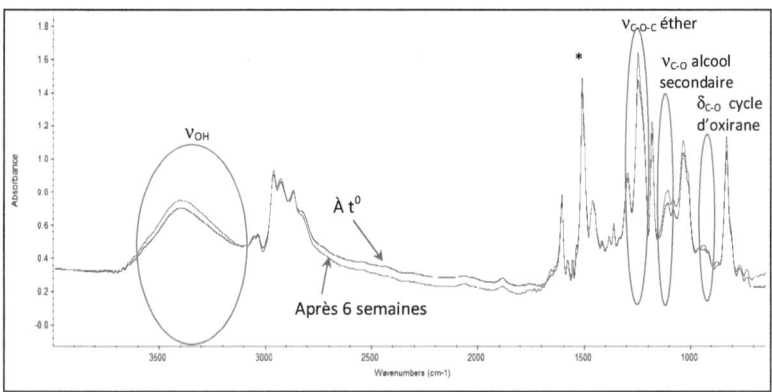

Figure 5.7.   Spectres IRTF de la première couche à la surface côté air de la résine à t^0 et après 6 semaines du vieillissement hygrothermique.

Dans la première semaine de vieillissement, la diminution rapide de l'intensité des pics oxirannes par rapport à la référence (*Figure 5.8*) montre l'instabilité du cycle oxiranne sous l'effet de l'eau.

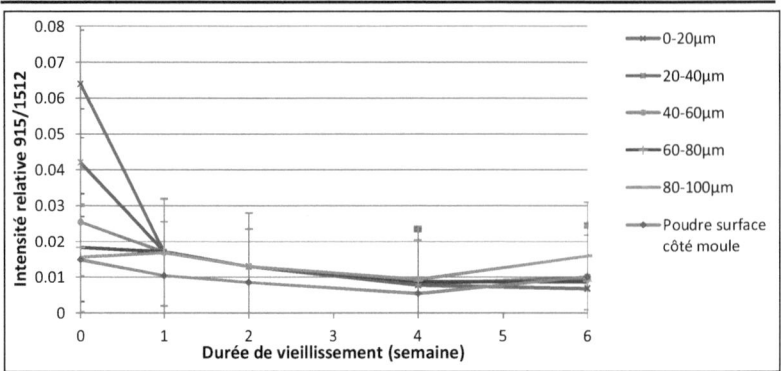

Figure 5.8.   Évolution de l'intensité des pics oxiranne à 915cm^{-1} dans les premières couches
de résine au cours du vieillissement.

Comme cela a été évoqué précédemment [22], [23], la réaction d'ouverture des cycles oxirannes est initiée par la formation de liaisons hydrogène entre la molécule d'eau et le cycle oxiranne pour former des diols [18]. Au cours du temps, ces diols continuent de créer des liaisons hydrogène avec d'autres molécules d'eau entraînant la réticulation secondaire. Ce comportement expliquerait la variation de l'intensité du pic à 1110 cm^{-1}, caractéristique de la vibration de déformation des liaisons C-O- des alcools secondaires.

5.1.2.3. *Bilan sur l'action de l'eau lors du vieillissement hygrothermique de la résine*

En corrélant la forte diminution de l'intensité du pic des oxirannes dans la première semaine de vieillissement avec les résultats DSC et de DMA on peut émettre l'hypothèse que l'effet de l'eau sur les cycles oxirannes inclut deux processus :

-   le premier est la formation de diols liés à l'ouverture des cycles oxirannes non réagis dès la 1ère semaine de vieillissement. Au cours du temps (ou à haute température) des liaisons hydrogène se forment entre les molécules d'eau et les groupes hydroxyles des diols formés, pouvant conduire à une réticulation physique. Ce processus est réversible.
-   le deuxième est la réticulation « chimique » par la formation de liaisons éther (C-O-C) lors de l'ouverture des cycles oxirannes (ou homo-polymérisation), qui semble néanmoins beaucoup moins probable car il nécessite la présence d'amines tertiaires et une température élevée. Ce processus est irréversible [24].

L'hypothèse d'une réticulation secondaire est supportée par la bonne adéquation entre l'intensité de la bande oxiranne et la Tg dans la couche superficielle qui sont inversement proportionnelles (*Figure 5.9*).

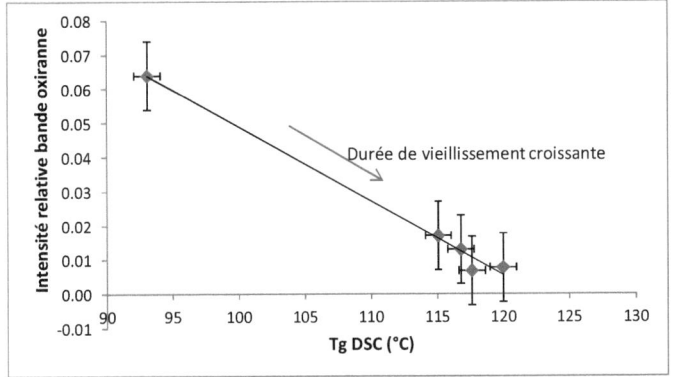

Figure 5.9.   *Relation entre la quantité d'oxiranne et la Tg (DSC) dans la couche superficielle (0-30 μm) de résine au cours du vieillissement hygrothermique.*

Pour ce qui est du deuxième processus, bien que le mécanisme de réaction soit encore controversé, il est supposé que l'amorceur forme des intermédiaires avec les groupes oxirannes (amorçage), qui réagissent eux-mêmes avec d'autres cycles époxy (propagation). Lors de l'étape de terminaison, l'amorceur est régénéré par N-alkylation ou par réaction d'élimination de Hoffman. Ce mécanisme est généralisé dans la *Figure 5.10* [25]. Ce processus est irréversible et minoritaire. Après leur formation, les liaisons éthers C-O-C continuent également à former des liaisons hydrogènes avec les molécules d'eau. Ceci conduirait à la variation de l'intensité de ces pics à 1245 cm^{-1} au cours du vieillissement hygrothermique.

$$(R_3)N \ + \ HO{-}R' \longrightarrow (R_3)N^+H \ + \ R'{-}O^-$$

$$R'{-}O^- \ + \ n\,H_2C{-}CH{-}R_2 \longrightarrow R'{\left[O{-}\underset{R_2}{CH}{-}CH_2\right]}_{n-1}O{-}\underset{R_2}{CH}{-}CH_2{-}O^-$$

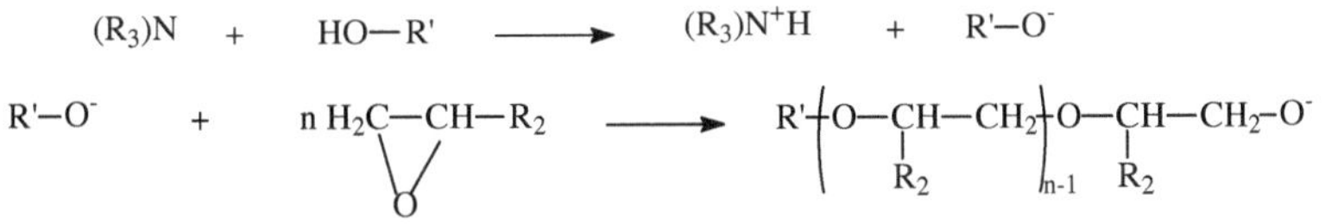

Figure 5.10.   *Mécanisme de l'homo-polymérisation des cycles oxirannes [25].*

5.1.3. Suivi de l'évolution des propriétés en films minces

Par l'utilisation des techniques d'analyse précédentes (DSC, IRTF) nous avons suivi l'évolution des propriétés physico-chimiques des films de résine à différents rapports stœchiométriques (0,4 ; 0,6 ; 0,8 et 1) et en fonction de la durée de vieillissement hygrothermique.

5.1.3.1. Calorimétries différentielles à balayage (DSC)

Les valeurs de Tg obtenues sur les films pour différents rapports stœchiométriques après 2, 4 et 6 semaines de vieillissement hygrothermique sont représentées dans la *Figure 5.11*.

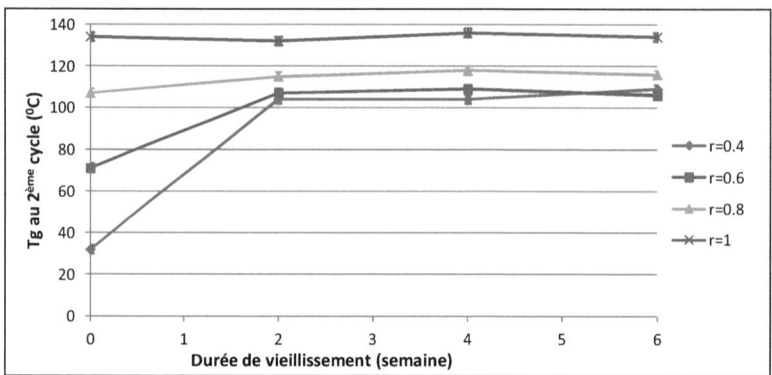

Figure 5.11.   Évolution de Tg (DSC) en fonction de la durée de vieillissement pour les films de résine à différents rapports stœchiométriques.

En comparant la figure précédente avec la *Figure 5.6*, on constate que l'évolution de Tg dans ce cas est similaire à celle observée lors de l'étude en couche. La forte augmentation de la Tg dans les deux premières semaines peut également être attribuée à la réticulation secondaire selon le processus décrit ci-dessus, suite à l'effet thermique du 1er cycle. Par ailleurs, cette augmentation beaucoup moins marquée quand le rapport stœchiométrique augmente, montre sa dépendance avec la quantité de prépolymère en excès dans le mélange. L'augmentation de l'excès de cycles oxirannes entraîne alors une augmentation de la densité de réticulation secondaire qui se traduit par une forte élévation de la Tg au cours des deux premières semaines.

La stabilité de Tg au-delà de 2 semaines peut s'expliquer par la consommation totale des oxirannes résiduels. Cependant, il est possible que la dégradation se produisant avec une faible intensité, les mesures réalisées sur ces films d'épaisseur de 200 à 250 µm ne permettent pas d'identifier la diminution de Tg après 6 semaines. On peut supposer également que la quantité d'eau absorbée a atteint un seuil et que la transformation de l'eau de type I en type II n'est pas suffisante pour augmenter la Tg du film de résine.

Pour les films de résine à r=1, comme pour la couche de surface côté moule on observe que l'évolution de Tg n'est pas significative au cours du vieillissement. Ceci confirme la meilleure résistance au vieillissement hygrothermique des échantillons bien réticulés et, en particulier, que si il y a hydrolyse, elle est très limitée.

5.1.3.2.   *Spectroscopie infrarouge à transformées de Fourier (IRTF)*

La spectrométrie IRTF sur les films à ratio a/e contrôlés confirme l'action de l'eau sur le cycle oxiranne au cours du vieillissement. Les spectres IRTF montrent une diminution de la bande à 915 cm^{-1} au début de vieillissement (*Figure 5.12*).

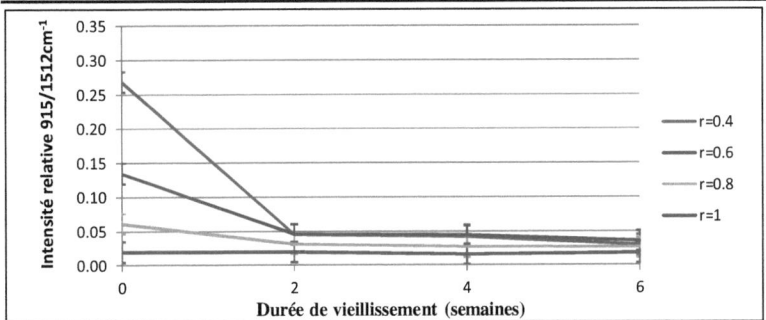

Figure 5.12.   Évolution de l'intensité des pics oxiranne à 915 cm^{-1} de la résine pour différents rapports stœchiométriques au cours du vieillissement hygrothermique.

Cette diminution rapide dans les deux premières semaines de vieillissement est là-encore due à l'instabilité du cycle oxiranne sous l'effet de l'eau. Si l'on reporte sur un même graphique l'évolution de l'intensité de la bande des oxirannes en fonction de la Tg (DSC), on se rend compte que l'évolution dans les couches superficielles de la résine est la même que celle dans les films minces (*Figure 5.13*). La consommation des cycles oxirannes avec le vieillissement entraîne la même augmentation de Tg pour les systèmes pour lesquels r<1 à t$_0$. Il faut noter cependant que la Tg infinie pour r<1, c'est-à-dire celle obtenue pour une consommation totale des cycles oxirannes résiduels, reste toujours inférieure d'une vingtaine de degrés à celle du réseau époxy-DETA en proportions stœchiométriques (r=1).

Pour la résine avec r=1, l'absorbance des pics oxirannes est très faible à t$_0$, ce qui confirme la réticulation totale de la résine, qui évolue donc très peu au cours du vieillissement.

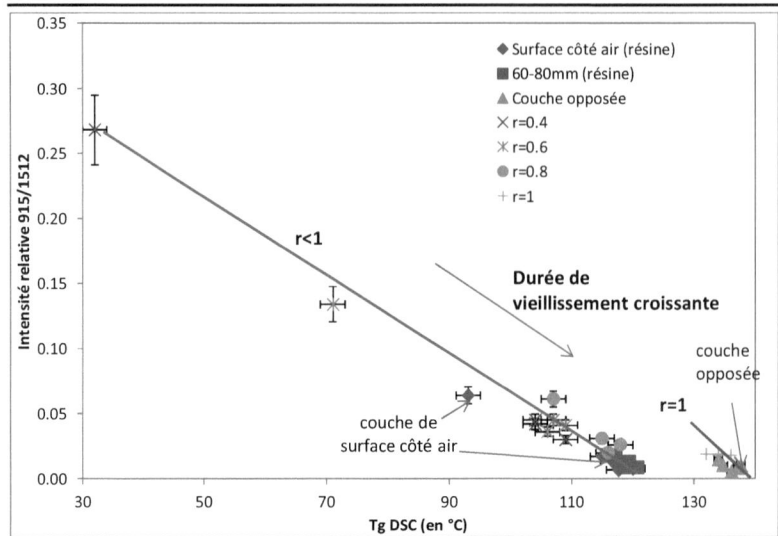

Figure 5.13.   Corrélation entre la quantité des fonctions oxirannes et la Tg (DSC) des couches et films minces de résine, en fonction du vieillissement hygrothermique et du ratio a/e.

5.1.4. Conclusion sur le vieillissement hygrothermique de la résine

Cette première partie consacrée au vieillissement hygrothermique de la résine a montré que lorsque celle-ci est totalement réticulée, elle présente une résistance optimale. Dans le cas d'une sous-réticulation, (en excès de cycles oxirannes), en parallèle de l'effet de plastification, le vieillissement hygrothermique entraîne au cours de la première semaine une ouverture des cycles oxirannes, puis une réticulation physique au cours des semaines suivantes. La densité de réticulation reste néanmoins toujours inférieure à celle de la résine parfaitement réticulée au départ. Cette augmentation de densité au cours du vieillissement peut se faire selon deux processus :

- L'interaction des molécules d'eau avec les cycles oxiranne forme des diols qui sont alors capables de créer eux-mêmes des liaisons hydrogènes avec d'autres molécules d'eau ce qui conduit à une augmentation de la Tg. C'est la réticulation physique, qui est un processus réversible et qui a lieu essentiellement dans le réseau sous réticulé.
- La formation de liaisons éther C-O-C, catalysée par des amines tertiaires et qui est minoritaire, mais dont le mécanisme de formation est encore controversé. C'est la réticulation chimique ou homo-polymérisation des cycles oxirannes, ce processus est irréversible.

5.2.   Effet du vieillissement hygrothermique sur le composite

Le vieillissement hygrothermique de composites époxy/fibres de verre est largement étudié dans la littérature [6], [7], [8], [9], [10]. Notre particularité réside dans le fait que le composite présente un gradient de réticulation dans l'épaisseur. Nous avons étudié deux types d'échantillons: le composite dans sa globalité (en masse) et le composite découpé en couches.

Nous rappelons ici que dans les 100 premiers micromètres de la surface côté air, la matrice présente une densité de réticulation approximative de 0,75. En revanche, pour la surface côté moule, la réticulation est complète. De la même manière que la résine seule, les plaques de composite ont été vieillis sur différentes durées : 1, 2, 4, 6 semaines à 70^{0}C et sous humidité relative de 85%. Pour comparer les résultats obtenus pour le composite avec ceux obtenus pour la résine, les paramètres et la méthode d'essais de caractérisation de ces deux matériaux sont les mêmes.

5.2.1.   Conséquences sur les propriétés à l'état massif

Les résultats obtenus dans ce cas sont comparés avec ceux obtenus pour la résine afin de mettre en évidence l'influence des fibres sur le comportement du composite au cours du vieillissement hygrothermique.

5.2.1.1.   Propriétés morphologies

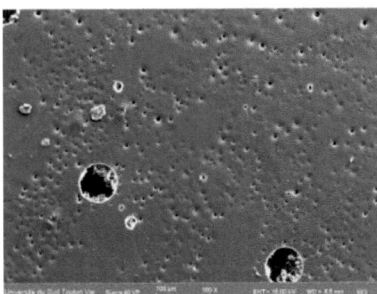

Avant vieillissement   *Après 6 semaines*
Figure 5.14.   Clichés MEB de la surface de composite avant et après 6 semaines de vieillissement hygrothermique

5.2.1.2.   Influence sur les propriétés viscoélastiques

L'influence du vieillissement hygrothermique sur les propriétés viscoélastiques du composite a déjà largement été rapportée dans la littérature [14], [11], [26], [27]. Comme dans le cas des résines, l'analyse mécanique dynamique (DMA) a été utilisée pour caractériser les évolutions de propriétés du composite lors de vieillissement hygrothermique.

-    **Caractérisation des échantillons humides**

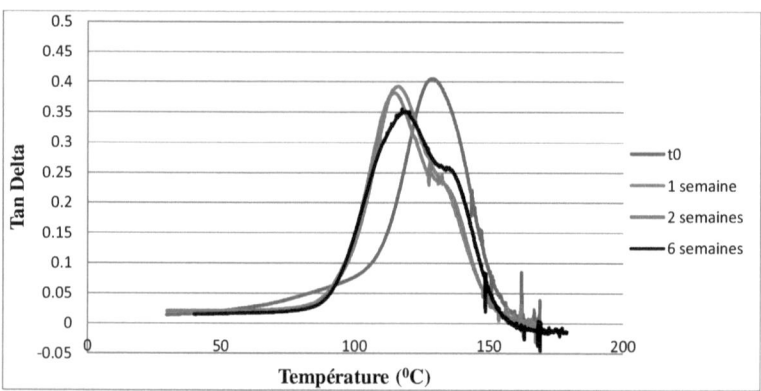

Figure 5.15.   Spectres thermomécaniques du composite au cours de vieillissement hygrothermique (DMA, 1Hz, 7μm, 2⁰C/min).

La figure ci-dessus (*Figure 5.15*) montre l'évolution du spectre de tan δ du composite avec la durée de vieillissement hygrothermique. On retrouve dans le composite un comportement très similaire à celui de la résine : la diminution de l'épaulement aux basses températures et un dédoublement de la relaxation principale s'accompagnant d'une diminution de l'amplitude du pic d'amortissement et d'une augmentation de sa largeur à mi-hauteur. Le tableau suivant (*Tableau 5.2*) récapitule ces évolutions.

Tableau 5.2.   Données thermomécaniques pour le composite après différents temps de vieillissement (DMA, 1Hz, 7μm, 2⁰C/min)

	$T\alpha$ (^0C)	Tan δ_{max}	$L_{1/2h}$
À t^0	129 (±1)	0,41 (±0,01)	27 (±1)
Après 1 semaine	116(±1)//132(±1)	0,39(±0,01)//0,23(±0,01)	32(±1)
Après 2 semaines	115(±1)//132(±1)	0,38(±0,01)//0,23(±0,01)	35(±1)
Après 4 semaines	120(±1)//136(±1)	0,36(±0,01)//0,23(±0,01)	36(±1)
Après 6 semaines	117(±1)//134(±1)	0,35(±0,01)//0,25(±0,01)	40(±1)

Ces résultats sont en accord avec les observations de nombreux auteurs [28], [10], [11], [29]. En comparant les changements de température de relaxation principale du composite et de la résine au cours de vieillissement (*Figure 5.16*), on constate là aussi une grande similitude rapportée dans de nombreuses études [11], [17], [30], [25].

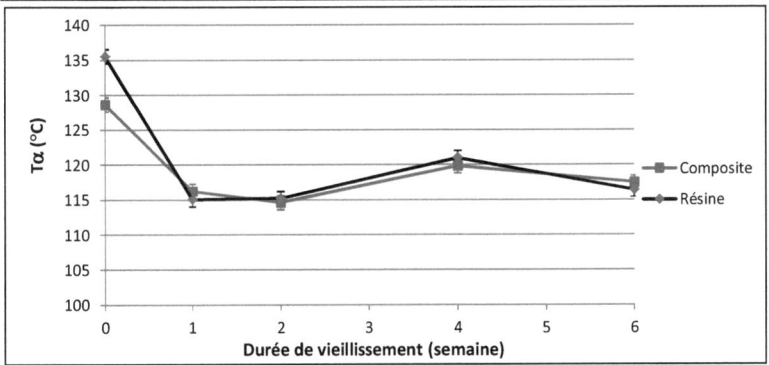

Figure 5.16.   *Evolution de la température de relaxation principale du composite et de la résine seule au cours de vieillissement.*

Par ailleurs, on note que la Tα du composite à l'état initial est inférieure à celle de la résine. Ceci est dû à une quantité d'humidité absorbée par le composite lors de l'élaboration supérieure à celle de la résine. Ceci peut être vérifié par le séchage des échantillons de composite et de résine dans une étuve à 60^0C, sous vide. Afin de bien comparer la quantité d'humidité absorbée par la matrice dans le composite et par la résine, la quantité d'humidité absorbée dans le composite contenant 28,4% de fibres, a été ramenée à 100% de matrice. Ces résultats sont comparés dans la *Figure 5.17* qui montre bien qu'au cours du vieillissement, le composite absorbe une quantité d'eau supérieure à celle absorbée par la résine.

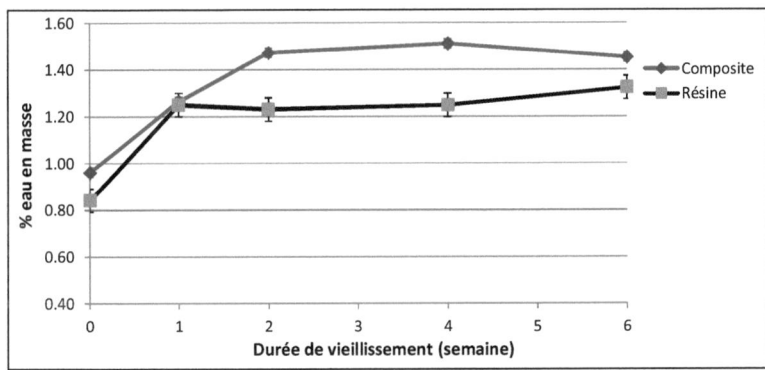

Figure 5.17.   *Evolution de la quantité d'humidité absorbée par la matrice du composite et par la résine lors de vieillissement hygrothermique.*

Le caractère plus hydrophile du composite par rapport à la résine a été attribué aux interphases autour des fibres lors de la caractérisation des matériaux à t_0. En effet, le composite présente une relaxation supplémentaire à basse température α_1 que l'on a donc attribuée aux interphases. Cette relaxation disparaissant ou étant décalée vers les hautes températures après séchage du composite, nous avons supposé que ce sont ces interphases qui rendaient le composite plus hydrophile que la résine seule du fait des nombreuses fonctions réactives liées à un excès d'amine à proximité des fibres [31]. De plus, le déséquilibre par rapport à la stoechiométrie augmente la mobilité moléculaire dans ces interphases.

Dès 1 semaine de vieillissement hygrothermique, la relaxation α_1 disparaît ou se décale vers les hautes températures, étant alors confondue avec la relaxation du réseau plastifié. Ce décalage traduit une rigidification des interphases suite au vieillissement hygrothermique. La plus grande mobilité et la réactivité des molécules dans l'interphase facilitent la diffusion des molécules d'eau dans ces zones. L'effet plastifiant de l'eau, qui intervient probablement dans les premiers jours du vieillissement, peut favoriser une post-réticulation entre amines et oxirannes disponibles. De l'existence d'un réseau de plus faible densité à l'interphase permet aux molécules d'eau d'établir de multiples liaisons hydrogène avec le réseau polymère et les autres agents polaires, créant ainsi un réseau secondaire [25], [32]. Par des approches à différentes échelles, Zinck [5] a également proposé un mécanisme de post-condensation des interphases au cours du vieillissement.

-    **Caractérisation des échantillons séchés**

Les échantillons ont également été caractérisés après séchage par DMA afin de mettre en évidence la réversibilité de l'effet du vieillissement hygrothermique sur le composite et d'identifier les processus de dégradation ou réticulation secondaire (ou post-réticulation) qui ont lieu lors du vieillissement. Ces spectres thermomécaniques sont représentés dans la *Figure 5.18*.

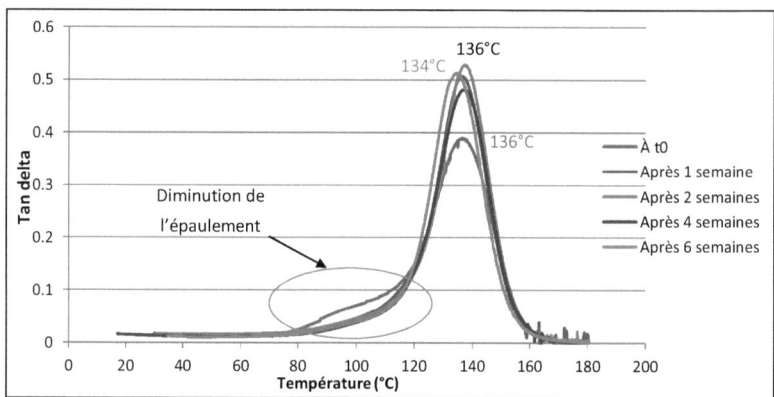

Figure 5.18.   Spectres thermomécaniques du composite à différents temps de vieillissement et après séchage.

Sur ces spectres thermomécaniques, on peut voir qu'après séchage le changement de Tα sur les échantillons vieillis 4 semaines est négligeable, ce qui montre la réversibilité de l'effet du vieillissement hygrothermique qui correspond donc uniquement à une plastification du réseau. Après 6 semaines, une légère diminution de Tα (de 2^0C) pourrait être attribuée à un début de dégradation du matériau par hydrolyse du réseau.

Par ailleurs, la diminution de l'épaulement dès la première semaine de vieillissement nous montre des effets irréversibles, notamment au niveau de la relaxation α_1 attribuée à une partie des interphases. Il est par ailleurs probable que la couche de surface initialement sous réticulée par excès d'oxiranne (relaxation α_2) subisse une réticulation secondaire comme dans le cas de la résine (Cf. § 5.1.1.2.).

Lorsque l'on compare les spectres thermomécaniques du composite et de la résine vieillis 6 semaine puis totalement désorbés (Figure 5.19), on constate que l'amplitude de la relaxation du composite est supérieure à celle de la résine, alors que pour la largeur du pic à mi-hauteur c'est l'inverse. En revanche, à l'état initial après séchage du composite et de la résine (Figure 3.22.b), l'amplitude de relaxation et l'élargissement du pic à mi-hauteur sont approximativement égaux à ceux de la résine vieillie. Cela met en évidence l'effet des fibres au cours du vieillissement, qui diminuent la dispersion des entités relaxantes et augmentent l'amplitude de relaxation. La rigidification des interphases par post-réticulation ou réticulation secondaire implique que cette part des interphases qui relaxait initialement à plus basse température (dans α_1 et en partie dans α_2) est inclue dans la relaxation principale α après vieillissement, amplifiant donc l'amplitude globale de cette relaxation.

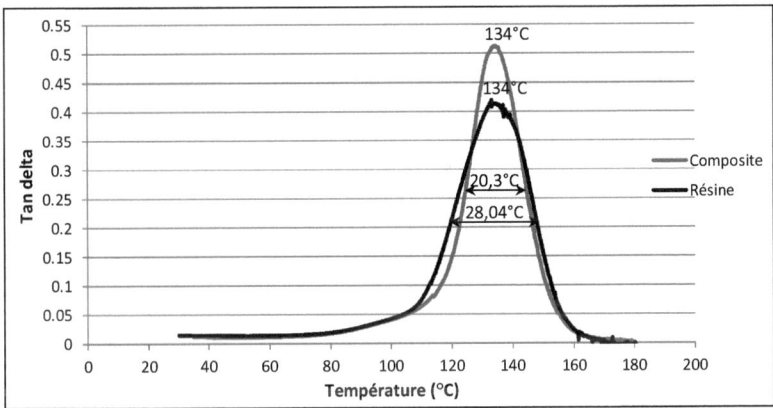

Figure 5.19.   Spectres thermomécaniques du composite et de la résine après 6 semaines de vieillissement hygrothermique puis séchage.

5.2.1.3. Influence sur les propriétés mécaniques

Pour des systèmes époxy, une baisse de la rigidité dans le sens transversal des composite unidirectionnels est souvent observée [17], [33], [34]. Dans notre cas, les données en flexion 3 points pour des composites après différents temps du vieillissement hygrothermique sont présentés dans un tableau en annexe (*Cf. Annexe 1: Propriétés mécaniques*).

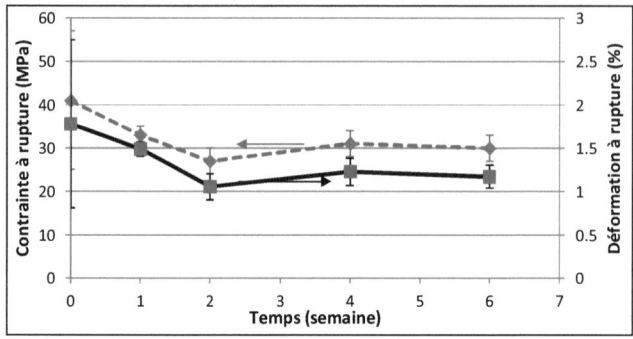

a) contrainte et déformation à rupture

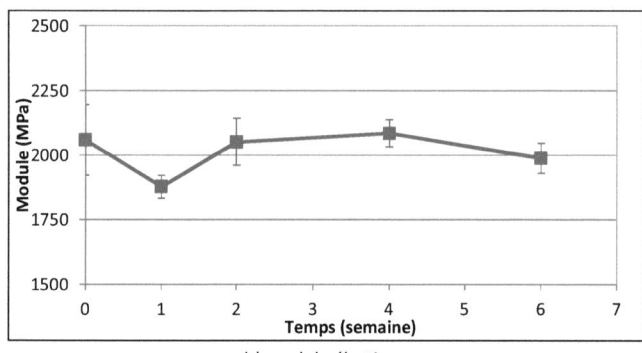

b) module élastique

Figure 5.20.   *Évolution de la contrainte et de la déformation à rupture (a) et du module élastique (b) lors du vieillissement hygrothermique.*

La *Figure 5.20* ci-dessus montre une diminution de la contrainte et de la déformation à rupture (a) ainsi que du module (b) dès la première semaine de vieillissement. Au-delà de 2 semaines, les évolutions sont négligeables. Ces modifications correspondent globalement à une fragilisation du composite comparable à celle observée par Heman [10]. La résine ne présentant pas ce comportement, il est probable que la fragilisation provienne des interphases. La rigidification des interphases observée par DMA, liée à la réticulation secondaire (ou post-réticulation) pourrait en effet expliquer cette fragilisation. La stabilisation des propriétés mécaniques au-delà de 2 semaines s'explique par la saturation en eau du composite dont les interphases sont elles-mêmes stabilisées en termes de densité de réticulation au-delà de 2 semaines. La chute de module au-delà de 4 semaines pourrait néanmoins traduire une dégradation de la matrice ou des interfaces fibres-matrice.

5.2.2. Suivi de l'évolution des propriétés en couche

Du fait de l'hétérogénéité de la matrice formée, il est donc nécessaire de suivre l'évolution des propriétés en couche afin de mieux comprendre le comportement de la matrice sous-réticulée au cours de vieillissement. La méthode et les paramètres des essais de caractérisation sont similaires à ceux utilisés avec la résine, afin de pouvoir comparer les résultats.

5.2.2.1. Suivi de la mobilité moléculaire

En général, le vieillissement hygrothermique entraîne une diminution de la température de transition vitreuse du matériau par plastification [35], [36], [37]. Néanmoins, le processus de post-réticulation (ou réticulation secondaire) peut également se produire entraînant un effet inverse [14], [15], [2].

Les mesures ont été réalisées par calorimétrie différentielle à balayage de manière similaire à celles effectuées dans le cas de la résine. La *Figure 5.21* nous présente les variations de Tg dans l'épaisseur de l'échantillon au cours de vieillissement.

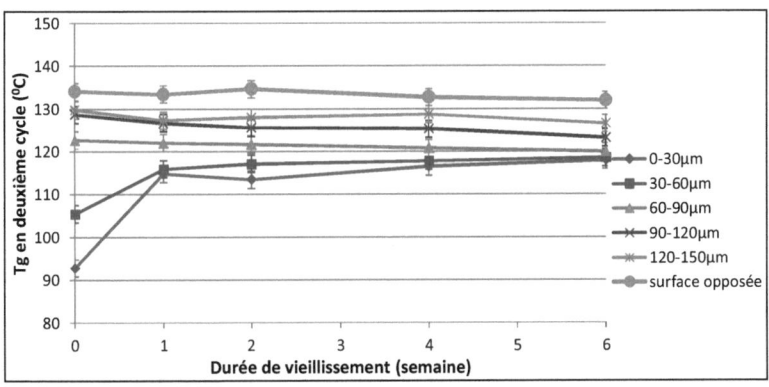

Figure 5.21.   *Évolution de Tg dans l'épaisseur du composite en fonction du temps de vieillissement hygrothermique*

Comme dans le cas de la résine, la Tg des deux premières couches de la surface côté air augmente dès la première semaine de vieillissement, et ce, d'autant plus que la densité de réticulation est faible au départ. Cette augmentation montre que le processus de réticulation secondaire (ou post-réticulation) a lieu principalement sur ces couches dans cette période, ce qui est cohérent avec la disparition de l'épaulement à basse température observée sur le spectre de relaxation du composite en DMA après 1 semaine de vieillissement (*Figure 5.18*). Les phénomènes sont donc comparables à ceux observés sur la résine, mais doivent là-encore être nuancés par le fait que l'on caractérise les Tg sont mesurées au second passage et que la température peut accentuer les réticulations secondaires (chimiques ou physiques) en présence d'eau.

La diminution de ces effets dans la deuxième couche montre bien que la quantité de cycles oxirannes en excès, ainsi que l'effet du vieillissement hygrothermique diminuent quand on s'éloigne de la surface de l'échantillon.

Comme dans le cas de la résine, et quelle que soit la couche considérée, il n'y a plus d'évolution au-delà d'une semaine une fois que les cycles sont consommés et que le matériau a atteint la saturation.

Pour la couche de surface côté moule qui est totalement réticulée, la Tg n'évolue pas, ce qui confirme l'absence d'une hydrolyse du réseau époxy bien réticulée initialement.

5.2.2.2. *Effets du vieillissement hygrothermique sur la chimie de la matrice*

En dehors des effets sur la mobilité moléculaire, le vieillissement hygrothermique affecte aussi la chimie du matériau. La *Figure 5.22* montre les évolutions pour la couche de surface côté air du composite avant et après 6 semaines de vieillissement hygrothermique.

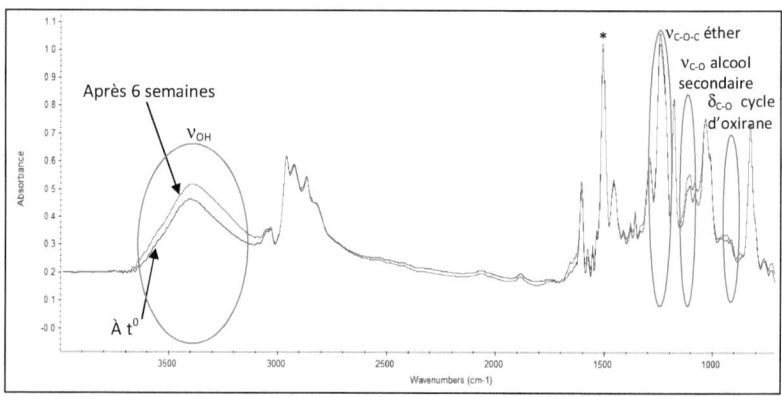

Figure 5.22.   *Spectres IRTF de la première couche de surface côté air du composite à t^0 et après 6 semaines du vieillissement hygrothermique.*

Comme pour la résine, la bande d'absorption à 1512cm^{-1} caractéristique des groupements aromatiques du motif DGEBA est choisie comme référence (*). Les bandes à 3400cm^{-1} ; 1245cm^{-1} ; 1110cm^{-1} et 915cm^{-1} caractéristiques des groupements hydroxyle, éther, alcool secondaire et cycle d'oxiranne respectivement peuvent évoluer, car ces groupements sont polaires et susceptibles d'interagir avec les molécules d'eau lors du vieillissement. Les mesures d'IRTF ont été réalisées sur les cinq couches consécutives de la surface côté air et sur la couche de surface côté moule. L'évolution de l'intensité des pics d'oxiranne à 915cm^{-1} pour chacune de ces couches au cours du vieillissement est représentée sur la *Figure 5.23*.

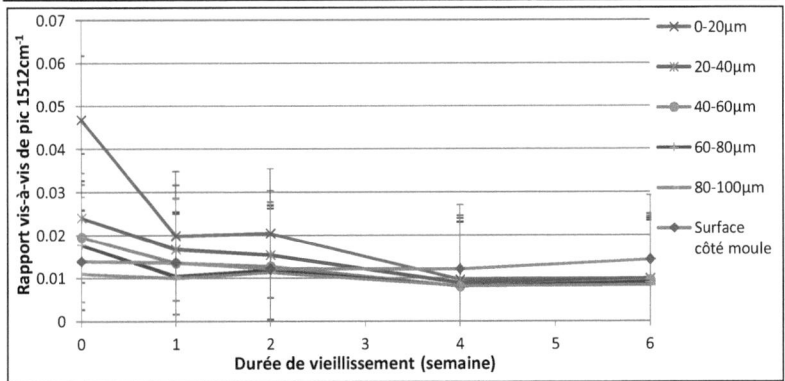

Figure 5.23.   *Évolution de l'intensité des pics oxiranne à 915cm^{-1} des couches au cours du vieillissement hygrothermique.*

L'intensité relative des pics oxirannes du composite et de ceux de la résine varient de manière identique. Une diminution rapide de l'intensité relative de ces pics dans la première semaine montre l'instabilité de ces cycles sous l'action de l'eau. En corrélant avec l'augmentation de Tg durant cette période (*Figure 5.24*), on peut en déduire qu'il y a une réticulation secondaire par ouverture des cycles oxirannes. Cette réticulation secondaire comprend les réticulations « physique » et « chimique » dont les mécanismes ont été abordés en début de chapitre.

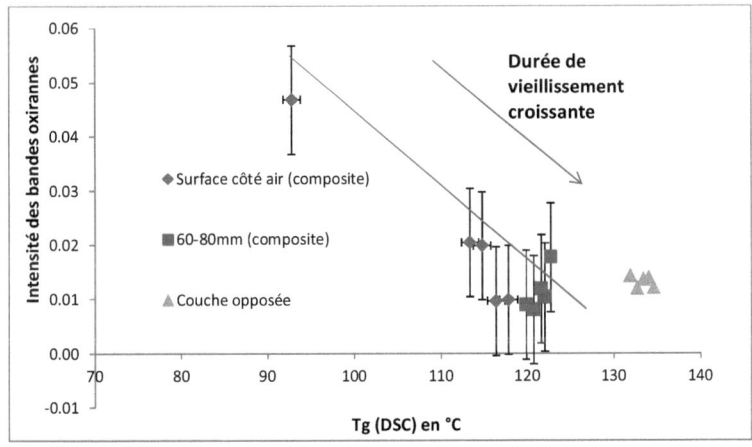

Figure 5.24.   *Relation entre la quantité d'oxiranne et la Tg (DSC) dans les couches superficielles et la couche opposée (côté moule) de composite au cours du vieillissement hygrothermique.*

L'évolution des bandes d'absorption à 3400cm^{-1} ; 1245cm^{-1} ; 1110cm^{-1}, caractéristiques des groupements hydroxyle, éther, alcool secondaire respectivement, au cours de vieillissement n'est pas claire du fait de leur chevauchement. Les molécules d'eau affectent et réagissent avec les cycles oxirannes d'une part pour former des diols [22], [23], [18], et d'autre part pour former des liaisons éther (-C-O-C) [24], ce qui entraîne une augmentation de l'intensité de ces pics. Les groupements formés continuent néanmoins de créer des liaisons hydrogène avec les autres molécules d'eau, ce qui produit une diminution de l'intensité de ces pics. De manière générale on observe une légère augmentation de l'intensité de ces pics après 6 semaines de vieillissement.

5.2.2.3. *Evolution des modules de surface après 6 semaines de vieillissement hygrothermique*

Comme dans le cas du vieillissement UV, les effets du vieillissement hygrothermique sur les 50 premiers microns du composite sont présentés sur la *Figure 5.25*. On peut noter une légère rigidification du composite vieilli dans les 30 premiers microns, ce qui correspond à peu près à la première couche étudiée plus haut. Ceci est relativement conforme à l'augmentation de Tg observée en DSC, et reliée à la consommation des fonctions oxirannes résiduelles. Toutefois, cette corrélation est limitée par le fait que la rigidification observée est moindre que celle obtenue en vieillissement UV, vieillissement pour lequel l'augmentation de Tg est plus faible.

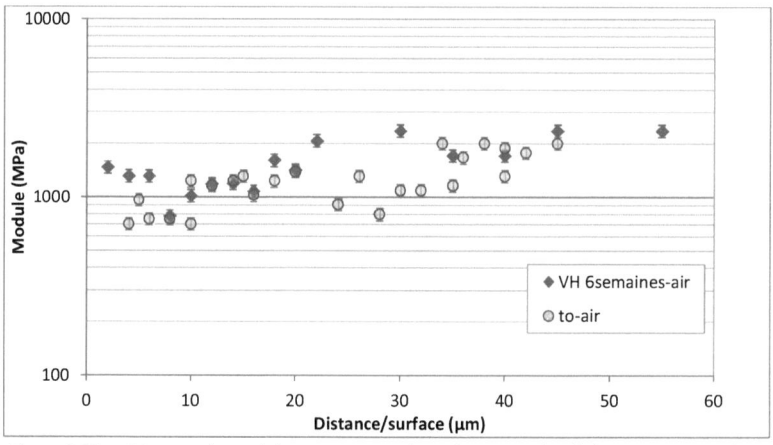

Figure 5.25.   *Mesures de modules par AFM sur la surface exposée côté air avant et après 6 semaines de vieillissement hygrothermique*

5.2.2.4. *Evolution des modules au niveau des interphases après 6 semaines de vieillissement hygrothermique*

Comme pour le vieillissement UV, les interphases étudiées ont été prises à proximité des fibres situées dans les cinquante premiers microns de la surface côté moule (*cf §* *4.2.2.4.*).

La *Figure 5.26* montre l'évolution du module mesuré en AFM au voisinage d'un monofilament pris dans cette zone avant et après 6 semaines de vieillissement hygrothermique. Sur le même graphique sont reportées les valeurs de module mesurées au voisinage d'une fibre prise au cœur de la plaque composite. Deux zones des interphases peuvent être distinguées, en deça et au-delà de 400 nm du monofilament.

Au-delà de 400 nm de la fibre, on constate une légère diminution du module après vieillissement dans les interphases proches de la surface. Cette diminution n'affecte apparemment pas les interphases au cœur du matériau, dont les valeurs de module restent très voisines des valeurs initiales.

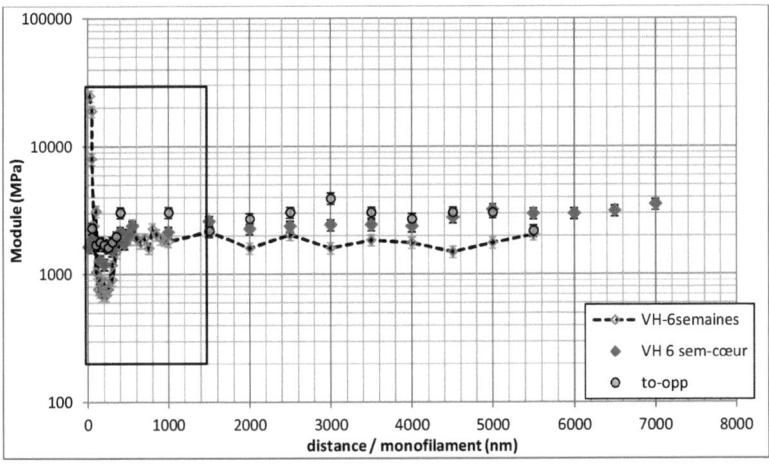

Figure 5.26.   Evolution des modules élastiques mesurés par AFM dans les cinquante premiers microns des interphases de côté moule avant après 6 semaines de vieillissement hygrothermique et comparaison avec les interphases au cœur.

En deçà de 400 nm, (*Figure 5.27*) les évolutions sont un peu plus complexes. Entre 100 et 400 nm, les valeurs de module des interphases vieillies diminuent sensiblement par rapport aux valeurs initiales, d'environ 30% pour les interphases à cœur et de plus de 50% pour les interphases à proximité de la surface. En deçà de 100 nm si le module des interphases à cœur ne change pas par rapport à la zone 100-400 nm, en revanche celui des interphases proches de la surface augmente de manière très importante (x6).

La légère diminution de rigidité entre 100 et 400nm pour les interphases à cœur et au-delà de 100 nm pour les interphases de surface peut s'expliquer par une action hydrolytique de l'eau combinée à la température, ou encore par de la thermo-oxydation (en surface). Les coupures de chaines qui en découlent sont alors responsables d'un assouplissement mécanique du réseau. L'importante rigidification observée en deçà de 100 nm pour les interphases en surface ne peut être due qu'à la réticulation secondaire par les molécules d'eau qui doivent se concentrer à l'extrême proximité de la fibre du fait de l'hydrophilie du réseau d'organo-silanes d'une part et de l'excès d'amine d'autre part.

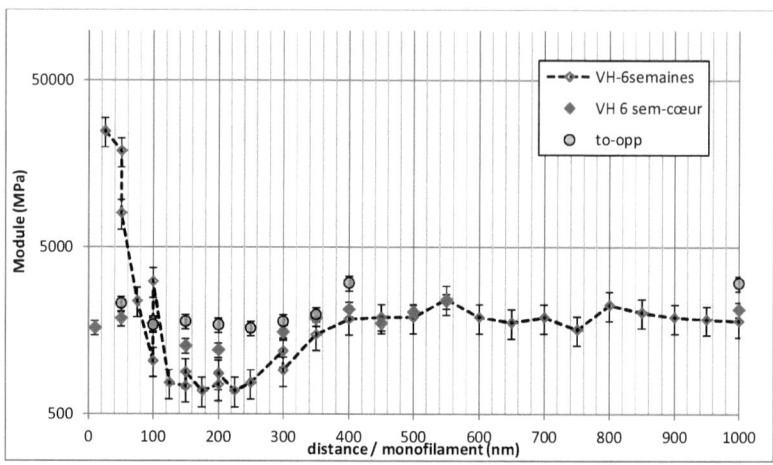

Figure 5.27.   Evolution des modules élastiques mesurés par AFM dans les dizaine premiers microns des interphases de côté moule avant après 6 semaines de vieillissement hygrothermique et comparaison avec les interphases au cœur.

5.2.3. Conclusion

L'étude des effets du vieillissement hygrothermique sur le composite nous a permis de bien comprendre le comportement de ce matériau sous l'action de l'eau. En comparant avec celui de la résine, on peut observer les différences entre ces deux matériaux du fait de la présence des fibres ou, plus précisément de l'existence de l'interphase fibres-matrice. Les essais de DMA ont, d'une part, confirmé les observations faites dans le cas de la résine et, d'autre part, ont relevé que la présence de l'interphase plus « souple » que la matrice entraîne une diminution de la dispersion des entités relaxantes et augmente l'amplitude de relaxation par la formation un réseau secondaire [25], [32] ou par le phénomène de post-condensation des interphases au cours du vieillissement [5]. De plus, les différences dans l'évolution des propriétés mécaniques en flexion trois points pour le composite par rapport à la résine a aussi mis en évidence le comportement de l'interphase au cours de vieillissement hygrothermique. La rigidification observée à proximité des fibres par AFM peut être corrélée à la fragilisation du composite à l'échelle macroscopique. Cependant, les résultats obtenus lors de la caractérisation en couches nous montrent une évolution similaire dans les deux cas, composite et résine. Ceci indique que l'action de l'eau sur la matrice de composite est la même que celle sur la résine ; le réseau initialement bien réticulé subit essentiellement une plastification mais pas d'hydrolyse alors que le réseau en excès d'oxiranne en surface subit une réticulation secondaire dans les 2 premières semaines de vieillissement. Cette réticulation ne permet néanmoins jamais d'atteindre la densité du réseau formé lorsque époxy et amine sont en proportions stœchiométriques.

Références bibliographiques du chapitre 5

1. Jiming Zhou, James P. Lucas, *Hygrothermal effects of epoxy resin. Part I: The nature of water in epoxy.* Polymer, 1999. **40**: p. 5505-5512.

2. Jiming Zhou, James P. Lucas, *Hydrothermal effects of epoxy resin. Part II: Variations of glass transition temperature.* Polymer, 1999. **40**: p. 5513-5522.

3. P. Nogueira, C. Ramisírez, A. Torres, M. J. Abad, J. Cano, J. López, I. López-Bueno, L. Baral, *Effect of water sorption on the structure and mechanical properties of an epoxy resin system.* Journal of Applied Polymer Science, 2001. **80**(1): p. 71-80.

4. P. Moy, F. E. Karasz, *Epoxy-Water interactions.* Polymer Engineering & Science, 1980. **20**: p. 315-319.

5. Philippe Zinck, *De la caractérisation micromécanique du vieillissement hydrothermique des interphases polyépoxydes-fibres de verre au comportement du composite unidirectionnel. Relations entre les échelles micro et macro.* Thèse de doctorat de l'INSA de Lyon, 1999.

6. J. L. Thomasson, *The interface region in glass fibre-reinforced epoxy resin composites: 2. water absorption, void and interface.* Composites, 1995. **26**: p. 477-485.

7. K. H. G. Ashbee, R. C. Wyatt, *Water damage in glass fibre/resin composites.* Pro. Roy. Soc. A, 1969. **312**: p. 553-564.

8. B. Dewimille, *Vieillissement hygrothermique d'un matériau composites fibres de verre/résine époxyde.* Thèse de doctorat de l'ENSMP Paris, 1981.

9. A. Chateauminois, *Effects of hydrothermal aging on the durability of glass/epoxy composites.* Proceedings of the 9th International Conference on Composite Materials (ICCM9), Madrid, 1993.

10. Marie-Barbara HEMAN, *Contribution à l'étude des interphases et de leur comportement au vieillissement hygrothermique dans les systèmes à matrice thermodurcissable renforcés de fibres de verre.* Thèse de doctorat de l'Université du Sud Toulon - Var, 2008.

11. A. Chateauminois, B.Chabert, J. P. Soulier et L. Vincent, *Dynamic mechanical analysis of epoxy composites plasticized by water: Artifact and reality.* Polymer Composites, 1995. **16**: p. 288-296.

12. J. F. Gérard, P. Perret, B. Chabert *Study of carbon/epoxy interface (or interphase): Effect of surface treatment of carbon fibers on the dynamic mechanical behavior of carbon/epoxy unidirectionnal composites, in Controlled Interphases in Composites Materials.* H. Ishida, Editor. 1990, Elsevier Science Publishing Co.: NewYork, 1990: p. 449-456.

13. G. Z. Xiao, M. E. R. Shanahan, *Irreversible effects of hygrothermal aging on DGEBA/DDA epoxy resin.* Journal of Applied Polymer Science, 1997. **69**: p. 363-369.

14. A. Chateauminois, *Comportement viscoélastique et tenue en fatigue statique de composites verre/époxy. Influence du vieillissement hydrothermique.* Thèse de Doctorat de l'Université de Lyon 1, 1991.

15. David Lévêque, Anne Schieffer, Anne Mavel, Jean-François Maire, *Analysis of how thermal aging affects the long-term mechanical behavior and strength of polymer-matrix composites.* Composites Science and Technology, 2005. **65**: p. 395-401.

16. I. Ghorbel, D. Valentin, *Hydrothermal effects on the physico-chemical properties of pure and glass fiber reinforced polyester and vinylester resins.* Polymer Composites, 1993. **14**: p. 324-334.

17. Ilhem Ghorbel, *Mécanismes d'endommagement des tubes verre-résine pour le transport d'eau chaude: influence de la ductilité de la matrice.* Thèse de doctorat de l'Ecole des Mines de Paris, 1990.

18. A. Tcharkhtchi, P. Y. Bronnec, J. Verdu, *Water absorption characteristics of diglycidylether of butanediol-3,5-diethyl-2,4-diaminotoluene networks.* Polymer, 2000. **41**: p. 5777-5785.

19. Leroy Chiao, Richard E. Lyon, *A findamental approach to resin cure kinetics.* Journal of Composite Materials, 1990. **24**(7): p. 739-752.

20. C. C. Riccardi, H. E. Adabbo, R. J. J. Williams, *Curing reaction of epoxy resins with diamine* Journal of Applied Polymer Science, 1984. **29**(8): p. 2481-2492.

21. C. C. Riccardi, R. J. J. Williams, *A Kinetic scheme for an amine-epoxy reaction with simultaneous etherification.* Journal of Applied Polymer Science, 1986. **32**(2): p. 3445-3456.

22. Henry Lee, Kris Neville, *Handbook of epoxy resins.* McGraw-Hill, New-York, 1967.

23. W. Noobut, J. L. Koenig, *Interfacial behavior of epoxy/E-glass fiber composites under wet-dry cycles by Fourier transform infrared microspectroscopy.* Polymer Composites, 1999. **20**: p. 38-47.

24. Bryan Ellis, *Chemistry and Technology of Epoxy Resins.* Chapman & Hall, New York, 1993.

25. Julie Bertho, *Vieillissement hygrothermique d'un assemblage acier galvanisé/adhésif époxy: évolution de la tenue mécanique en fonction de l'état physico-chimique de l'adhésif.* Thèse de doctorat de l'École Nationale Supérieure d'Arts et Métiers, 2011.

26. Antonio Apicella, Luigi Nicolais, Gianni Astarita, Enrico Drioli, *Effect of thermal history on water sorption, elastic properties and the glass transition of epoxy resins.* Polymer, 1979. **20**: p. 1143-1148.

27. Julien Mercier, *Prise en compte du vieillissement et de l'endommagement dans le dimensionnement de structures en matériaux composites* Thèse de doctorat de l'Ecole des mines Paris, 2006.

28. Jo-yu wang, Harry J. Ploehnz, *Dynamic mechanical analysis of the effect of water on glass bead epoxy composites.* Journal of Applied Polymer Science, 1996. **59**: p. 345-357.

29. Sylvain Popineau, *Durabilité en milieu humide d'assemblages structuraux collés type aluminium/composite.* Thèse de doctorat de l'École Nationale Supérieure des Mines de Paris, 2005.

30. David Lévêque, Anne Schieffer, Anne Mavel, Jean-François Maire, *Analyse multiéchelle des effets du vieillissement sur la tenue mécanique des composites à matrice organique.* ONERA, Revue des composites et des matériaux avancés, 2002. **12**: p. 139-162.

31. J. González-Benito, *The nature of the structural gradient in epoxy curing at a glass fibre/epoxy matrix interface using FTIR imaging.* Journal of Colloid and Interface Science, 2003. **267**(2): p. 326-332.

32. C. D. Arvanitopoulos, J. L. Koenig, *An NMR Imaging Study of the Interface of Epoxy Resin-Glass Fiber Reinforced Composites.* The Journal of Adhesion, 1995. **53**(1-2): p. 15-31.

33. B. Dewimille et al. , *Hydrothermal aging of an unidirectional glass-fibre epoxy composite during water immersion.* Advances in composite materials; Proceedings of the Third International Conference on Composite Materials, 1980.

34. Philippe Bonniau, *Effets de l'absorption d'eau sur les propriétés électriques et mécaniques des matériaux composites à matrice organique.* Thèse de doctorat de l'ENSMP, 1983.

35. Philippe Bonniau, A. R. Bunsell, *A comparative study of water absorption theories applied to glass epoxy composites.* Journal of Composite Materials, 1981. **15**: p. 272-293.

36. E. Morel, V. Bellenger and J. Verdu, *Relations Structure-Hydrophilie des Réticulats Epoxyde-Amine.* Edited by Pluralis, Paris, 1984: p. 598-614.

37. R. T. Fuller, R. E. Fornes, J. D. Memory, *NMR study of water absorbed by epoxy resin.* Journal of Applied Polymer Science, 1979. **23**(6): p. 1871-1874.

CHAPITRE 6

CHAPITRE 6.   VIEILLISSEMENT NATUREL & SYNTHÈSE DES EFFETS DU VIEILLISSEMENT

Le vieillissement des polymères ainsi que des matériaux composites dans les conditions naturelles est souvent assimilé à un phénomène complexe, d'appréhension difficile car les agressions (rayonnement solaire, température, intempéries…) sont simultanées et ne peuvent être hiérarchisées. Dans les chapitres précédents nous avons suivi l'évolution des propriétés de la résine et du composite à matrice époxy renforcées par des fibres de verres au cours du vieillissement hygrothermique et du vieillissement photochimique sous conditions artificielles. Le présent chapitre est consacré au suivi des influences du vieillissement naturel dans le climat tropical marin du Vietnam sur les propriétés de ces matériaux. Les résultats obtenus sont comparés à ceux du vieillissement artificiel afin d'identifier les phénomènes et les cinétiques propres au vieillissement naturel.

6.1.   Généralités sur le vieillissement naturel

L'inconvénient majeur des matériaux à base de polymères reste leur forte sensibilité aux conditions atmosphériques due à la dégradation des chaînes macromoléculaires ou des interfaces dans les composites sous l'action du soleil, de la chaleur, de l'humidité et de l'oxygène. L'initiation de cette dégradation est provoquée essentiellement par l'absorption d'énergie radiative du soleil conduisant à des réactions photochimiques spécifiques, telle que, la rupture des chaînes, la peroxydation et la réticulation [1], [2]. Quel que soit le type de réaction, elle conduit à des changements indésirables dans les propriétés tels que : la coloration, la fissuration de la surface, la diminution de Tg, le changement dans la résistance et l'allongement à rupture, etc… qui réduisent fortement la durée de vie de ces matériaux.

Le rayonnement solaire et, plus particulièrement les rayonnements ultra-violets (UV), est le principal facteur à l'origine de la dégradation des polymères en milieu naturel [3], [4]. Le taux de dégradation dépend alors de la composition du polymère, de l'interaction entre la résine et les espèces photo-actives, de l'oxygène et de l'intensité de la lumière [5], [6], [7]. Les rayonnements UV ne représente que 1-5% de l'irradiation totale du soleil (*Figure 6.1*), contre 39-53% pour le visible et 42-60% pour l'infrarouge [7]. Mais ils sont plus dégradants en raison de leur forte pénétration dans les matrices organiques.

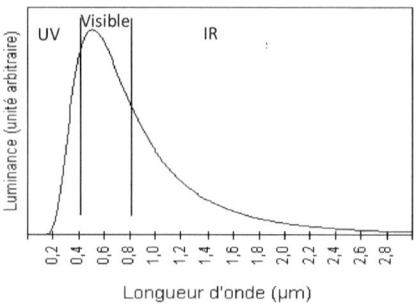

Figure 6.1.   Spectre d'émission du soleil [8]

En dehors des UV, la présence des autres éléments tels que la pluie, la température, la poussière et les polluants atmosphériques va également affecter le comportement du matériau en vieillissement naturel. La plastification par l'eau peut favoriser la diffusion d'oxygène. Le lavage de la surface exposée par la pluie peut accélérer la migration d'adjuvants par extraction. Comme cela a ont été indiqué au § 1.3.2.3., l'eau joue un rôle importante dans l'amplification du vieillissement par photo-oxydation ([9], [10]). De plus, les polluants atmosphériques (SO_2, NO_x, O_3, particules poly-aromatiques…) sont des photo-sensibilisateurs capables de se transformer, sous l'effet des UV, qui augmentent l'effet de dégradation de surface des matériaux lors du vieillissement naturel. Le mécanisme de photo-oxydation de ces polluants atmosphériques a été identifié par Pospisil et al. [7]. Dans le cas des processus d'oxydation contrôlés par la diffusion d'oxygène, l'alternance jour-nuit va permettre une saturation périodique de l'échantillon en oxygène. Pour une énergie globale constante, un échantillon irradié en continu devrait donc être moins dégradé qu'un échantillon ayant subi une irradiation discontinue.

Les propriétés de la résine et du composite au cours du vieillissement naturel sont analysées au regard des résultats obtenus lors des vieillissements artificiels. La comparaison entre les effets sur la résine seule et sur le composite doit ensuite permettre de comprendre l'effet des fibres ou des interphases sur les mécanismes de dégradation.

6.2.   Effet du vieillissement naturel sur la résine

Cette partie est consacrée au suivi de l'évolution des propriétés de la résine à l'état massif et en couches après 2, 4 et 8 mois de vieillissement naturel à Danang-Vietnam (*Cf. § 2.3.3. Mise en œuvre du vieillissement naturel*). La surface sous réticulée (côté air) des échantillons a été exposée plein sud sur un support métallique incliné à 45° [11].

6.2.1. Suivi de l'évolution des propriétés à l'état massif

6.2.1.1. Évolution superficielle

L'observation au microscope électronique à balayage (MEB) (*Figure 6.2*) de la surface exposée des plaques de résine après 2, 4 et 8 mois de vieillissement révèle, sur la surface exposée, la formation de fissures d'autant plus nombreuses et larges que la durée augmente. De telles fissures ont déjà été observées au cours du vieillissement UV artificiel de la résines époxy seule [12] [13], [14], [15], [16]. Elles sont attribuées à la photolyse et à la photooxidation des macromolécules tels que cela a été décrit au § 1.3.1.2.. Dans le cas de vieillissement naturel, la formation des fissures est accentuée par l'absorption de l'eau. En effet, les fissures formées sur la surface sous l'effet des UV favorisent l'absorption de l'eau qui entraîne un gonflement de la résine qui lui-même accélère la formation des fissures.

Il apparaît donc non seulement de nouvelles fissures, mais également un élargissement de celles déjà formées ainsi que des porosités initiales. Il doit par conséquent y avoir lessivage de la matière au cours de l'exposition au vieillissement naturel.

a   b   c

Figure 6.2.   *Clichés MEB de la surface exposée de la résine après 2 mois (a) ; 4 mois (b) et 8 mois (c) de vieillissement naturel*

6.2.1.2. Propriétés viscoélastiques

La *Figure 6.3* ci-dessous représente les courbes de tangente de l'angle de perte en fonction de la température pour la résine avant et après 2, 4 et 8 mois de vieillissement.

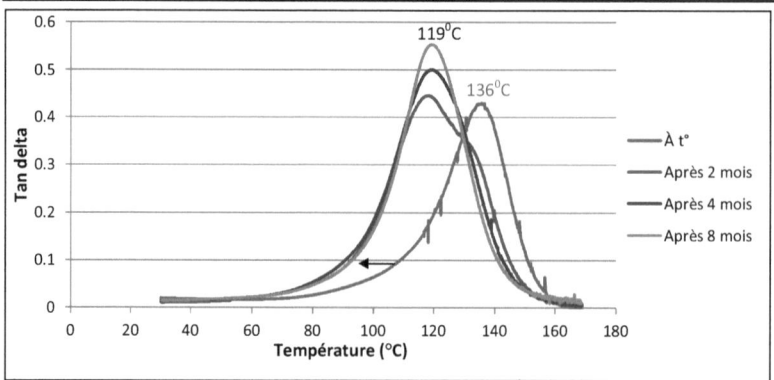

Figure 6.3.   *Spectre tangente de l'angle de perte de la résine au cours de vieillissement naturel (DMA, 1Hz, 7μm, 2⁰C/min)*

On constate une diminution de la température de relaxation principale dès 2 mois de vieillissement, ce qui traduit une augmentation de mobilité moléculaire pouvant être attribuée à la plastification du réseau par l'eau ou à la dégradation de celui-ci sous l'action de l'eau et des UV. Le dédoublement observé après 2 mois de vieillissement peut être lié à la présence de 2 réseaux présentant différents taux de dégradation, le 1er de T_α voisine de 118°C du côté de la surface exposée et le second, de T_α voisine de 130°C, du côté non exposé.

Après 4 et 8 mois, ce dédoublement n'étant plus visible, on peut supposer que l'ensemble de la plaque est plastifiée ou dégradée ou que l'eau, davantage liée au réseau, n'est plus désorbée pendant la rampe. Cette deuxième hypothèse est supportée par l'augmentation de l'amplitude de tangente delta après 4 et 8 mois de vieillissement.

L'épaulement à basse température, que l'on a attribué à la surface exposée et initialement sous-réticulée, est décalé vers les basses températures. Des phénomènes de plastification ou de dégradation du réseau sont donc également en jeu.

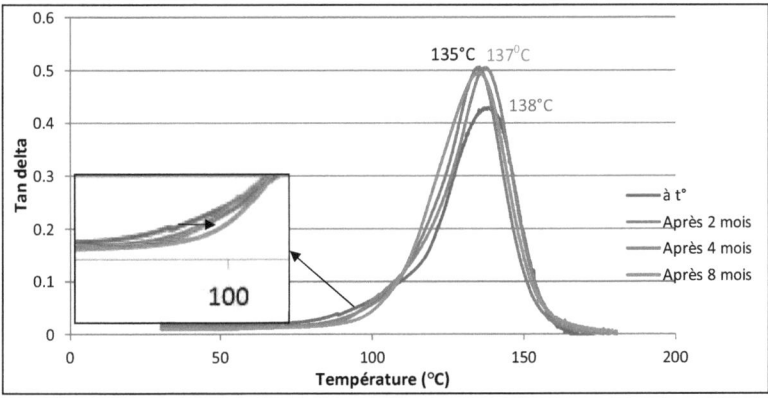

Figure 6.4.   *Spectres thermomécaniques après séchage de la résine après différents temps de vieillissement (DMA, 1Hz, 7µm, 2⁰C/min)*

> **Influence du séchage des échantillons**

Afin de distinguer ces deux possibilités, les essais de DMA ont été réalisés sur les échantillons de après 7 jours de séchage (*Figure 6.4*). Les spectres DMA montrent un décalage de l'épaulement attribué à la surface sous-réticulée vers les hautes températures. Cette augmentation peut être attribuée à une réticulation secondaire au niveau des sites oxirane en excès, non visible avant désorption car masquée par le phénomène de plastification du réseau. Malgré la présence des fissures observées au MEB, traduisant donc d'importantes coupures de chaîne, le réseau en surface semble donc plus réticulé après vieillissement. Une légère diminution de la température de relaxation principale est observée après séchage, ce qui confirme **qu'une dégradation du réseau a bien eu lieu à cœur, en plus des phénomènes de plastification. Ces coupures de chaîne peuvent également expliquer l'augmentation de l'amplitude du pic principal, qui traduit le fait que plus d'espèces peuvent relaxer.**

La quantité de l'eau désorbée à partir des échantillons après les différents temps de vieillissement naturel a été également suivie afin de mettre en évidence la nature de l'eau dans la résine au cours du vieillissement (*Figure 6.5*).

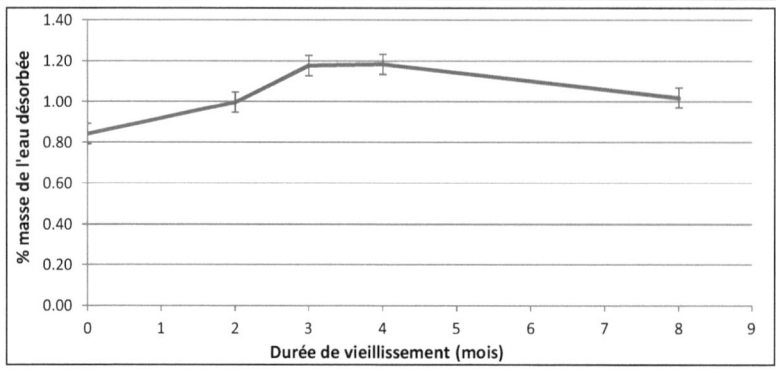

Figure 6.5.   Evolution de la quantité d'humidité désorbée dans la résine au cours de vieillissement naturel

On note une augmentation de la quantité de l'eau désorbée dans les trois premiers mois de vieillissement, puis une stabilisation entre 3 et 4 mois du fait de la saturation de l'eau dans le réseau. La diminution de l'eau désorbée à partir du quatrième mois peut s'expliquer soit par un transfert de l'eau de type I en eau de type II qui est plus liée au réseau et qui n'est donc pas désorbée pendant le séchage, soit par une perte de masse du matériau au-delà d'une certaine durée d'exposition [17, 18]. La dégradation produit des groupements chimiques de faible masse moléculaire qui peuvent être mis en solutions et lessivés dans les conditions de vieillissement naturel [19].

6.2.1.3. *Propriétés mécaniques*

Les changements des propriétés mécaniques au cours de vieillissement naturel reflètent également les influences du vieillissement sur la résine. Les données obtenues dans les essais de flexion trois points sur la résine sont présentées dans un tableau en annexe (*Cf. Annexe 1 : Propriétés mécaniques*). La contrainte et la déformation à rupture présentent une même allure en fonction de la durée d'exposition (*Figure 6.6*).

Les valeurs augmentent dans les 3 premiers mois de vieillissement, puis diminuent au-delà. L'augmentation de la contrainte et de la déformation à rupture traduit une augmentation du comportement plastique du matériau. Cette évolution étant associée à une augmentation du module élastique, il ne s'agit donc pas simplement d'une plastification par l'eau absorbée. La rigidification de la surface initialement sous-réticulée, par les processus de réticulation secondaires pouvant se produire sous l'effet des UV d'une part et sous l'action de l'eau d'autre part peut expliquer l'augmentation de la ténacité du matériau.

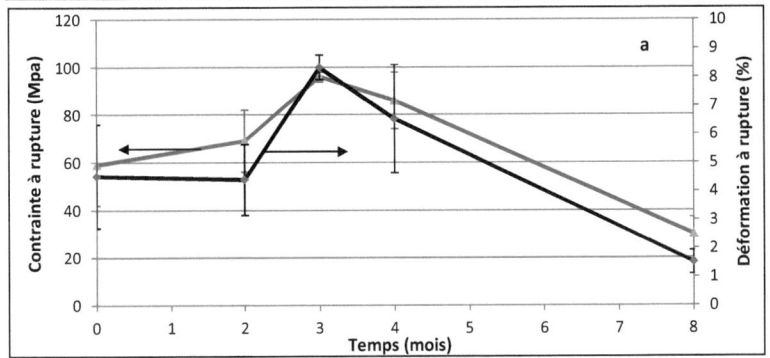

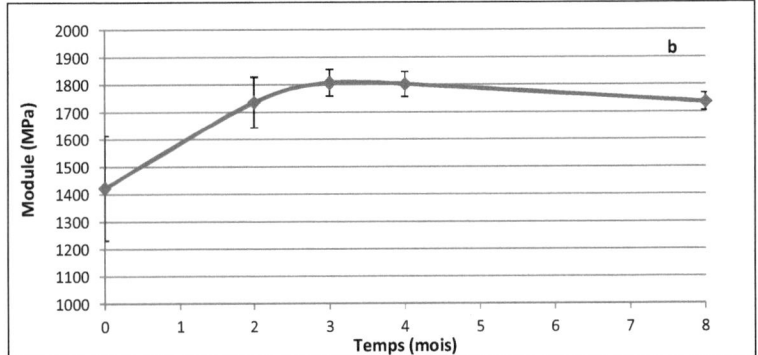

Figure 6.6.   Évolution de contrainte et de la déformation à rupture (a) et du module élastique (b) de la résine au cours du vieillissement naturel

Après 3 mois de vieillissement naturel, la diminution de la contrainte et de la déformation à rupture est le signe de la dégradation de la résine comme cela a souvent été observé lors de l'exposition aux UV de résines époxy [20], [13], [21], [14], notamment en présence d'eau[10]. Une rigidification du réseau due aux processus de réticulation secondaire ainsi que les coupures de chaînes mises en évidence en DMA après séchage pourrait expliquer cette fragilisation au-delà de 3 mois. La réticulation secondaire entraîne une augmentation du module élastique alors que les coupures de chaînes comme la plastification du réseau par l'eau ont un effet inverse. Au-delà de 3 moins, le module se stabilise puis diminue progressivement lorsque le premier processus devient minoritaire.

6.2.2. Suivi de l'évolution des propriétés en couche

Les méthodes et les techniques d'analyse utilisées sont semblables à celles du vieillissement artificiel. Sur les temps longs, les évolutions en couches doivent être nuancées du fait de l'ablation des couches de surfaces par lessivage des composés issus de la photo-dégradation et de l'hydrolyse. Les points de mesure sur les 1ères couches devraient donc être décalés vers les couches plus à cœur. Ne connaissant pas exactement la cinétique d'ablation, nous n'avons pas effectué ce décalage.

6.2.2.1. *Évolution de la mobilité moléculaire*

Les valeurs de Tg obtenues dans les deuxièmes cycles sur les cinq couches de la surface exposée (côté air), ainsi que sur le copeau de la surface opposée (côté moule) après différentes durées de vieillissement naturel sont présentées dans la *Figure 6.7*.

➢   **Avec le vieillissement naturel**

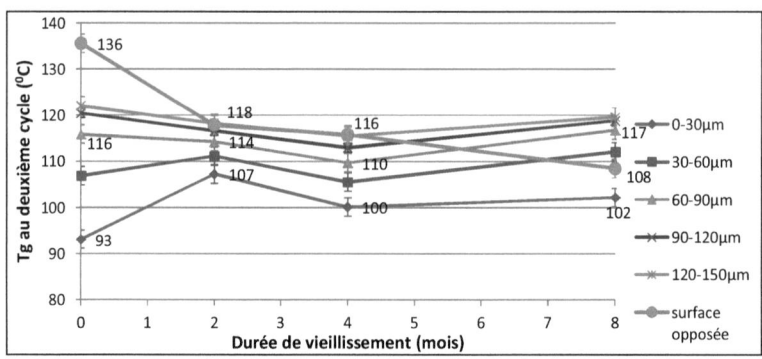

Figure 6.7.   Évolution des Tg de chaque couche de résine au cours du vieillissement naturel

Il apparaît que plus les couches sont proches de la surface exposée, donc initialement moins réticulées (époxy en excès), plus la Tg augmente dans les 2 premiers mois de vieillissement. Au-delà de 60μm de profondeur, le phénomène inverse se produit, la Tg diminue dans les deux premiers mois de vieillissement. Pour la couche côté opposé (r=1), une baisse de 28°C est observée.

Au-delà de 2 mois, la Tg diminue sur toute l'épaisseur, puis ré-augmente légèrement, à l'exception de la couche opposée. Cette augmentation peut s'expliquer par le phénomène de réticulation secondaire, sous l'effet des UV d'une part, mais aussi, comme cela a été observé précédemment lors du vieillissement hygrothermique, sous les effets combinés de l'eau et de la température, du fait de l'excès de groupements oxirane. Les coupures de chaînes par photolyse et photo-oxydation sont elles d'autant plus importantes que le taux d'oxirane disponible diminue, dans l'épaisseur d'une part et au cours du temps d'autre part. Pour les temps longs (entre 4 et 8 mois), la Tg augmente à nouveau pour les couches du côté de la surface exposée alors qu'elle continue de diminuer du côté opposé. En effet, ce côté subit indirectement les UV et l'humidité mais ne subit pas le lessivage. Les photo-produits de faible masse qui peuvent être éliminés de cette manière sur le côté exposé, restent donc au sein du réseau côté opposé, ce qui contribue à la diminution de la Tg. Au contraire, pour les couches du côté exposé, l'élimination partielle de ces petites molécules ainsi que la réticulation physique par les molécules d'eau liées à cœur peuvent expliquer une ré-augmentation de la Tg au-delà de 4 mois de vieillissement.

➤ **Comparaison Vieillissement naturel-Vieillissements artificiels**

L'évolution des Tg au cours du vieillissement naturel est suivie sur 3 couches ; surfaces exposée et opposée (0-30µm), et une couche intermédiaire entre 60 et 90 µm. Elle est comparée à l'évolution des courbes obtenues au cours des vieillissements artificiels sous UV et hygrothermique (VH) (*Figure 6.8*).

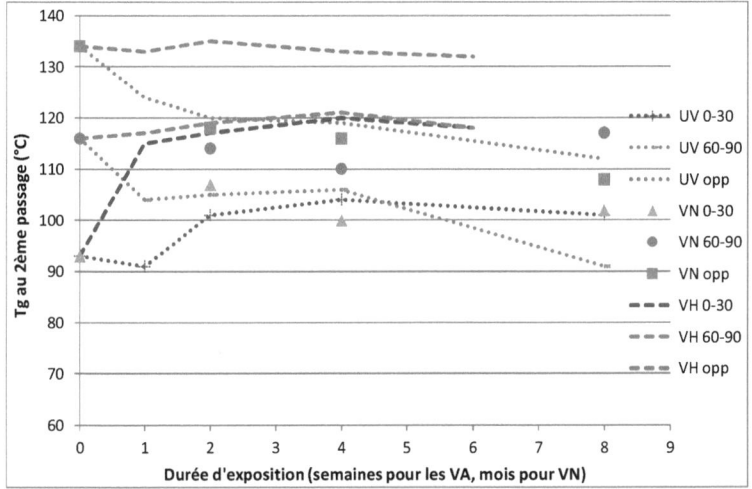

Figure 6.8.   *Comparaison des effets du vieillissement naturel et des vieillissements accélérés (UV et hygrothermique VH) sur les Tg des couches de surface exposée (0-30µm et 60-90µm) et opposée.*

Sur la *Figure 6.8*, les échelles de temps sont artificiellement recalées en appliquant un facteur d'accélération de 4 entre les vieillissements artificiels et naturel. Ce décalage est estimé en comparant les évolutions de la couche de surface opposée, qui subit majoritairement des coupures de chaînes sous l'effet des UV (aux temps courts notamment). Le vieillissement hygrothermique n'entraîne en effet qu'une légère baisse de la Tg aux temps longs. Cette superposition montre que lors du vieillissement naturel, les couches de surface subissent majoritairement les effets des UV. Une réticulation secondaire par l'eau vient de plus se superposer à ces effets pour la couche exposée contenant un excès d'oxirane au début du vieillissement.

Pour les couches plus éloignées de la surface (60-90µm), la courbe du vieillissement naturel se situe entre l'évolution sous UV qui entraîne une diminution de la Tg par photolyse et celle due au vieillissement hygrothermique, qui, à l'opposé, provoque une légère augmentation de la Tg sur les 4 premiers mois par réticulation secondaire au niveau des cycles oxiranes en excès.

Aux temps longs, la combinaison des effets dus à l'eau et aux UV peut expliquer la divergence observée sur la couche 60-90 µm entre le vieillissement naturel et l'addition des effets des vieillissements accélérés.

Enfin, pour les couches opposées on retrouve une assez bonne adéquation entre le vieillissement naturel et le vieillissement UV avec le facteur d'accélération 4. En effet, compte tenu de sa position le côté opposé subit principalement une dégradation due aux UV réfléchis.

6.2.2.2. *Évolution de la chimie de la résine*

➢ **Avec le vieillissement naturel**

La *Figure 6.9* présente les modifications chimiques de la couche de surface exposée (côté air) de résine à l'état initial et après 8 mois de vieillissement naturel.

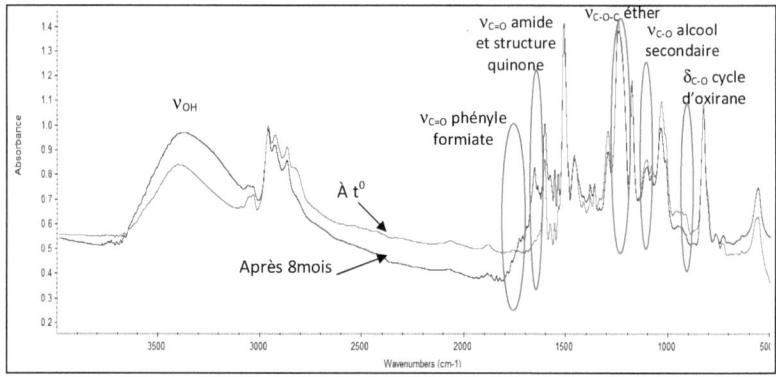

Figure 6.9.   *Spectres IRTF de la couche exposée de la résine à l'état initial et après 8 mois de vieillissement naturel.*

Comme cela a été observé sur la couche de surface exposée lors du vieillissement UV, la bande oxirane à 915cm^{-1} disparaît et de nouvelles bandes à 1658cm^{-1} et 1735cm^{-1} apparaissent. Comme lors du vieillissement hygrothermique, les bandes caractéristiques des groupes hydroxyles (OH), éther (-C-O-C) et alcool secondaire (-C-O-) sont également affectées [22], [23] du fait de leur polarisation. Les mécanismes d'ouverture des cycles oxiranes pour former des diols [24] et d'homo-polymérisation à partir de ces cycles, formant des éthers [25] semblent donc similaires à ceux identifiés au cours du vieillissement hygrothermique de la résine . Ces groupements polaires peuvent ensuite créer des liaisons hydrogènes avec les molécules d'eau absorbées.

L'évolution de l'intensité du pic oxirane à 915cm^{-1} en fonction de la profondeur d'échantillon (*Figure 6.10*) montre que la plupart des cycles sont consommés avant 2 mois de vieillissement naturel soit par les UV, soit par les effets de l'eau. Comme nous l'avons vu aux chapitres 4 et 5 sur l'analyse des spectres IRTF de la résine, l'intensité du ratio de la bande oxirane décroît dès la 1ère semaine de vieillissement hygrométrique ou UV. Leur action cumulée dans le vieillissement naturel vient donc logiquement consommer tous les cycles en excès.

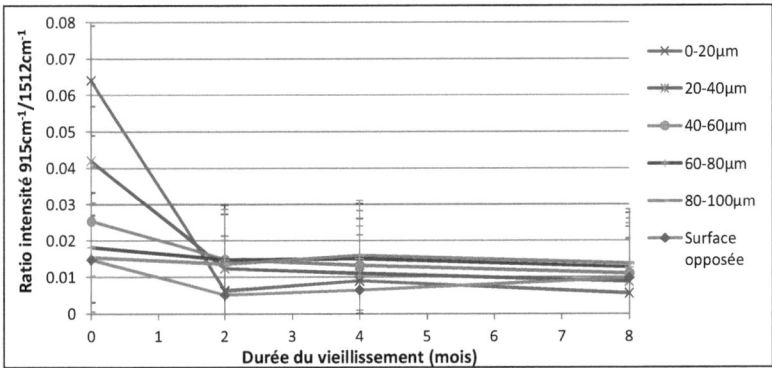

Figure 6.10.   Évolution de l'intensité des pics d'oxiranes à $915cm^{-1}$ des couches de résine au cours de vieillissement naturel.

Les principales évolutions concernent les bandes à $1658cm^{-1}$ et à $1735cm^{-1}$, caractéristiques des groupes amides/structures quinones et les phényles formiates respectivement formées sous l'effet des UV au cours de vieillissement naturel. Les *Figure 6.11 et Figure 6.12* représentent l'évolution de l'intensité de ces deux pics en fonction de la profondeur de l'échantillon au cours du vieillissement naturel.

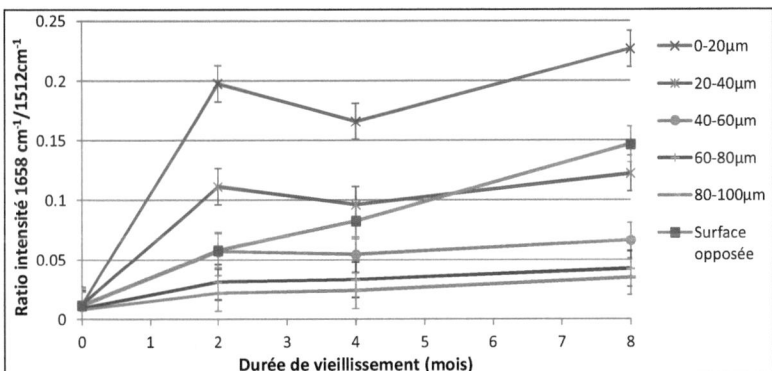

Figure 6.11.   Évolution de l'intensité des pics d'amide et de structure quinone à $1658cm^{-1}$ des couches de résine au cours du vieillissement naturel

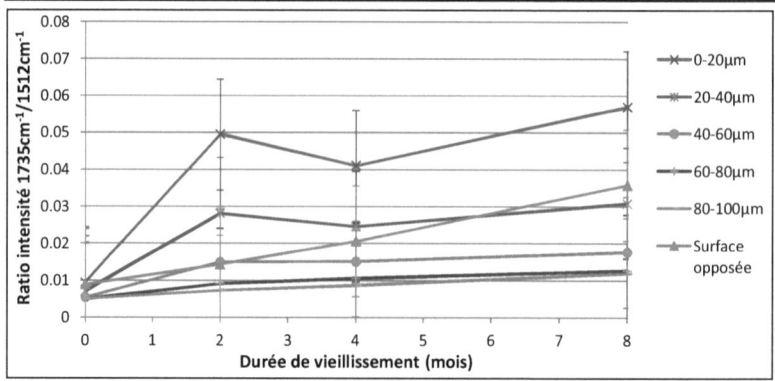

Figure 6.12. Évolution de l'intensité des pics de phényle formiate à 1735cm^{-1} des couches de résine au cours du vieillissement naturel.

L'évolution de ces deux bandes est significative sur les 2 premières couches. Au-delà de 60µm, il n'y a plus d'effet décelable. La présence de ces bandes, traduisant des coupures de chaînes avec des effets opposés à l'augmentation de la densité de réticulation montre donc la prédominance du processus de réticulation secondaire sur la photo-dégradation au début du vieillissement pour les couches de surface.

Entre 2 à 4 mois l'intensité relative des pics à 1658 et 1735 cm^{-1} se stabilise voire diminue, signe de la dégradation des produits formés sous l'effet des UV [26]. La diminution de Tg observée sur la même période montre que les processus de dégradation deviennent dominants.

Au-delà de 4 mois, la proportion de ces photo-produits ré-augmente à nouveau indiquant que la photo-oxydation du réseau se poursuit. Or, sur la même période, la Tg augmente également alors que tous les oxiranes ont été consommés. Ces résultats semblent cohérents avec les résultats de DMA et flexion qui montrent que les coupures de chaînes (dues à la photo-dégradation et à l'hydrolyse) se produisent de manière simultanée avec les phénomènes de réticulation secondaire (réticulation « physique », recombinaison de radicaux).

La couche de surface opposée montre une augmentation quasi linéaire de l'intensité de ces pics, confirmant que la dégradation de la résine bien réticulée est principalement liée à l'effet des UV (indirects) pendant le vieillissement naturel. Cette observation est cohérente avec la diminution de Tg de cette couche au cours de ce même vieillissement.

➢   **Comparaison vieillissement naturel/vieillissements artificiels**

La superposition des effets des 3 types de vieillissement sur le cycle oxirane de la 1ère couche de surface est représentée sur la *Figure 6.13*. Le facteur d'accélération de 4 estimé à partir de la *Figure 6.8* est appliqué entre le vieillissement naturel et les vieillissements artificiels. La cinétique de réaction des oxiranes sous UV semble plus lente que celle due à l'eau. Il faut cependant nuancer ce résultat en considérant que la mesure est faite sur une moyenne de 30µm d'épaisseur et que les phénomènes de photo-oxidation ne se produisent que dans les quelques premiers micromètres de la surface des résines époxy. Il reste par conséquent des cycles oxirane intacts dans les 30 µm de la 1ère couche tout au long du vieillissement [27].

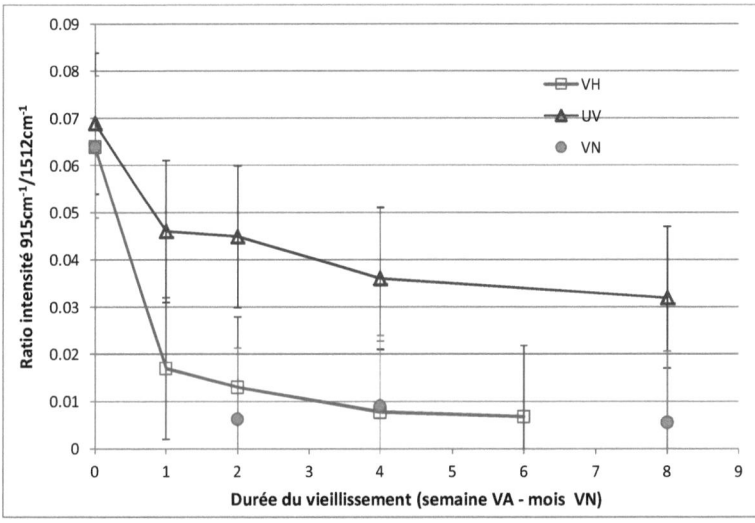

Figure 6.13.   Évolution de l'intensité des pics d'oxiranes à 915cm[-1] de la couche de surface (0-30 µm) de la résine au cours des vieillissements naturel et artificiels

Ces résultats associés à l'augmentation de Tg des deux premières couches (*Figure 6.7*) et au décalage de l'épaulement vers les hautes températures observé en DMA (*Figure 6.4*), confirme que l'ouverture des cycles oxiranes s'accompagne d'une réticulation secondaire sous l'effet des UV et de l'eau.

Par ailleurs, si l'on compare l'intensité des ratios des bandes à 1658cm[-1] et à 1735cm[-1] en vieillissement naturel avec ceux obtenus après vieillissement photo-oxydatif (en respectant les échelles de temps réelles ou en appliquant le facteur de 4) (*Figure 6.14*), il apparaît que l'amplitude des pics ainsi que la profondeur affectée par les UV est supérieure dans le cas du vieillissement naturel à celle obtenue sous rayonnement artificiel. En considérant uniquement la bande à 1658 cm[-1], il semble que les effets des UV sur la couche de résine située entre 20 et 40 µm sont similaires à ceux du vieillissement naturel sur une couche plus profonde (40-60µm), en appliquant un facteur 4 comme précédemment. Ceci confirme les effets de synergie entre l'eau et les UV dans le cas du vieillissement naturel [9], [10].

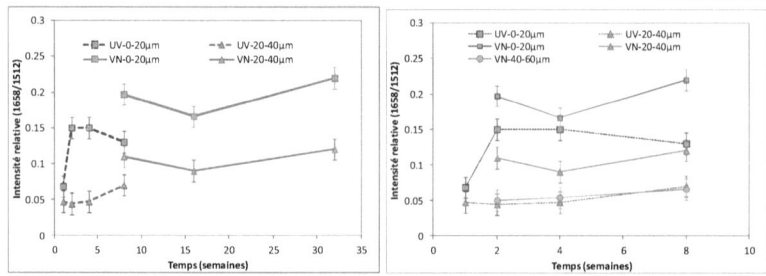

Figure 6.14.   Comparaison des intensités des pics à 1658cm^{-1} des couches de surface au cours du vieillissement naturel et sous UV (a) échelle de temps réelle et (b) décalée d'un facteur 4

Compte tenu des écart-types, nous n'avons pas superposé les évolutions de la bande à 1735 cm^{-1} mais les écarts et les tendances sont tout à fait similaires.

6.2.3. Conclusion

La comparaison entre les effets du vieillissement naturel et ceux des vieillissements accélérés permet de mieux identifier les phénomènes impliqués lors du vieillissement naturel et de mettre en évidence des effets de synergie entre l'eau et les UV. Les couches de résine parfaitement réticulées exposées indirectement aux intempéries évoluent principalement sous l'effet indirect des UV par photolyse et photo-oxidation, avec formation de photo-produits similaires à ceux identifiés lors du vieillissement artificiel UV (amides, structures méthyles quinones et phényles formiates).

Le gradient de réticulation lié à l'excès d'oxirane du côté le plus exposé aux intempéries et aux UV engendre, dans les premiers mois d'exposition, des réticulations secondaires au niveau des cycles oxiranes par des mécanismes radicalaires (UV) ou ioniques (eau). Ces phénomènes se traduisent par une rigidification du réseau en surface (augmentation de la Tg et de la T$_\alpha$) qui peut expliquer la formation des fissures superficielles.

Aux temps longs et sur les couches de surface, une fois que tous les oxiranes sont consommés, la photo-oxydation se poursuit en parallèle de phénomènes de réticulation physique par l'eau. Les photo-produits caractéristiques de la dégradation se retrouvent en proportion plus élevée et plus en profondeur suite au vieillissement naturel qu'après le vieillissement accéléré sous UV. Les fissurations créées en surface peuvent favoriser la diffusion de l'eau ou de l'oxygène et par conséquent, accentuer les phénomènes de dégradations aux temps longs.

6.3.   Effet du vieillissement naturel sur le composite

Les résultats obtenus dans la partie ci-dessus nous montrent les effets du vieillissement naturel sur la résine, en fonction notamment de son degré de réticulation. L'objectif ici est de montrer l'influence du renfort et des interphases sur le comportement du composite dans les conditions de vieillissement naturel similaires à celles de la résine.

6.3.1. Conséquence sur les propriétés à l'état massif

6.3.1.1. *Propriétés morphologies*

Les observations des surfaces au MEB (*Cf. Annexe 2: Observation superficielle*) confirment que l'accélération du processus de dégradation du composite sous l'effet de l'eau. Au-delà de 12 mois, l'ablation de la matrice est clairement visible sur les deux surfaces de l'échantillon comme cela est rapporté dans la littérature [28], [29], [9]. La *Figure 6.15* montre ainsi la présence de fibres d'une part et la diminution de la profondeur des défauts.

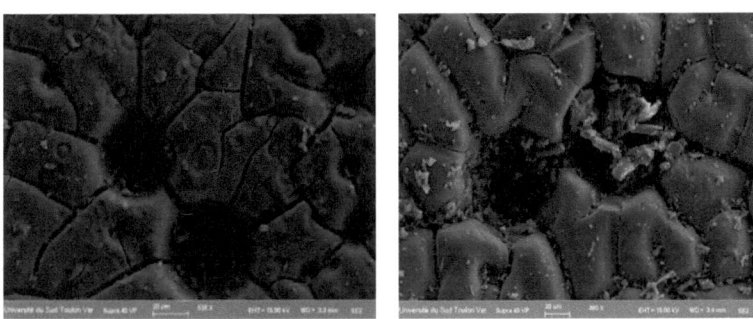

12 mois   *19 mois*

Figure 6.15.   *Clichés MEB de la surface exposée après 12 et 19 mois de vieillissement naturel.*

6.3.1.2. *Propriétés viscoélastiques*

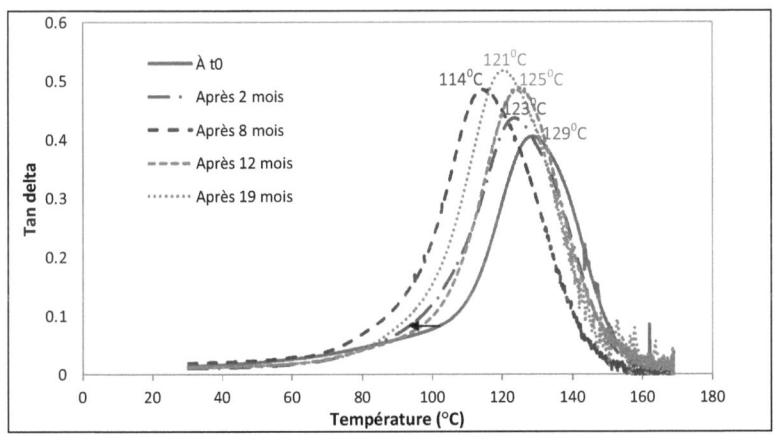

Figure 6.16.   *Évolution de tangente de l'angle de perte du composite en fonction du temps de vieillissement naturel (DMA, 1Hz, 7μm, 2°C/min).*

La *Figure 6.16* montre deux étapes : avant et après 8 mois de vieillissement. Pendant les 8 premiers mois de vieillissement, on constate une diminution de la température de relaxation principale Tα accompagnée d'une augmentation de l'amplitude de tan δ.

Au-delà de 8 mois, la température de la relaxation principale ré-augmente, ainsi que son amplitude. Il semble donc qu'il y ait une plastification de la matrice dans les 8 premiers mois. On peut également noter qu'il n'y a pas de dédoublement marqué du pic comme dans le cas du vieillissement hygrothermique. Ceci suggère que l'eau est davantage liée au réseau, du fait notamment que la durée d'exposition soit supérieure à celle des vieillissements artificiels.

La déconvolution de la relaxation globale en 3 relaxations (selon la méthode décrite au chapitre 3 au temps initial) (*Figure 6.17*), montre que l'amplitude de la relaxation α_1 diminue très rapidement et n'est plus visible après 8 mois de vieillissement. Compte tenu du décalage vers les basses températures de la relaxation α_2 au-delà de 2 mois de vieillissement, ces deux pics relaxent dans la même gamme de température et ne peuvent donc plus être distingués. La plastification par l'eau de ces zones sous-réticulées peut expliquer le décalage.

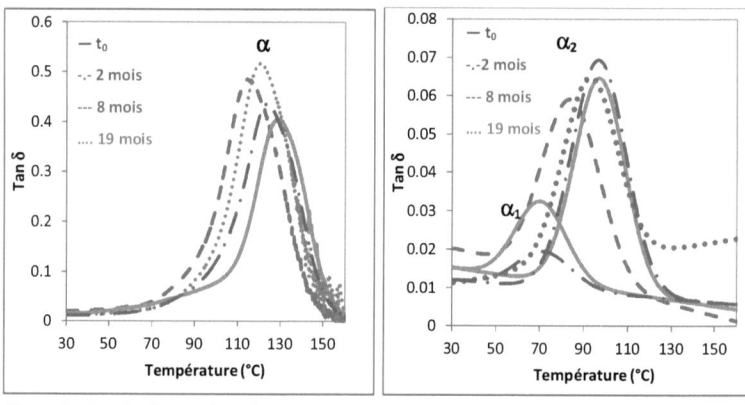

Figure 6.17.   *Evolution des relaxations α_1, α_2 et α au cours du vieillissement naturel (après 2 et 19 mois) (DMA, 1Hz, 7μm, 2^{0}C/min).*

La relaxation α_2 ré-augmente comme la relaxation α au-delà de 8 mois, à la fois en termes de température et de d'amplitude. Cette relaxation étant attribuée principalement à la couche de surface avec un excès d'oxiranne à t_0, il est probable que cette zone se rigidifie, à la fois sous l'effet des UV et sous l'action de l'eau comme cela est observé lors des vieillissements artificiels UV et hygrothermiques par des processus de réticulation secondaire. En parallèle, le réseau est plastifié par l'eau et les deux phénomènes se compensent. Le décalage vers les basses températures de α_2 à 8 mois peut provenir de dégradations du réseau en surface (coupures de chaînes par hydrolyse et/ou photo-oxidation). Les couches dégradées peuvent ensuite lessivées par les intempéries [28], décalant la relaxation α_2 vers les plus hautes températures au-delà de 8 mois d'exposition.

➢   **Influence du séchage des échantillons**

Les mesures de DMA ont été réalisées sur les échantillons de composite après vieillissement une fois séchés à 60°C sous vide pendant 7 jours (*Figure 6.18*).

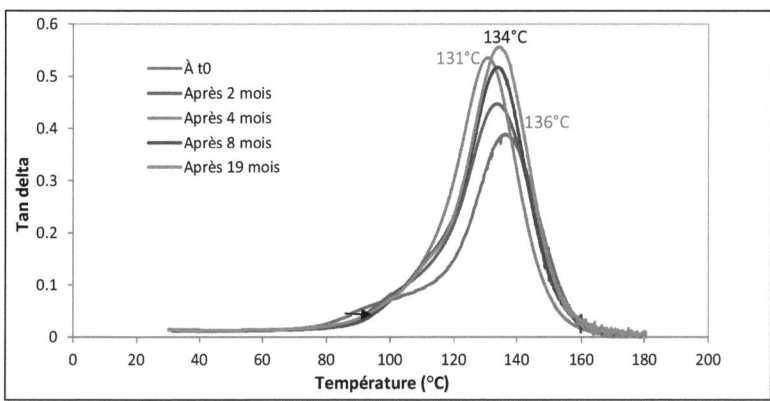

Figure 6.18.   Spectres thermomécaniques après séchage du composite à différents temps de vieillissement (DMA, 1Hz, 7μm, 2⁰C/min)

La diminution de la température de relaxation principale reste faible, même après 19 mois, et ce, malgré les dégradations observées sur la surface. Par contre, l'augmentation significative de l'amplitude du pic au cours du temps traduit une évolution importante des entités qui relaxent. La disparition de la relaxation α_1 (ou son décalage vers les hautes températures) suggèrent une rigidification des interphases après séchage. Ces interphases vont donc participer au pic de relaxation principal, ce qui peut expliquer l'augmentation de l'amplitude, à la fois du pic principal α et de l'épaulement α_2 entre 100 et 120°C.
Les fissures observées en surface traduisent par ailleurs une forte dégradation du matériau (hydrolyse, photo-oxidation) qui ne se limite pas à l'extrême surface. La formation de fissures en surface va accroître la diffusion de l'oxygène et de l'eau dans le matériau, ce qui accélère la dégradation en profondeur et augmente la proportion d'entités qui relaxent entre 100°C et 130°C (élargissement du pic à mi-hauteur, vers les basses températures).

➢   **Comparaison entre résine et composite jusqu'à 8 mois de vieillissement naturel**

La présence des fibres et des interphases dans le composite semble limiter dans un premier temps l'effet du vieillissement par rapport à la résine seule (*Figure 6.19*). En effet, dans les 2 premiers mois en particulier, la baisse de Tα et l'augmentation de la surface du pic sont beaucoup plus marquées pour la résine que pour le composite. Par contre, après 2 mois de vieillissement, la température de relaxation du composite continue de diminuer alors que celle de la résine n'évolue plus. Ces différences de comportement sont probablement liées à la présence des fibres qui peuvent limiter la diffusion des espèces dans un premier temps. Par ailleurs, l'eau va diffuser majoritairement dans un premier temps vers les interphases plus hydrophiles que la matrice et donc les modifier avant de modifier le comportement de la matrice.

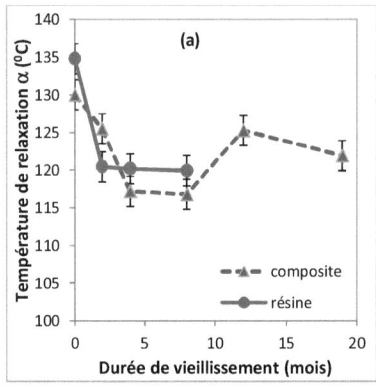 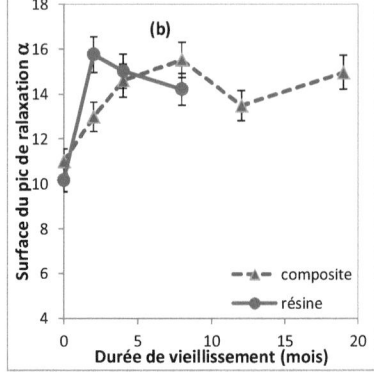

Figure 6.19.   Comparaison des températures (a) et surfaces (b) du pic de relaxation principal au cours du vieillissement naturel entre résine et composite

6.3.1.3. *Propriétés mécaniques*

L'effet du vieillissement naturel sur les propriétés mécaniques de composite est suivi par les évolutions de propriétés en flexion trois points (*Figure 6.20*).

Contrairement au cas de la résine, les valeurs de contrainte et déformation à rupture diminuent dans les 3 premiers mois de vieillissement, puis se stabilisent. Ceci traduit une fragilisation du composite, en particulier au niveau des interphases qui sont principalement sollicitées en flexion transverse. L'augmentation du module dans les 3 premiers mois ne peut s'expliquer que par les réticulations secondaires ayant principalement lieu dans les couches de la surface initialement sous-réticulées.

Le changement de comportement au-delà de 3 mois, avec la diminution du module peut être liée à une dégradation des liaisons interfaciales et des interphases [30-32]. L'effet des UV sur les interphases est probablement limité et leur dégradation doit donc être majoritairement liée à l'effet combiné de l'eau et de la température [33], [34], [35].

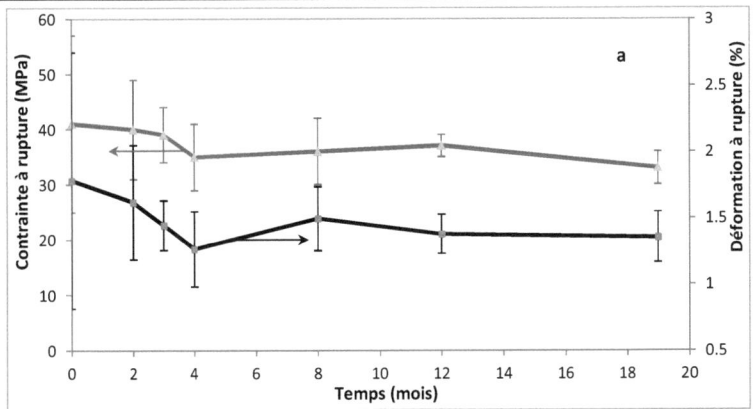

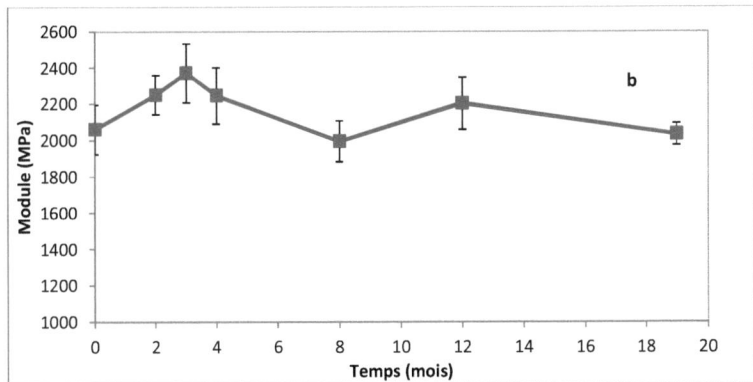

Figure 6.20.   Évolution de contrainte et de la déformation à rupture (a) et du module
élastique (b) du composite au cours du vieillissement naturel

6.3.2.   Suivi de l'évolution des propriétés en couche

Comme dans le cas de la résine, les évolutions en couches doivent être nuancées du
fait de l'ablation des couches de surfaces par lessivage des composés issus de la
photodégradation et de l'hydrolyse.

6.3.2.1.   Évolution de la mobilité moléculaire

La *Figure 6.21* nous montre l'évolution de Tg des couches de la surface initialement
sous-réticulée du composite et de la couche côté moule bien réticulée. Les mesures étant
effectuées au second cycle, les effets thermiques dus à la rampe doivent être pris en
compte.

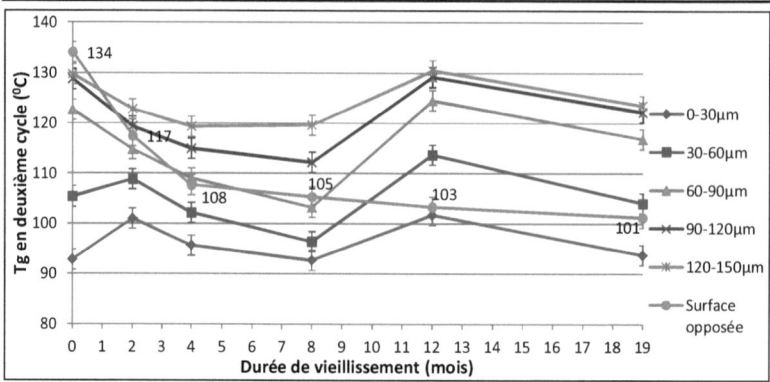

Figure 6.21.   *Évolution des Tg de chaque couche de composite au cours du vieillissement naturel.*

Comme dans le cas des vieillissements artificiels, la Tg des couches de surface exposée augmente dans les premiers temps d'exposition, jusqu'à 2 mois en vieillissement naturel. Elle diminue ensuite pour ces deux couches entre 2 et 8 mois de vieillissement (*Figure 6.21*). Ces deux couches en excès d'oxiranne (r de l'ordre de 0,75) subissent donc une réticulation secondaire sous l'action des UV et de l'humidité au cours des 2 premiers mois. Elles sont ensuite probablement dégradées par photo-oxidation et/ou photolyse et hydrolyse.

Pour les couches situées à plus de 60 µm de la surface exposée et pour la couche opposée initialement bien réticulée, comme dans le cas du vieillissement UV, la Tg diminue de manière significative. Des effets de photolyse peuvent donc se produire en profondeur comme cela a été observé dans le cas du vieillissement accéléré. Un effet plastifiant de l'eau dans ces couches est également possible. En effet, aucun dédoublement du pic de relaxation n'est observé en DMA lors de la rampe en température, signifiant que l'eau est plus difficilement désorbable, et donc plus fortement liée (type II). La 1ère rampe en DSC ne suffit donc peut-être pas à désorber complètement l'échantillon.

La couche de surface opposée diminue de manière importante, en particulier au cours des 4 premiers mois de vieillissement.

Au-delà de 8 mois, une rigidification globale est observée, en cohérence avec les résultats de DMA, probablement liée à la recombinaison des radicaux formés par les UV et à la réticulation physique par l'eau [36], [37], [38], [39].

➢   **Comparaison entre résine et composite jusqu'à 8 mois de vieillissement naturel**

Les évolutions de Tg des couches de la résine et du composite sont comparées au cours du vieillissement naturel (*Figure 6.22*).

Au cours des 8 mois d'exposition, les effets sont plus marqués sur la couche exposée de la résine que sur celle du composite, mais moins prononcés sur la couche opposée, exposée indirectement aux UV. Or, la résine et la matrice semblent structurées de la même manière dans cette couche qui comporte très peu de fibres. Une différence de comportement de cette couche avait déjà été notée dans le cas du vieillissement UV, avec un effet retardé sur l'augmentation de Tg dans le cas du composite par rapport à la résine (*Figure 4.19*).

L'augmentation est liée à des réticulations secondaires suite à la formation de radicaux formés sous les UV et à l'ouverture des cycles oxirannes résiduels (hydrolyse) et la diminution de la Tg est liée aux coupures de chaînes principalement par photo-dégradation, dont les effets peuvent être accentués par l'eau comme nous l'avons vu pour la résine seule.

L'équilibre entre ces processus peut être ténu si bien qu'une faible différence en terme de chimie dans cette couche de surface entre la résine et le composite (non détectable sur la Tg initiale) pourrait expliquer la prédominance d'un processus par rapport à l'autre. Ces aspects seront discutés lors de l'analyse des couches par spectrométrie IRTF.

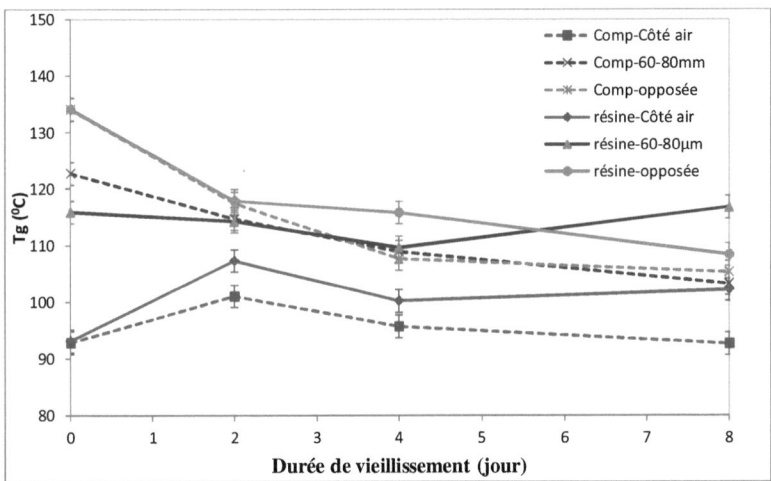

Figure 6.22.   Comparaison des évolutions de Tg mesurées par DSC au second cycle au cours du vieillissement naturel de la résine et du composite

➢   **Comparaison en vieillissement naturel et vieillissements artificiels**

La *Figure 6.23* montre que la Tg des couches de surface suit davantage les courbes du vieillissement UV que celle du vieillissement hygrothermique (dont les effets sont estompés par la 1ère rampe en température). Les valeurs de Tg au bout de 2 mois de vieillissement se placent sur la courbe de vieillissement au QUV aux échelles de temps réelles (*Figure 6.23.a*). La couche opposée, exposée indirectement aux UV suit exactement celle du vieillissement artificiel.

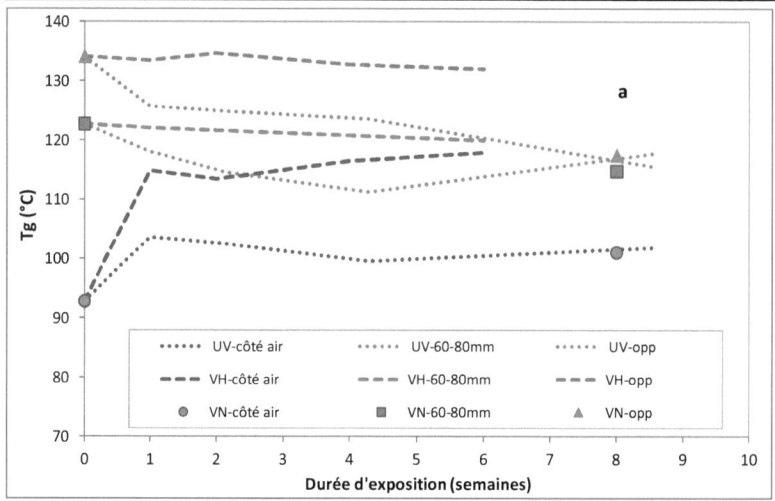

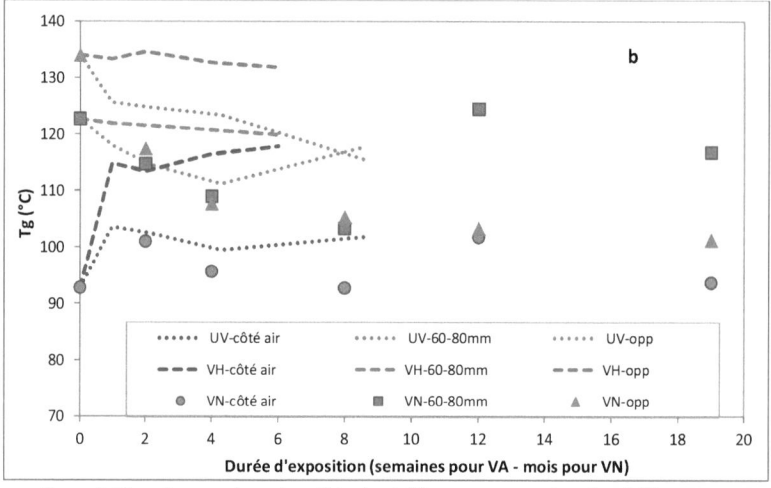

Figure 6.23.   Comparaison des effets du vieillissement naturel et des vieillissements accélérés (UV et hygrothermique VH) sur les Tg des couches de surface exposée et opposée pour le composite (a) durée réelle d'exposition (b) accélération d'un facteur 4 pour VN

Le vieillissement au QUV semble donc bien reproduire les effets au cours des 2 premiers mois de vieillissement naturel, mais sans produire d'accélération. Si l'on applique le facteur d'accélération de 4 (*Figure 6.23.b*), tel que sur la résine, les valeurs de Tg sont beaucoup plus basses au cours du vieillissement naturel, en particulier pour la couche de surface opposée.

L'humidité semble donc accélérer la dégradation photochimique, en particulier sur les couches de surface.

6.3.2.2. *La chimie de la matrice*

L'évolution des spectres à t_0 et après 19 mois de vieillissement naturel est représentée sur la *Figure 6.24*. La bande à 1512cm^{-1} est conservée comme référence, les modifications de cette bande restant a priori négligeables. Les bandes identifiées lors du vieillissement UV et du vieillissement hygrothermique sont représentées.

Les principales évolutions sont attribuées aux structures amides, carbonyles et quinone méthide, formés principalement sous l'effet des UV [26], [14, 21, 40, 41].

L'effet de l'eau absorbée se traduit par l'augmentation des bandes attribuées aux groupes d'hydroxyles (-OH), éther -C-O-C- et alcool secondaire, mais qui évoluent peu dans le cas du composite car elles sont présentes initialement.

Au cours du vieillissement, les molécules d'eau absorbées réagissent avec les cycles oxiranes en excès pour former des diols [22], [23], [24] et des liaisons éther (-C-O-C) [42], [25]. Les groupements ainsi formés étant eux-mêmes polaires, ils peuvent continuer à créer les liaisons d'hydrogène avec de nouvelles molécules d'eau.

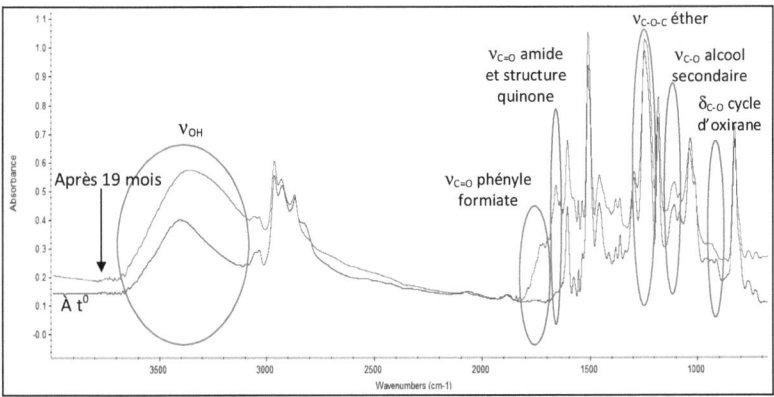

Figure 6.24.   Spectres IRTF de la couche à surface exposée du composite avant et après 19 mois de vieillissement naturel

La diminution de l'intensité des pics attribués aux groupements oxirannes en excès dans les deux premiers mois de l'exposition semble confirmer l'hypothèse (*Figure 6.25*).

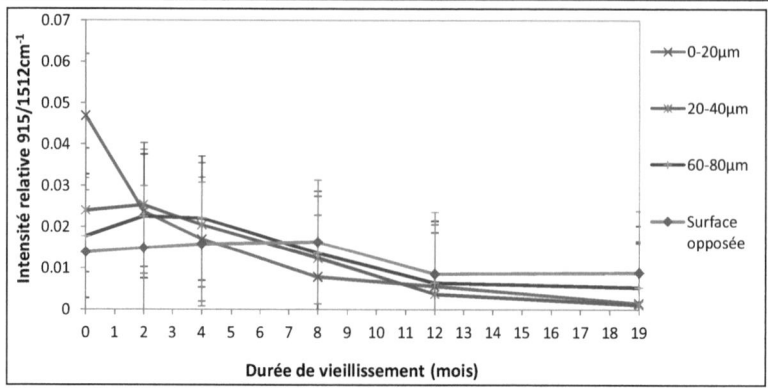

Figure 6.25.   Variation de l'intensité des pics d'oxirane à 915cm^{-1} des couches de composite au cours de vieillissement naturel

Parallèlement, les bandes à 1635 cm^{-1} et dans une moindre mesure, celle à 1735 cm^{-1}, augmentent régulièrement jusqu'à 8 mois de vieillissement et se stabilisent ensuite. Les structures amides et quinones formées par photo-oxidation sont détectées jusqu'à des profondeurs comprises entre 60 et 80 µm de la surface (*Figure 6.26*).

L'augmentation de ces bandes caractéristiques de la photo-dégradation est comparable sur la couche exposée initialement sous-réticulée et sur la couche opposée bien réticulée, exposée indirectement. Ceci montre un fort effet de réverbération sur le dispositif de vieillissement naturel et semble cohérent avec la diminution de Tg observée au bout de 2 mois ou lors du vieillissement au QUV. La formation de ces photo-produits semble par ailleurs peu dépendante du taux de réticulation initial de la matrice du composite, comme cela a été observé lors du vieillissement UV des films à différents ratios amine/époxy au chapitre 4.

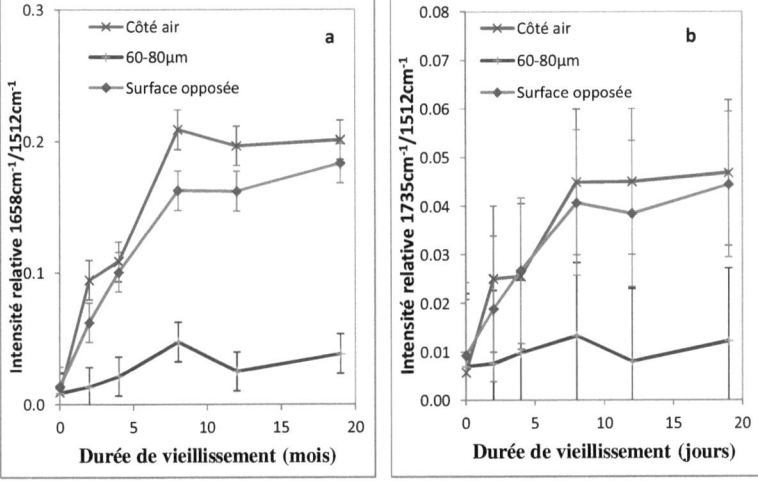

Figure 6.26.　Variation de l'intensité des pics à 1658 cm^{-1} (a) et 1735 cm^{-1} (b) des couches de composite au cours de vieillissement naturel

➢　**Comparaison entre résine et composite jusqu'à 8 mois de vieillissement naturel**

L'évolution de la bande des oxirannes est comparée au cours du vieillissement naturel de la résine et du composite (*Figure 6.27*). Dès 2 mois, la bande n'est plus visible sur la résine alors qu'elle est encore présente après 4 mois sur le composite.

Les effets du vieillissement naturel sont donc plus importants sur la couche exposée de la résine que sur celle du composite, comme cela a été observé sur la comparaison des Tg. Le fait qu'il y ait légèrement plus de groupements oxirannes résiduels à t_0 dans le cas de la résine pourrait expliquer la plus grande sensibilité de la résine vis-à-vis des UV essentiellement ou de l'eau.

Cette hypothèse est confirmée par le suivi des bandes des amides ou quinones (et dans une moindre mesure de celle des formiates) qui augmentent beaucoup plus rapidement dans le cas de la résine seule (*Figure 6.28*).

L'effet est inversé sur la couche côté opposé (comme sur l'évolution des Tg), où cette fois, c'est le composite qui semble plus sensible au vieillissement naturel. La présence des fibres et des interphases sous-réticulées hydrophiles de ce côté pourrait sensibiliser le composite, en accroissant par exemple la mobilité moléculaire, ce qui favorise la diffusion des espèces intervenant dans la photo-oxidation (oxygène).

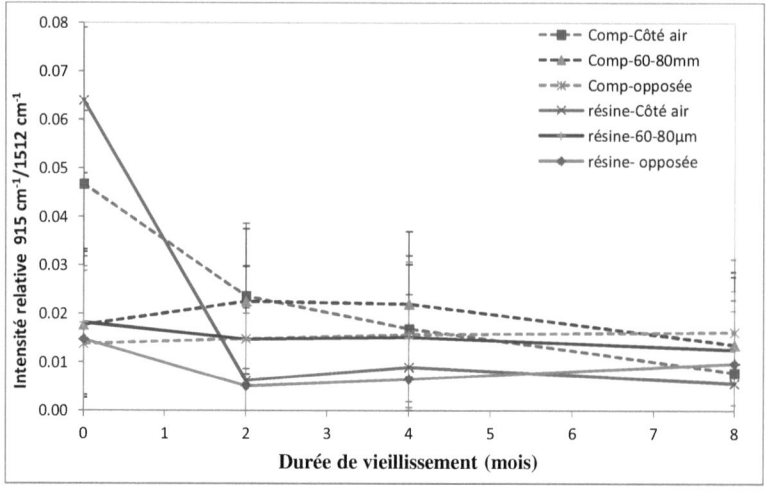

Figure 6.27. Evolutions de la bande à 915 cm⁻¹ pour la résine et le composite au cours du vieillissement naturel

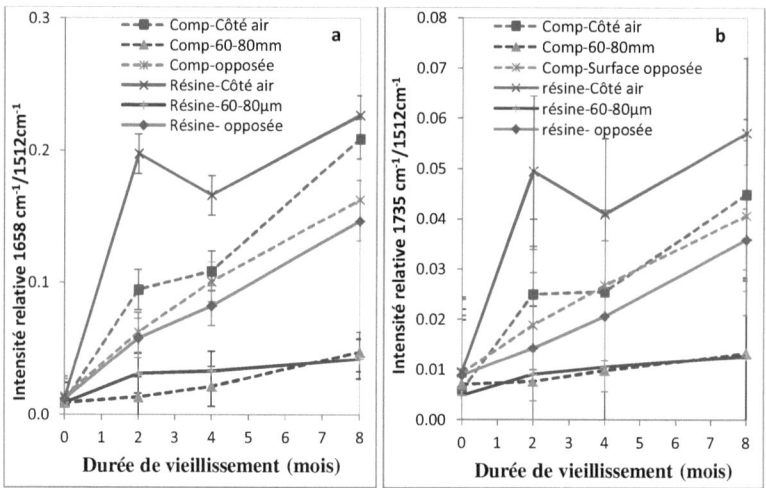

Figure 6.28. Evolutions de la bande à 1658 cm⁻¹ (a) et à 1735 cm⁻¹ (b) pour la résine et le composite au cours du vieillissement naturel

➢ **Comparaison entre vieillissement naturel et vieillissements accélérés**

Les évolutions des bandes des oxirannes sont comparées au cours des vieillissements naturels et accélérés (*Figure 6.29*). Les points de mesure issus du vieillissement naturel sont très proches de la courbe du vieillissement UV, la diminution des oxirannes étant beaucoup plus lente dans ces deux cas que suite au vieillissement hygrothermique.

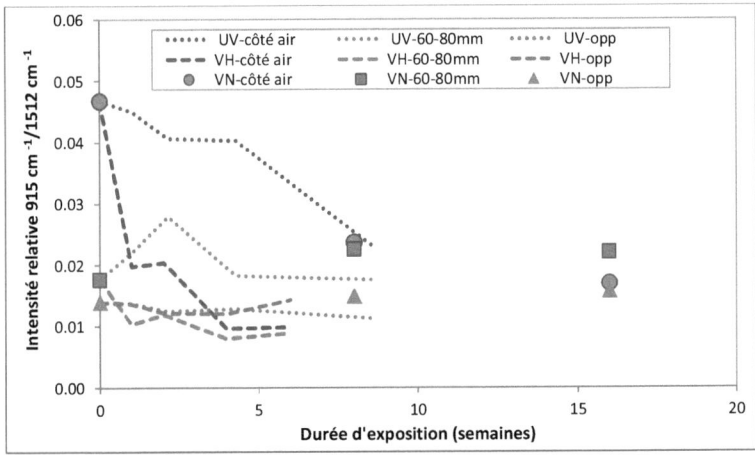

Figure 6.29.   Comparaison des intensités des pics à 915 cm^{-1} des couches de surface au cours du vieillissement naturel et du vieillissement UV

Pour le suivi de la formation des structures amides ou quinone et phényl formiates respectivement à 1658 cm^{-1} ou 1735 cm^{-1}, seuls le vieillissement UV et le vieillissement naturel sont comparés car ces bandes n'évoluent pas lors du vieillissement hygrothermique. La *Figure 6.30* montre que pour une même durée de vieillissement (8 semaines) les structures amides ou quinone sont en quantité légèrement plus faible qu'à la suite du vieillissement UV. Il est probable qu'une partie de ces photo-produits soient progressivement lessivés par le ruissellement. Les évolutions pour la bande à 1735 cm^{-1} ne sont pas représentées car elles sont similaires mais avec une plus grande dispersion due à la faible intensité des bandes.

Par ailleurs, il se forme presque autant de structures amides ou quinones sur la couche exposée et la couche opposée. La réverbération semble donc importante dans le dispositif de vieillissement naturel. Par ailleurs, l'accélération de la photo-oxidation du côté opposé peut s'expliquer par la présence des interphases plus hydrophiles, comme cela a été évoqué pour expliquer le fait que le composite était plus sensible que la résine vis-à-vis du vieillissement naturel du côté opposé.

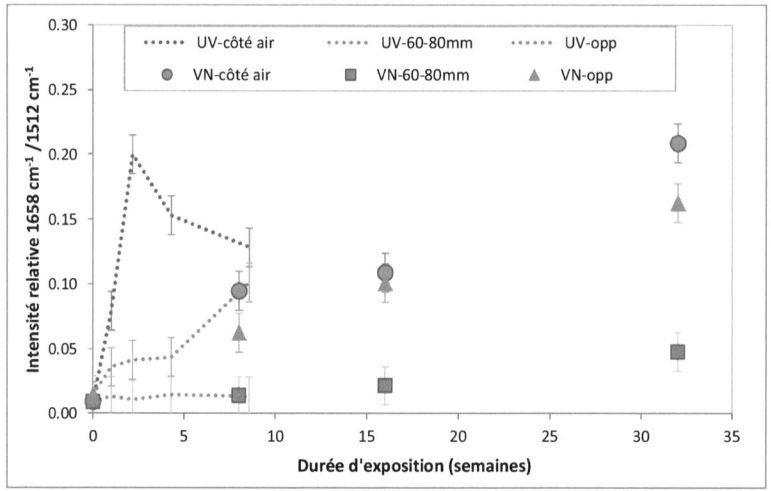

Figure 6.30.   Comparaison des intensités des pics à 1658 cm^{-1} des couches de surface au cours du vieillissement naturel et du vieillissement UV

Le vieillissement UV artificiel semble donc représenter correctement les effets du vieillissement naturel sur les couches de surface mais sans facteur d'accélération car il sous-estime les effets aggravants dus à l'eau dans les conditions réelles d'exposition [10].

6.3.2.3. *Mesures locales à la surface et dans les interphases par AFM*

Les mesures locales effectuées par AFM doivent permettre de confirmer les hypothèses émises suite à l'analyse par couches des surfaces et conforter les suppositions quant à l'influence des interphases sur le comportement mécanique (viscoélastique) au cours du vieillissement naturel.

➢ **Caractérisation de la surface exposée**

La surface exposée après 8 mois a été caractérisée par AFM après découpe et polissage dans le sens transverse des fibres. L'évolution des modules depuis la surface est légèrement supérieure à celle mesurée à t_0 jusqu'à environ 15 µm de la surface. Malgré les dégradations visibles observées au MEB sur la face exposée avec notamment la présence de fissures, associées à une plastification potentielle du composite lors des mesures par AFM, le réseau est plus rigide qu'à l'état initial. Ceci est cohérent avec les évolutions de Tg et avec l'hypothèse de réticulations secondaires au niveau des oxiranes résiduels notamment sous les effets combinés de l'eau et des UV.

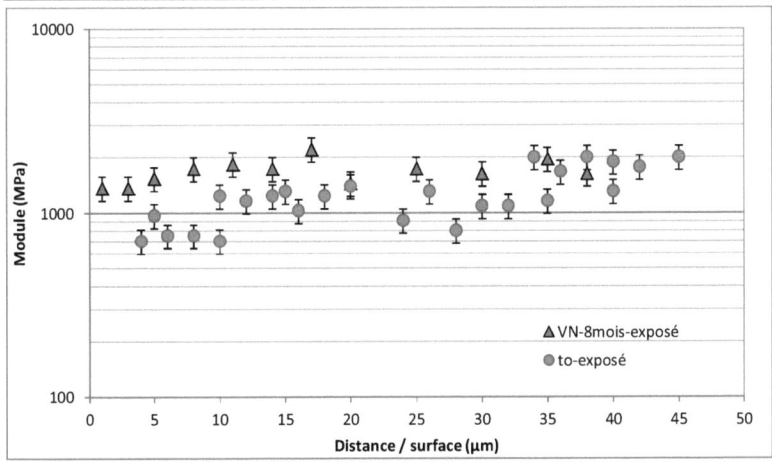

Figure 6.31.   Evolution des modules mesurés par AFM à distance croissante de la surface
exposée après 8 mois de vieillissement naturel

> **Caractérisation des interphases (côté opposé)**

Les fibres étant majoritairement situées côté moule lors de l'élaboration, les mesures ont été effectuées du côté opposé, exposé indirectement aux intempéries.

La *Figure 6.32* montre une évolution des modules mesurés par AFM à distance croissante de fibres situées côté moule du composite à 20 et 200 µm de la surface. On observe à la fois une chute du module ainsi qu'un élargissement de la zone où ce module est modifié par rapport à la matrice environnante, ce qui correspond donc à un accroissement de l'interphase. Une dégradation par photo-oxidation, par plastification ou hydrolyse par l'eau peut expliquer la chute de module dans cette couche de surface opposée. Une telle dégradation des liaisons chimiques dans ces interphases initialement plus souples a déjà été évoquée [30-32]. Cette fragilisation des interphases peut expliquer la chute de ténacité du composite au cours du vieillissement.

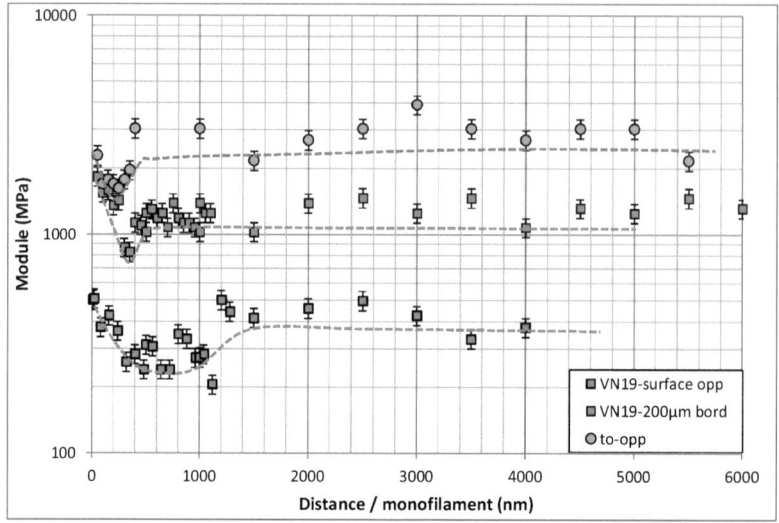

Figure 6.32.   *Evolution des modules mesurés par AFM à distance croissante des fibres après 19 mois de vieillissement naturel dans la couche opposée.*

6.3.3. Conclusion

La comparaison entre les effets du vieillissement naturel et ceux des vieillissements accélérés permet de mieux identifier les phénomènes impliqués lors du vieillissement naturel et de mettre en évidence des effets de synergie entre l'eau et les UV. Les couches de résine et de composite parfaitement réticulées côté moule subissent principalement les effets des UV (photolyse et photo-oxidation), avec formation de photo-produits similaires à ceux identifiés lors du vieillissement artificiel UV (amides, structures méthyles quinones et phényles formiates) et ce, jusqu'à plus de 80 μm de profondeur.

Du côté exposé aux intempéries présentant un excès d'oxirane, des réticulations secondaires se produisent au niveau des cycles oxiranes par des mécanismes radicalaires (UV) ou ioniques (eau). Ces phénomènes se traduisent par une rigidification du réseau en surface caractérisé qui peut accentuer la formation des fissures superficielles.

Le vieillissement UV artificiel semble donc représenter correctement les effets du vieillissement naturel sur les couches de surface mais sous-estime les effets aggravant dus à l'eau [10], notamment pour le composite.

Le vieillissement hygrothermique reproduit davantage les effets de l'eau à cœur, même si l'eau dans le matériau semble moins liée que dans le cas du vieillissement naturel, du fait des différences de durées considérées.

Par ailleurs, la résine semble plus sensible aux effets du vieillissement naturel, en particulier dans la couche de surface exposée qui présente un excès d'oxiranne probablement plus important que pour le composite. Les évolutions sur la couche exposée sont donc beaucoup marquées en terme de Tg et de chimie que dans le cas du composite.

A l'inverse, du côté opposé, la présence des fibres avec les interphases hydrophiles sensibilisent davantage le composite sous les effets combinés (et synergiques) des UV et de l'eau. Cet effet ne peut pas être reproduit par les vieillissements accélérés.

Au cours du vieillissement naturel, l'association de nombreux autres éléments tels que la poussière et les polluants atmosphériques peuvent encore accentuer les dégradations dues aux effets des UV et de l'eau. Par ailleurs, le cyclage entre jour et nuit, entre saisons sèches et humides peut encore accélérer les dégradations aux interphases dans le composite.

Références bibliographiques du chapitre 6

1. Jan F. Rabek, *Polymer Photodegradation—Mechanisms and Experimental Methods.* Chapman & Hall, New York, 1995: p. 269-278.

2. Jacques Verdu, *Différents types de vieillissement chimique des plastiques.* Techniques de l'Ingénieur, traité Plastiques et Composites. **AM 3 152**: p. 1-14.

3. Jean Pierre Mercier, Ernest Maréchal, *Chimie des polymères: Synthèse, réactions, dégradations.* Presses Polytechniques et Universitaires Romandes, 1993. **Tome 13.** **Chapitre 10.**

4. T. Çaykara, O. Güven, *UV degradation of poly(methyl methacrylate) and its vinyltriethoxysilane containing copolymers.* Polymer Degradation and Stability, 1999. **65**: p. 225-229.

5. A. V. Shyichuk, J. R. White, I. H. Craig, I. D. Syrotynska, *Comparison of UV-degradation depth-profiles in polyethylene, polypropylene and an ethylene-propylene copolymer.* Polymer degradation and stability, 2005. **88**(3): p. 415-419.

6. J. R. White , A. V. Shyichuk, *Effect of stabilizer on scission and crosslinking rate changes during photo-oxidation of polypropylene.* Polymer Degradation and Stability, 2007. **92**(11): p. 2095-2101.

7. J. Pospisil, S. Nespurek, *Photostabilization of coatings. Mechanisms and performance.* Progress in Polymer Science, 2000. **25**(9): p. 1261-1335.

8. *http://www.physique.vije.net/BTS/index.php?page=photometrie2.*

9. Aziz Rezig, Tinh Nguyen, David Martin, Lipiin Sung, Xiaohong Gu, Joan Jasmin, and Jonathan W. Martin, *Relationship between chemical degradation and thickness loss of an amine-cured epoxy coating exposed to different UV environments.* JCT Research, 2006. **3**(3): p. 173-184.

10. Yassine Malajati, Sandrine Therias, Jean-Luc Gardette, *Influence of water on the photooxidation of KHJ phenoxy resins, 1. Mechanisms.* Polymer Degradation and Stability, 2011. **96**: p. 144-150.

11. Michel Labrosse, *Plastiques. Essais normalisés - Essais d'environnement.* Sciences et Techniques de l'ingénieur, traité Plastiques et Composites, 1996. **A 3 521**: p. 1-11.

12. G. Zhang, W. G. Pitt, S. R. Goates, and N. L. Owen, *Studies on oxidative photodegradation of epoxy resins by IR-ATR spectroscopy.* Journal of Applied Polymer Science, 1994. **54**: p. 419-427.

13. Bénédicte Mailhot, Sandrine Morlat-Thérias, Mélanie Ouahioune, Jean-Luc Gardette, *Study of the Degradation of an Epoxy/Amine Resin. 1. Photo- and Thermo-Chemical Mechanisms.* Macromolecular Chemistry and Physics, 2005. **206**: p. 575-584.

14. V. Bellenger, J. Verdu, *Oxidative Skeleton Breaking in Epoxy-Amine Networks.* Journal of Applied Polymer Science, 1985. **30**: p. 363-374.

15. Agnès Rivaton, Laurent Moreau, Jean-Luc Gardette, *Photo-oxidation of phenoxy resins at long and short wavelengths- II. Mechanisms of formation of photoproducts.* Polymer Degradation and Stabiltiy, 1997. **58**: p. 333-339.

16. Pellegrino Musto, Giuseppe Ragosta, Mario Abbate, and Gennaro Scarinzi, *Photo-Oxidation of High Performance Epoxy Networks: Correlation between the Molecular*

Mechanisms of Degradation and the Viscoelastic and Mechanical Response. Macromolecules, 2008. **41**: p. 5729-5743.

17. B. Dewimille, *Vieillissement hygrothermique d'un matériau composites fibres de verre/résine époxyde.* Thèse de doctorat de l'ENSMP Paris, 1981.

18. Philippe Bonniau, A. R. Bunsell, *A comparative study of water absorption theories applied to glass epoxy composites.* Journal of Composite Materials, 1981. **15**: p. 272-293.

19. Y. Weitsman, *Moisture in Composites: Sorption and Damage.* Chapter 9 of "Fatigue of Composite Materials," (K.L. Reifsnider - Editor), Elsevier Science Pub., B.V, 1991: p. 385-429.

20. Lionel Gay, *Étude physico-chimique et caractérisation mécanique du vieillissement photochimique d'une résine époxy.* Thèse de doctorat de l'École Nationale Supérieure des Arts et Métiers, 1984.

21. V. Bellenger, C. Bouchard, P. Claveirolle and J. Verdu, *Photo-oxidation of epoxy resins cured by non-aromatic amines.* Polymer Photochemistry, 1981. **1**: p. 69-80.

22. Henry Lee, Kris Neville, *Handbook of epoxy resins.* McGraw-Hill, New-York, 1967.

23. W. Noobut, J. L. Koenig, *Interfacial behavior of epoxy/E-glass fiber composites under wet-dry cycles by Fourier transform infrared microspectroscopy.* Polymer Composites, 1999. **20**: p. 38-47.

24. A. Tcharkhtchi, P. Y. Bronnec, J. Verdu, *Water absorption characteristics of diglycidylether of butanediol-3,5-diethyl-2,4-diaminotoluene networks.* Polymer, 2000. **41**: p. 5777-5785.

25. Julie Bertho, *Vieillissement hygrothermique d'un assemblage acier galvanisé/adhésif époxy: évolution de la tenue mécanique en fonction de l'état physico-chimique de l'adhésif.* Thèse de doctorat de l'École Nationale Supérieure d'Arts et Métiers, 2011.

26. F. Delor-Jestin, D. Drouin, P.-Y. Cheval, J. Lacoste, *Thermal and photochemical ageing of epoxy resin - Influence of curing agents.* Polymer degradation and stability, 2006. **91**: p. 1247-1255.

27. P. Delobelle, L. Guillot, C. Dubois, L. Monney, *Photo-oxidation effects on mechanical properties of epoxy matrixes: Young's modulus and hardness analyses by nano-indentation.* Polymer Degradation and Stability, 2002. **77**(3): p. 465-475.

28. L. Guillot, L. Monney, C. Dubois, A. Chambaudet, *Testing of organic matrix durability in photochemical ageing using ablation measurements.* Polymer Degradation and Stability, 2001. **72**: p. 209-215.

29. L. Monney, C. Dubois, A. Chambaudet, *Ablation of the organic matrix: fundamental response of a photo-aged epoxy-glass fibre composite.* Polymer Degradation and Stability, 1997. **56**: p. 357-366.

30. Akbar Afaghi-Khatibi, Yiu-Wing Mai, *Characterisation of fibre/matrix interfacial degradation under cyclic fatigue loading using dynamic mechanical analysis.* Composites: Part A, 2002. **33**: p. 1585-1592.

31. A. Chateauminois, B.Chabert, J. P. Soulier et L. Vincent, *Hydrothermal ageing effects on the static fatigue of glass/epoxy composites.* Composites, 1993. **24**: p. 547-555.

32. Vauthier Emmanuelle, *Durabilité et vieillissement hygrothermique de composites verre-époxy soumis à des sollicitations de fatigue*. Thèse de Doctorat-Ingénieur de ECL de l'Ecole Centrale de Lyon, 1996.

33. C.L. Schutte, W. McDonough, M. Shioya, M. McAuliffe, M. Greenwood, *The use of asingle-fibre fragmentation test to study environmental durability of interfaces/interphases between DGEBA/mPDA epoxy and glass fibre: the effect of moisture*. Composites, 1994. **25**(7): p. 617-624.

34. J. L. Thomason, *The interface region in glass fibre-reinforced epoxy resin composites: 1. Sample preparation, void content and interfacial strength*. Composites, 1995. **26**: p. 467-475.

35. D. Pawson, F. R. Jones, *The effect of sodium ions on the stability of the interphase region of glass fibre reinforced composites*. The Journal of Adhesion, 1995. **52**(1-4): p. 187-207.

36. Jiming Zhou, James P. Lucas, *Hygrothermal effects of epoxy resin. Part I: The nature of water in epoxy*. Polymer, 1999. **40**: p. 5505-5512.

37. Michael J. Adamson, *Thermal expansion and swelling of cured epoxy resin used in graphite/epoxy composites materials*. Journal of Materials Science, 1980. **15**: p. 1736-1745.

38. Y. Diamant, G. Marom, L. J. Broutman, *The effect of network structure on moisture absorption of epoxy resins*. Journal of Applied Polymer Science, 1981. **26**(9): p. 3015-3025.

39. Pellegrino Musto, Giuseppe Ragosta, and Leno Mascia, *Vibrational spectroscopy evidence for the dual nature of water sorbed into epoxy resins*. Chemistry of Materials, 2000. **12**: p. 1331-1341.

40. V. Bellenger, J. Verdu, *Photo-oxidation of amine crosslinked epoxies. I. The DGEBA-DDM system*. Journal of Applied Polymer Science, 1983. **28**: p. 2599-2609.

41. V. Bellenger, J. Verdu, *Photooxidation of amine crosslinked epoxies. II. Influence of structure*. Journal of Applied Polymer Science, 1983. **28**: p. 2677-2688.

42. Bryan Ellis, *Chemistry and Technology of Epoxy Resins*. Chapman & Hall, New York, 1993.

CONCLUSIONS & PERSPECTIVES

Conclusions

Cette étude a permis d'identifier les mécanismes de dégradation d'un réseau époxy/amine (avec ou sans renfort) sous l'effet des UV, d'un vieillissement hygrothermique et d'un vieillissement naturel en conditions tropicales humides. Elle montre l'importance du ratio amine/époxy sur les processus de dégradation et permet de valider des techniques de caractérisation à différentes échelles.

La caractérisation de la résine seule et du composite suite à la mise en œuvre des plaques permet de mieux connaître leur microstructure et propriétés respectives. Un gradient de réticulation sur 200 µm environ du côté exposé à l'air lors de l'élaboration des plaques est mis en évidence. Il est attribué à l'évaporation du durcisseur par la surface, ce qui entraîne un excès de prépolymère époxy. L'étude sur des échantillons modèles à ratio amine/époxy variable permet de définir un ratio amine/époxy moyen dans cette couche de surafce de 0,75 environ. Une zone sous-réticulée est également présente dans les plaques de composite qui présente par ailleurs un déficit de renfort dans les 100 premiers micromètres côté air et un excès sur la surface côté moule. Les différences de propriétés entre le composite et la résine suggèrent que la présence des fibres semble limiter l'évaporation du durcisseur DETA au niveau de la surface côté air.

Les essais de DMA ainsi que les mesures locales de module par AFM confirment l'existence d'une couche sous-réticulée côté air ainsi d'une zone d'interphase sous-réticulée autour des monofilaments dans le composite. Cette interphase présente une relaxation propre à une température inférieure d'environ 50°C par rapport à celle de la matrice en fonction de son taux de réticulation initial et s'étend sur 1 à 2 µm de distance des fibres. De par sa structure et sa nature chimique, cette interphase serait plus hydrophile que la résine bien réticulée ou que la couche de surface sous-réticulée qui présente un défaut d'amines.

Le vieillissement en enceinte QUV entraîne une dé-plastification de la résine sous l'effet de la température qui règne dans l'enceinte. L'effet des UV seuls se traduit essentiellement sur la couche de surface initialement sous-réticulée. Une rigidification globale du matériau au cours du vieillissement est attribuée à des phénomènes de réticulation secondaire par des processus radicalaires, notamment à partir des cycles oxirannes en excès dans la couche de surface initialement sous-réticulée. Le réseau bien réticulé côté moule subit majoritairement des coupures de chaîne par photo-dégradation. Sous l'effet des UV et de l'oxygène, des groupements amides, carbonyles et structures quinones sont formées puis dégradées au cours du vieillissement.

La réticulation secondaire peut avoir lieu par mécanismes radicalaires lorsque le taux de radicaux est suffisant. Les processus de coupures de chaînes et de réticulation secondaires peuvent se poursuivre simultanément au cours du vieillissement.

Le vieillissement photochimique du composite présente quelques différences par rapport au vieillissement de la résine seule, notamment dans les premiers temps d'exposition du fait de l'hydrophilie des interphases. La rigidification du matériau par désorption du fait de la température de l'enceinte domine sur les effets de dégradation par les UV dans la 1ère semaine de vieillissement. Une dégradation des interfaces fibre/résine semble se produire pour les fibres se situant dans les 50 premiers microns de la surface qui subit indirectement l'effet des UV. Néanmoins, les effets sont limités aux fibres situées en extrême surface des plaques. D'un point de vue macroscopique, le vieillissement UV fragilise donc légèrement la résine mais n'affecte pas de manière significative le composite au bout de 60 jours.

Les mécanismes et cinétiques de vieillissement artificiel au QUV dépendent donc du taux de réticulation initial du réseau, mais aussi du taux d'humidité initial du matériau qui conditionne la mobilité du réseau.

La résistance au vieillissement hygrothermique est fonction du taux de réticulation initiale de la résine (ou matrice). Dans un réseau sous-réticulé en excès de cycles oxirannes, le vieillissement hygrothermique entraîne une ouverture des cycles oxirannes au cours de la première semaine, puis une réticulation physique au cours des semaines suivantes. La densité de réticulation reste néanmoins toujours inférieure à celle de la résine parfaitement réticulée au départ. Cette augmentation de densité au cours du vieillissement peut se faire par formation de diols suite à l'ouverture des cycles par l'eau. Ces diols peuvent former de nouvelles liaisons multiples avec l'eau et conduire à une réticulation physique du réseau (augmentation de la Tg ou Tα). L'eau peut aussi former des de liaisons éther C-O-C (homopolymérisation) en présence d'amines tertiaires, mais ce processus est minoritaire et controversé. L'action de l'eau est identique sur la matrice du composite et sur la résine ; le réseau initialement bien réticulé subit essentiellement une plastification mais pas d'hydrolyse alors que le réseau en excès d'oxiranne en surface subit une réticulation secondaire dans les 2 premières semaines de vieillissement. Cette réticulation ne permet néanmoins jamais d'atteindre la densité du réseau formé lorsque époxy et amine sont en proportions stœchiométriques

L'existence d'une interphase souple entre fibres et matrice permet la formation un réseau secondaire par post-condensation des interphases au cours du vieillissement. La rigidification observée à proximité des fibres par AFM peut être corrélée à la fragilisation du composite à l'échelle macroscopique.

La comparaison entre les effets du vieillissement naturel et ceux des vieillissements accélérés permet de mettre en évidence des effets de synergie entre l'eau et les UV. Les couches de résine et de composite parfaitement réticulées côté moule subissent principalement les effets des UV avec formation de photo-produits similaires à ceux identifiés lors du vieillissement artificiel UV (amides, structures méthyles quinones et phényles formiates) et ce, jusqu'à plus de 80 μm de profondeur. Les effets aggravant dus à l'eau sont néanmoins sous-estimés.

Du côté exposé aux intempéries présentant un excès d'oxirane, des réticulations secondaires se produisent au niveau des cycles oxiranes par des mécanismes radicalaires (UV) ou ioniques (eau). Ces phénomènes se traduisent par une rigidification du réseau en surface caractérisé qui peut accentuer la formation des fissures superficielles.

Le vieillissement hygrothermique reproduit davantage les effets de l'eau à cœur, même si l'eau dans le matériau semble moins liée que dans le cas du vieillissement naturel, du fait des différences de durées considérées.

Par ailleurs, la résine semble plus sensible aux effets du vieillissement naturel, en particulier dans la couche de surface exposée qui présente un excès d'oxiranne probablement plus important que pour le composite. A l'inverse, du côté opposé, la présence des fibres avec les interphases hydrophiles sensibilisent davantage le composite sous les effets combinés (et synergiques) des UV et de l'eau. Cet effet ne peut pas être reproduit par les vieillissements accélérés.

Au cours du vieillissement naturel, l'association de nombreux autres éléments tels que la poussière et les polluants atmosphériques peuvent encore accentuer les dégradations dues aux effets des UV et de l'eau. Par ailleurs, le cyclage entre jour et nuit, entre saisons sèches et humides peut encore accélérer les dégradations aux interphases dans le composite.

Perspectives de cette étude

Les mécanismes de dégradation propres à chaque type de vieillissement ayant été identifiés, il serait intéressant de modéliser les cinétiques de dégradation de manière analytique.

Une approche numérique de la diffusion de l'eau dans les composites unidirectionnels a été amorcée au laboratoire [1] et [2]. Cette étude apporte de nombreuses données expérimentales qui permettront de poursuivre sur cette voie en y associant les mécanismes de dégradation chimique au travers des effets sur les modules locaux notamment.

Par ailleurs, la comparaison entre les vieillissements artificiels et naturel montre qu'on ne peut pas simplement additionner les effets dus aux UV d'une part et à l'eau d'autre part. Des phénomènes de synergie se produisent lors de l'association de ces deux paramètres au cours du vieillissement naturel. De plus, l'alternance jour/nuit ou des périodes sèche/humide doit encore venir accélérer les phénomènes. Il s'agirait de définir des cycles UV/condensation pertinents vis-à-vis des conditions tropicales humides pour mieux reproduire et idéalement accélérer les mécanismes de dégradation dans les conditions naturelles.

L'application de cette démarche à des systèmes naturels (matrice époxy associée à des fibres bio-sourcées) sur lesquels peu de données de vieillissement existent serait également intéressante.

Références bibliographiques

1. Y. Joliff, L. Belec, J. F. Chailan, *Modified water diffusion kinetics in an unidirectional glass/fibre composite due to the interphase area: Experimental, analytical and numerical approach.* Composite Structures, 2013. **97**: p. 296-303.
2. W. Rekik, Y. Joliff, L. Belec, J. F. Chailan, *Study of the moisture / stress effects on glass fibre/epoxy composite and the impact of the interphase area.* Soumise à Composite Structures.

ANNEXES

Annexe 1: Propriétés mécaniques

Résine vieillissement photo-oxydatif

Temps (jour)	Module (MPa)	Force (N)	Contrainte (MPa)	Allongement (mm)	Déformation (%)	Flèche (%)
0	1423 (±192)	79 (±43)	59 (±17)	4,42 (±1,18)	4,52 (±1,81)	2,99 (±0,43)
3	1576 (±64)	108 (±35)	66 (±12)	3,78 (±0,82)	4,41 (±1,31)	3,37 (±0,34)
7	1564 (±59)	106 (±43)	76 (±15)	5,74 (±1,77)	6,55 (±2,83)	3,12 (±0,38)
15	1575 (±31)	95 (±23)	70 (±11)	5,12 (±1,41)	5,51 (±1,7)	3,03 (±0,24)
30	1665 (±42)	115 (±19)	79 (±10)	5,36 (±1,81)	6,2 (±1,92)	3,23 (±0,29)
60	1673 (±47)	154 (±12)	91 (±7)	6,49 (±1,16)	8,33 (±1,65)	3,46 (±0,08)

Résine vieillissement hygrothermique

Temps (semaine)	Module (MPa)	Force (N)	Contrainte (MPa)	Allongement (mm)	Déformation (%)	Flèche (%)
0	1423 (±192)	79 (±43)	59 (±17)	4,42 (±1,18)	4,52 (±1,81)	2,99 (±0,43)
1	1395 (±55)	115 (±33)	78 (±4)	6,54 (±0,83)	7,61 (±0,58)	3,25 (±0,42)
2	1457 (±33)	161 (±34)	78 (±12)	4,45 (±1,04)	6,43 (±1,75)	3,92 (±0,14)
4	1452 (±25)	111 (±38)	80 (±6)	7,23 (±1,12)	8,1 (±0,91)	3,12 (±0,42)
6	1523 (±19)	142 (±26)	79 (±8)	4,83 (±0,79)	6,25 (±1,3)	3,54 (±0,17)

Résine vieillissement nature

Temps (mois)	Module (MPa)	Force (N)	Contrainte (MPa)	Allongement (mm)	Déformation (%)	Flèche (%)
t°	1423 (±192)	79 (±43)	59 (±17)	4,42 (±1,18)	4,52 (±1,81)	2,99 (±0,43)
2	1736 (±92)	107 (±17)	69 (±13)	3,82 (±1,37)	4,40 (±1,24)	3,34 (±0,39)
4	1802 (±45)	178 (±27)	86 (±12)	4,56 (±1,26)	6,53 (±1,89)	3,88 (±0,03)
8	1736 (±32)	59 (±14)	30 (±7)	1,26 (±0,29)	1,51 (±0,40)	3,82 (±0,09)

Composite vieillissement photo-oxydatif

Temps (jour)	Module (MPa)	Force (N)	Contrainte (MPa)	Allongement (mm)	Déformation (%)	Flèche (%)
0	2059 (±136)	58 (±28)	41 (±16)	1,82 (±0,70)	1,78 (±0,97)	3,14 (±0,25)
3	1904 (±65)	59 (±6)	37 (±3)	1,63 (±0,21)	1,69 (±0,17)	3,34 (±0,13)
7	1927 (±79)	60 (±6)	37 (±3)	1,53 (±0,10)	1,64 (±0,12)	3,4 (±0,09)
15	2024 (±100)	57 (±10)	36 (±4)	1,50 (±0,13)	1,52 (±0,26)	3,27 (±0,16)
30	1982 (±67)	52 (±11)	34 (±7)	1,45 (±0,27)	1,46 (±0,32)	3,28 (±0,14)
60	2202 (±87)	41 (±5)	38 (±4)	1,78 (±0,19)	1,37 (±0,22)	2,76 (±0,07)

Composite vieillissement hygrothermique

Temps (jour)	Module (MPa)	Force (N)	Contrainte (MPa)	Allongement (mm)	Déformation (%)	Flèche (%)
t°	2059 (±136)	58 (±28)	41 (±16)	1,82 (±0,70)	1,78 (±0,97)	3,14 (±0,25)
1	1877 (±45)	49 (±9)	33 (±2)	1,53 (±0,24)	1,49 (±0,08)	3,23 (±0,33)
2	2052 (±92)	37 (±5)	27 (±3)	1,23 (±0,16)	1,06 (±0,15)	3,16 (±0,16)
4	2086 (±53)	44 (±5)	31 (±3)	1,33 (±0,12)	1,23 (±0,16)	3,19 (±0,04)
6	1988 (±59)	40 (±5)	30 (±3)	1,37 (±0,15)	1,17 (±0,13)	3,04 (±0,14)

Composite vieillissement naturel

Temps (jour)	Module (MPa)	Force (N)	Contrainte (MPa)	Allongement (mm)	Déformation (%)	Flèche (%)
0	2059 (±136)	58 (±28)	41 (±16)	1,82 (±0,70)	1,78 (±0,97)	3,14 (±0,25)
2	2250 (±109)	69 (±19)	40 (±9)	1,39 (±0,26)	1,62 (±0,43)	3,52 (±0,11)
4	2246 (±155)	48 (±12)	35 (±6)	1,35 (±0,19)	1,26 (±0,28)	3,14 (±0,13)
8	1994 (±112)	55 (±7)	36 (±6)	1,54 (±0,22)	1,49 (±0,24)	3,30 (±0,05)
12	2203 (±145)	43 (±4)	37 (±2)	1,62 (±0,16)	1,38 (±0,15)	2,92 (±0,11)
19	2033 (±60)	48 (±8)	33 (±3)	1,43 (±0,09)	1,35 (±0,19)	3,20 (±0,13)

Annexe 2: Observation superficielle

Composite vieillissement naturel

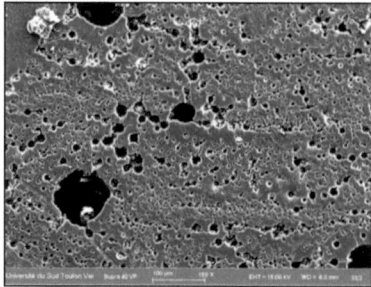 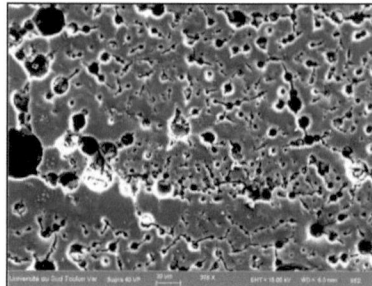

Après 2 mois

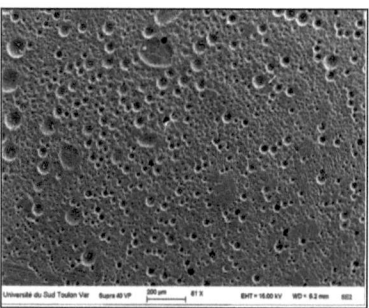 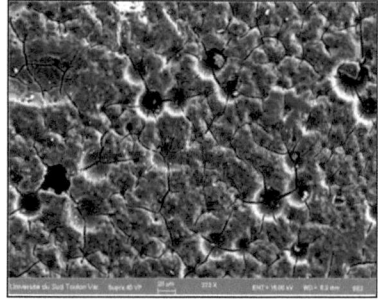

Après 4 mois

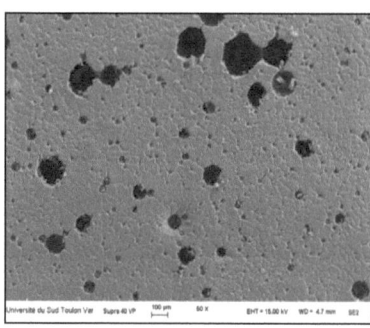 

Après 8 mois

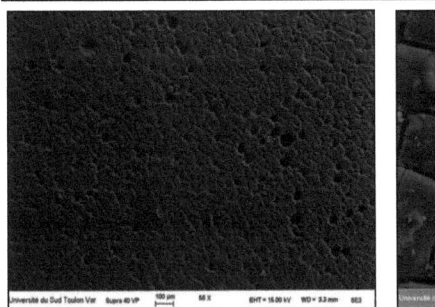 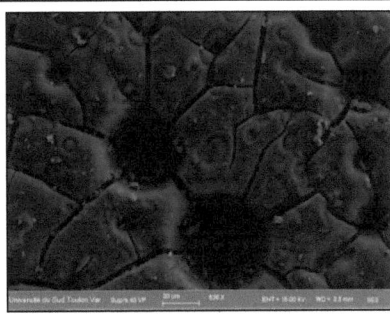

Après 12 mois

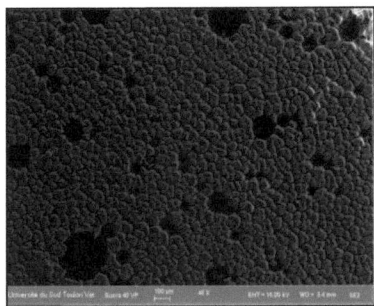 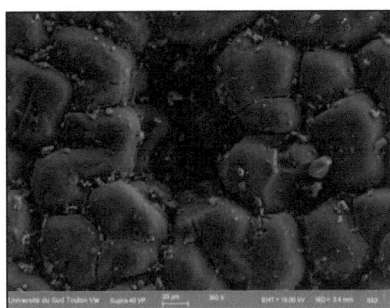

Après 19 mois

Résumé

Un composite époxy/fibre de verre élaboré à partir de matériaux simplifiés a été soumis en parallèle à du vieillissement artificiel (UV et thermohydrique) et à du vieillissement naturel (climat tropical humide).

Une étude des matériaux (résine seule et composite) à travers un large panel de techniques de caractérisation physico-chimiques, mécaniques et de moyens d'observation (MEB, AFM) a permis d'identifier clairement la structure, la morphologie et les principales propriétés du réseau époxy-amine de l'état initial. Une caractérisation systématique des échantillons par couches de 20 microns d'épaisseur a permis, en particulier, d'identifier un gradient de structure et de propriétés dans les 200 premiers microns à la surface des plaques de résine et de composite. Ce gradient est attribué à l'évaporation du durcisseur amine lors de l'élaboration des matériaux. Dans les plaques de composites, le DMA ainsi que l'AFM ont permis de mettre en évidence une zone d'interphase autour des fibres pour laquelle le réseau époxy-amine présente des caractéristiques différentes de celles de la résine en masse.

La même méthodologie a été adoptée pour suivre l'évolution de ces matériaux lors des vieillissements artificiels et naturel.

Les études séparées des vieillissements UV et thermohydrique ont permis de mettre en évidence les altérations chimiques et physico-chimiques de la matrice seule d'une part, et des interphases fibres/matrice d'autre part. Le vieillissement photochimique se montre le plus dégradant pour la surface des plaques, alors que les effets du vieillissement thermohydrique sont principalement observés au niveau des interfaces fibres/matrice dans les composites. Dans les deux cas également, nous pouvons proposer des mécanismes simplifiés de dégradation de la résine époxy-amine.

Enfin, les résultats de caractérisation après le vieillissement naturel nous permettent de faire des corrélations avec les vieillissements artificiels et de pointer les effets prépondérants des deux paramètres de vieillissement, ainsi que d'avancer un facteur d'accélération.

<u>Mots-clés</u> : **Composite ; Fibres de verre ; Vieillissement naturel, Vieillissement accéléré; Interphase ; Analyse mécanique dynamique ; Microscopie de Force Atomique**.

Abstract

A simplified glass fiber/epoxy composite was exposed to artificial ageing conditions (UV and Hygrothermal) and natural ageing (humid tropical climate).

A wide range of physicochemical, mechanical and observation techniques (SEM, AFM) were used to clearly identify the structure, morphology and the main properties of the epoxy-amine network of the resin alone and composite in the initial state. A gradient in structure and properties was shown up in the first 200 microns of resin and composite plates surfaces thanks to the systematic characterization of sample layers of 20 microns thickness. It is attributed to an amine deficit during the sample elaboration process. In composite plates, DMA and AFM measurements have highlighted the existence of an interphase area around the fibers with a higher molecular mobility and a lower stiffness than the epoxy-amine network in the bulk resin

The same methodology was used to follow the materials evolution during artificial and natural ageing.

The effects of UV and hygrothermal ageing were analyzed independently on the resin and on the composite in order to identify the chemical and physicochemical alterations of the matrix on one hand and of fiber/matrix interphases on the other hand. Photochemical ageing effects are mainly localized on materials surfaces, while the hygrothermal ageing affects mainly fiber/matrix interfaces in composite. In both cases simplified degradation mechanisms of epoxy-amine network are proposed.

Finally, the characterization results after natural exposure allow us to establish correlations with artificial ageing. Predominant effects are identified and an acceleration factor is proposed.

<u>Keywords</u>: **Composite; Glass fibers; Natural ageing; Accelerated ageing; Interphase; Dynamic mechanical analysis; Atomic Force Microscopy**